普通高等院校土木工程专业"十三五"规划教材
国家应用型创新人才培养系列精品教材

工程地质学

主　编　周斌　杨庆光　梁斌

副主编　申权　吴晶晶　贺敏

中国建材工业出版社

图书在版编目（CIP）数据

工程地质学/周斌，杨庆光，梁斌主编 . --北京：
中国建材工业出版社，2019.1（2024.8 重印）
普通高等院校土木工程专业"十三五"规划教材　国
家应用型创新人才培养系列精品教材
ISBN 978-7-5160-2481-2

Ⅰ.①工…　Ⅱ.①周…　②杨…　③梁…　Ⅲ.①工程地
质—高等学校—教材　Ⅳ.①P642

中国版本图书馆 CIP 数据核字（2018）第 282379 号

内 容 简 介

　　本教材内容充实、重点突出、概念清晰、覆盖面广，能满足我国当前对"大土木"的人才培养需要。教材附有 PPT 和考试题库，方便教学。本教材包括以下内容：绪论；矿物与岩石；地层与地质构造；岩体结构；水的地质作用；特殊土；不良地质作用；工程地质勘察。

　　本教材可作为"大土木"类专业的教学与学习用书，也可作为相关考试和行业人员的参考用书。

工程地质学

主　编　周 斌　杨庆光　梁 斌
副主编　申 权　吴晶晶　贺 敏

出版发行：**中国建材工业出版社**
地　　址：北京市西城区白纸坊东街 2 号院 6 号楼
邮　　编：100054
经　　销：全国各地新华书店
印　　刷：北京印刷集团有限责任公司
开　　本：787mm×1092mm　1/16
印　　张：14.5
字　　数：350 千字
版　　次：2019 年 1 月第 1 版
印　　次：2024 年 8 月第 6 次
定　　价：**49.80 元**

前　言

在工程建设中会遇到各种各样的工程地质问题，需要工程师具有专业的地质知识，来解决工程建设中与地质有关的工程问题。本教材紧密结合当代人才培养需求，响应"宽口径、少学时"的人才培养模式，在编写内容上注重能力培养和基本技能培养，以适应土建专业特别强调实践性的要求。

本教材内容充实、重点突出、概念清晰、覆盖面广，能满足我国当前对"大土木"的人才培养需要。教材附有PPT和考试题库，方便教学。本教材包括以下内容：绪论；矿物与岩石；地层与地质构造；岩体结构；水的地质作用；特殊土；不良地质作用；工程地质勘察。

本教材可作为"大土木"类专业的教学与学习用书，也可作为相关考试和行业人员的参考用书。

参加本教材编写的人员有：湖南工业大学周斌（第1章、第3章）、吴晶晶（第2章）、杨庆光（第4章、第5章）、申权（第6章）、贺敏（第7章）、梁斌（第8章）。周斌负责全书的统稿和定稿工作。本教材在编写过程中，参考了诸多国内外专家、学者的相关研究成果，在此对这些研究成果的作者表示最衷心的感谢。

由于编者水平有限，加之时间仓促，书中难免有不妥之处，欢迎读者批评指正。

编者
2019年1月

目　　录

第1章　绪论 ··· 1

　　习题 ·· 6

第2章　矿物与岩石 ··· 7

　　2.1　概述 ··· 7

　　2.2　矿物 ··· 7

　　2.3　岩石 ·· 17

　　习题 ·· 43

第3章　地层与地质构造 ·· 44

　　3.1　概述 ·· 44

　　3.2　地壳运动及地质作用 ·· 44

　　3.3　地层 ·· 47

　　3.4　地质构造 ··· 54

　　3.5　地质图 ··· 65

　　习题 ·· 71

第4章　岩体结构 ··· 72

　　4.1　概述 ·· 72

　　4.2　结构面 ·· 72

　　4.3　岩体结构类型及特性 ·· 74

　　4.4　岩体的工程分类 ··· 75

　　4.5　岩体稳定性评价 ··· 81

　　习题 ·· 99

第5章　水的地质作用 ·· 100

　　5.1　概述 ··· 100

　　5.2　地表流水的地质作用 ·· 100

　　5.3　地下水的地质作用 ·· 104

　　习题 ··· 115

第6章 特殊土 ················· 116

6.1 概述 ······················ 116

6.2 填土 ······················ 116

6.3 湿陷性黄土 ·················· 118

6.4 软土 ······················ 123

6.5 冻土 ······················ 127

6.6 红黏土 ····················· 128

6.7 膨胀土 ····················· 132

6.8 盐渍土 ····················· 137

习题 ························· 139

第7章 不良地质作用 ··············· 140

7.1 概述 ······················ 140

7.2 崩塌 ······················ 140

7.3 滑坡 ······················ 142

7.4 泥石流 ····················· 148

7.5 地震 ······················ 152

7.6 岩溶与土洞 ·················· 164

7.7 采空区 ····················· 168

7.8 地面沉降 ···················· 173

7.9 地质灾害评估 ················· 179

习题 ························· 190

第8章 工程地质勘察 ··············· 192

8.1 概述 ······················ 192

8.2 工程地质测绘 ················· 196

8.3 工程地质勘探 ················· 198

8.4 工程地质试验与监测 ············· 204

8.5 工程地质勘察报告 ·············· 209

习题 ························· 223

参考文献 ······················ 224

第 1 章 绪 论

工程建设时，会遇到各种各样的问题，其中一个最基本的问题就是工程地质问题。它影响建筑物修建的技术可能性、经济合理性和安全可靠性。工程地质问题包括区域稳定性问题、地基稳定性问题、地下硐室围岩稳定性问题、边坡岩体稳定性问题、水库渗漏性问题，以及与之相关的规划、设计和施工等问题。

工程地质学是地质学的一个分支。它是调查、研究、解决与兴建各类工程建筑有关的地质问题的学科。工程地质学的研究目的在于查明建设地区、建筑场地的工程地质条件，分析、预测和评价可能存在和发生的工程地质问题及其对建筑环境的影响和危害，提出防治不良地质现象的措施，为保证工程建设的规划、设计、施工和运营提供可靠的地质依据。其任务是评价各类工程建筑场区的地质条件，预测在工程建筑作用下地质条件可能出现的变化和产生的作用，选定最佳建筑场地和提出为克服不良地质条件应采取的工程措施。

1. 工程地质学的研究内容

工程地质学的研究内容主要有：

（1）岩石、矿物、地层和地质构造

主要研究岩石和矿物的类型、组成成分、形成条件，研究地层的地质历史和新老关系，研究地质构造对工程的影响。

（2）岩土体的分布规律及其工程地质性质

在进行工程建设时，人们最关心的是建筑地区和建筑场地的工程地质条件，特别是岩体、土体的空间分布及其工程地质性质，以及在工程作用下这些性质的变化趋势。

（3）不良地质现象及其防治

分析、预测在建筑地区和场地可能发生的各种不良地质现象和问题，例如崩塌、滑坡、泥石流、地面沉降、地表塌陷、地震等的形成条件、发展过程、规模和机制，评价它们对工程建筑物的危害，研究防治不良地质现象的有效措施。

（4）工程地质勘察

查明建筑地区和场地的工程地质条件，分析预测不良地质作用，评价工程地质问题，为建筑物的设计、施工、运营提供可靠的地质资料。

（5）区域工程地质研究

研究工程地质条件的区域分布和规律，按照工程地质条件的相似和差异进行分区、分级，为规划工作提供地质依据的同时，也为进一步的工程地质勘察打下基础。

2. 工程地质与土木工程

土木工程包括工业民用建筑工程、铁路和公路工程、水运工程、水利水电工程、矿山工程、海港工程、近海石油开采工程以及国防工程等。这些工程在设计、施工和运营阶段都离不开对工程地质的研究。大量的国内外工程实践证明，在工程设计和施工前进行详细周密的勘察，运营阶段工程建筑的安全就有保证。反之，则会给工程带来不同程度的安全隐患和人员伤亡，增加了投资、延误了工期，例如，解放前修建的宝（鸡）天（水）铁路，由于当时没有重视工程地质工作，设计开挖了许多高陡路堑，致使发生了大量崩塌、落石、滑坡、泥石流病害，使线路无法正常运营，被称为西北铁路线中的盲肠。湖北盐池河磷矿，在采矿时对岩体崩塌认识不足，1980 年 6 月突然发生 106m³ 的大崩塌，冲击气浪将四层大楼抛至对岸撞碎，造成建筑物毁坏，284 人丧生。由于对滑坡认识不深，1963 年 10 月 9 日，意大利瓦依昂水库突然发生滑坡并高速滑动，将水库中 $5×10^7 m^3$ 的水体挤出，激起 250m 高的涌浪，高 150m 的洪峰溢过坝顶冲向下游，造成三千多人丧生。

2008 年 9 月 15 日傍晚，南投县信义乡丰丘明隧道前便道发生山崩，8 辆汽车经过时，遭相当于 2 万辆小轿车重量的 2 万立方米土石掩埋，搜救人员抢救出 9 人及找到 1 名罹难者，经 200 名援救人员继续抢救，9 月 16 日再挖出 6 名罹难者遗体，这次山崩埋车事件总计夺走 7 条宝贵生命（图 1-1）。

图 1-1　山崩危害

2008 年 11 月 7 日，贵州省黄平县重安江镇合家村凯（里）至施（秉）旅游公路上，一巨石从山上滚落砸向公路，将路过此地的一名当地 63 岁的男性村民砸死。事故原因是由于持续降雨，引发地质灾害，山上巨石滚落造成的（图 1-2）。

图 1-2　落石危害

2015 年 5 月 20 日 11 时 29 分，贵阳市云岩区宏福景苑小区发生复合式土质山体滑坡，造成 16 人死亡，直接经济损失 5000 万元。滑坡宽约为 50m，高约为 40m，滑坡厚度为 3～5m，首次滑塌方量约为 6000m³，后续滑动方量达 1000m³（图 1-3）。成因包括：

① 斜坡地形高陡，高差达 44m，顺向坡，坡度大于 60°。
② 滑坡表层残坡积层结构松散，下伏强风化岩厚度大，风化强烈，工程力学性质差。
③ 连续强降水下渗松散岩土体。
④ 周边人类工程活动对此也有一定程度的影响。

图 1-3　滑坡危害

上述实例都说明，只有重视土木工程建设中工程地质工作，才能保证工程的经济合理和安全可靠。

3. 工程地质学的发展历史及趋势

第一次世界大战结束后，整个世界开始进入了大规模建设时期。1929 年，奥地利的太沙基出版了世界上第一部《工程地质学》；1937 年，苏联萨瓦连斯基的《工程地质学》问世。第二次世界大战以后，各国有一个稳定的和平环境，工程建设发展迅速，工程地质学在这个阶段迅速发展，成为地球科学的一个独立分支学科。20 世纪 50 年代以来，工程地质学逐渐吸收了土力学、岩石力学和计算数学中的某些理论和方法，完善和发展了本身的内容和体系。

在中国，工程地质学的发展基本上始于 20 世纪 50 年代。从引进前苏联工程地质学理论和方法开始，经过五十多年的工程实践和理论创新，我国的工程地质学得到突飞猛进的发展，取得了显著成就，积累了大量的经验。大批工程地质学家为新中国的建设发挥了巨大的作用，为我国重大工程建设做出了突出贡献，在国际学术界具有重要影响。

20 世纪 80 年代以来，人类活动的环境效应得到了高度重视，为了防止人类工程活动对地质环境的不利影响，需要预测人类活动干预下地表岩土体的变形破坏过程，预测各种工程活动可能产生的环境效应，研究各种地质灾害的区域性成灾规律和危险性分析评价方法，研究区域的、城市的或重大工程地质环境评价的原则和方法，以便达到合理开发利用和保护改善环境的目的，这样，一个新的工程地质学分支——环境工程地质学应运而生。环境工程地质学现在已由方向性探讨发展到实质性研究，并开始向工程地质科学各领域渗透。

进入 21 世纪，工程地质学已成为世界性学科。

（1）国际工程地质学发展趋势

从世界范围看，工程地质研究继续由发达国家向发展中国家扩展。发展中国家的各类工程建设将以前所未有的规模和速度发展着，各种不同复杂程度的地质环境将向工程地质学家提出许多研究课题，也要求工程地质勘察技术手段不断创新和改进。由于岩石圈、大气圈、生物圈各层圈之间相互作用影响着，它们又具有全球观念，所以势必促使工程地质学家们从全球演化的角度来研究工程地质特征的多样性以及各层圈对工程地质条件的影响，进行全球性的工程地质研究和对比。作为地学分支的工程地质学与工程科学、环境科学以及地球科学的其他分支学科关系密切，所以工程地质学与各相关学科更好的交叉和结合能够促进基本理论、分析方法和研究手段等各方面不断更新和前进，进而使工程地质学的内涵不断变化，外延不断扩展。此外，工程地质学必将融入现代数理化、计算机科学、空间科学及材料科学等更多的新鲜知识，以保证在未来的信息世界里工程地质学的适应性。

（2）我国工程地质学未来的任务和发展趋势

在 21 世纪上半叶，根据我国的发展战略，将大大提高综合国力，加速现代化建设。为保持较快的稳步发展速度，在能源、交通、现代城市化建设和矿产资源开发方面将要有更大、更快发展。同时，为了实施可持续发展战略，要重视环境保护，加强自然灾害的防治。我国的工程地质学应重点解决好环境工程地质、灾害防治等方面的问题以及复杂地质体建模理论技术、崩滑地质灾害发生机理等工程地质方面的理论与技术的发展。

今后工程地质学的主要任务是研究并解决以下问题：

① 环青藏高原浅表层动力学条件及其环境效益。

② 深埋长大隧道灾害地质问题评价及预测。

③ 地下开挖的地面地质效应研究。

④ 流域开发及重大工程建设（前期、后期）的环境地质效应评价。

⑤ 城市（及重大工程建设区）环境地质信息系统及防灾减灾决策支持系统。

⑥ 沿海地区海面上升对地质环境的影响研究。

⑦ 城市垃圾卫生填埋处置的环境地质效应分析。

⑧ 核电站选址及中-低放射性核废料处置的环境地质效应研究。

今后工程地质学应重点发展的理论与技术有：

① 复杂地质体的建模理论与技术研究。深化开挖卸荷条件下节理岩体的力学响应及其地质-力学模型、深埋（埋深 1000～2000m）条件下岩溶介质的地质-（水动）力学模型和强震条件下水-岩力学作用模型及工程岩体稳定性的研究工作。

② 崩滑地质灾害发生机理及其非线性评价预测理论，加强灾害性地质过程的非线性及全息预报系统理论研究。即以系统工程和信息工程理论为基础，针对地质体结构和信息

源的复杂性，充分考虑地质体可能发出的各种信息，采用信息工程理论对多源复杂信息进行加工处理，再将传统的确定性预测方法和处理复杂系统与探索复杂性的非线性理论有机结合，建立灾害性地质过程的全息预报系统理论。

③ 新一代地质灾害评价与防治理论-地质灾害过程模拟与过程控制，全过程动态模拟的主攻关键问题是复杂地质结构体的三维描述、基于复合材料的复杂介质体结构模型、崩滑地质灾害全过程的数学-力学描述及结构关系（重点是大变形描述理论和变形耦合理论）、全过程模拟的数学力学算法，关键是三维算法及其数据结构、治理工程的模拟及动态优化理论和全过程模拟的成本成像技术。

④ 高精度工程地质解释系统。基本构架包括三维地质数据库管理系统、二维和三维地质资料分析处理及成图、人机联作数据-图形分析处理系统、高精度层析成像技术和高精度定量分析预测技术。

⑤ 灾害评价与预测的3S技术。3S手段特别适用于区域地质灾害及地质环境的评价与管理决策，这方面研究在国内外地学研究领域中尚属起步阶段。3S技术核心是地理信息系统GIS，在环境工程地质领域，GIS技术应用于空间环境、灾害、工程地质信息系统及数字制图，建立地质环境质量综合评价与管理系统以及建立地质灾害动态监测、评价与空间预测系统。综上所述，随着人类工程建设事业以及有关的科学理论和技术的迅速发展，工程地质研究不仅在广度上正在开辟新的、更加广阔的领域，在深度上也将进入一个新的境界，而且工程地质学理论也将会与有关的学科理论相联系、交叉，形成新的独立学科。

4. 工程地质学的研究方法

（1）地质学方法

地质学方法即自然历史分析法，是运用地质学理论，查明工程地质条件和地质现象的空间分布，分析研究其产生过程和发展趋势，进行定性的判断。

（2）实验和测试方法

实验和测试方法，包括测定岩石、土体特性参数的实验，对地应力的方向和量级的测试，以及对地质作用随时间延续而发展的监测，其结果可为工程设计或防护措施的制定提供必要的参数和定量数据。

（3）计算方法

计算方法包括应用统计数学方法对测试数据进行统计分析，利用理论或经验公式对已测得的有关数据进行计算，以定量地评价工程地质问题。

（4）模拟方法

模拟方法可以分为物理模拟（也称工程地质力学模拟）和数值模拟。它们是在通过地质研究，深入认识地质原型，查明各种边界条件，以及通过实验研究获得有关参数的基础上，结合工程的实际情况，正确地抽象出工程地质模型。

5. 本课程的内容、学习方法和要求

学生学习本课程后，应达到如下基本要求：

① 掌握一定的地质学基础知识和理论。包括基本地质构造的类型和特点，常见岩土、矿物的特征及分类，地下水的类型及其地质作用，不良地质现象类型及危害等。

② 初步掌握对工程活动所涉及的工程地质条件及工程地质问题的评价和分析方法。

③ 了解工程地质、岩土工程的勘察原则和方法，熟悉各种勘察方法的应用条件，具备阅读和分析各种地质图件及地质资料的能力。

④ 初步具备运用工程地质原理分析简单工程地质问题的能力，为解决复杂工程地质问题打下良好的基础。

习　题

1-1　工程地质学的研究内容主要有哪些?

1-2　工程地质学的研究方法主要有哪些?

第2章　矿物与岩石

2.1　概　　述

固体地球的最外圈是地壳，它是地质学最直接的研究对象。地壳由岩石组成，岩石由矿物组成，矿物由元素组成。矿物是组成地壳的基本物质单元，用机械方法无法再划分；元素是构成矿物的基本物质单元，用通常的化学方法不能再分解。到 2007 年为止，总共有 118 种元素被发现，其中 94 种存在于地球上，但常见的仅十余种。

1889 年，美国化学家克拉克通过对世界各地 5159 件岩石样品化学测试数据的计算，求出了 16km 的地壳内 50 种元素的平均含量与总质量的比值，称为地壳元素丰度（abundance）。为表彰其卓越贡献，国际地质学会将其命名为克拉克值（Clark value）。用质量分数（w_b）来表示，常量元素的单位一般为％，微量元素元素的单位有 g/t（克/吨）或 10^{-6}（百万分之一）。

地壳中各元素的含量是极不均匀的。O、Si、Al、Fe、Ca、Mg、Na、K 这 8 种元素占 98.03％；而 O、Si、Al、Fe、Ca 5 种元素占 91.26％［图 2-1（a）］。若对整个地球元素含量而言，则依次为 Fe、O、Si、Mg、S、Ni、Ca、Al 这 8 种元素，占 98.4％［图 2-1（b）］。

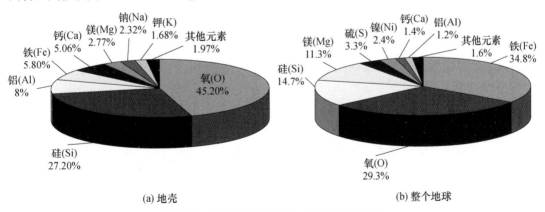

(a) 地壳　　　　　　　　　　　　　　　　(b) 整个地球

图 2-1　地壳与整个地球中主要元素的含量

2.2　矿　　物

矿物是由地质作用形成的，在正常情况下呈结晶质的元素或无机化合物，是组成岩石和矿石的基本单元。

那些由人工合成的产物，如人造水晶、人造金刚石等，虽然它们具有与矿物相同的特征，但它们不是地质作用形成的，故不能称为矿物。水、气体不是晶体，也不是矿物，冰则是矿物。煤不是无机化合物晶体，不属于矿物。花岗岩虽是固体，但它是由长石、石英、黑云母多种物质聚集而成的，故不能称为矿物。

2.2.1 矿物的物理性质

矿物的物理性质，取决于矿物本身的化学成分和内部构造，可借助于矿物的物理性质的差异来识别矿物、利用矿物和寻找矿物资源。矿物的物理性质包括光学性质、力学性质和其他物理性质等。

1. 光学性质

矿物的光学性质是指矿物对光线的吸收、反射和折射所表现出的各种性质，以及由矿物引起的光线干涉和散射等现象。用肉眼能观察到的矿物光学性质有矿物的透明度、光泽、颜色和条痕等。

（1）透明度

透明度是指矿物能透过可见光的程度。一般来说，矿物薄片（厚 0.03mm）能清晰地透视其他物体的矿物为透明 ［图 2-2（a）］，能通过光线，但不能清晰地透视其他物体者为半透明 ［图 2-2（b）］，光线完全不能通过者为不透明 ［图 2-2（c）］。

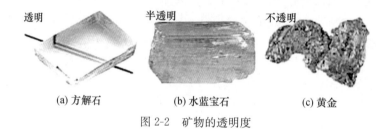

透明　　　　　　　半透明　　　　　　　不透明

（a）方解石　　　　　（b）水蓝宝石　　　　　（c）黄金

图 2-2　矿物的透明度

（2）光泽

光泽是矿物表面对光的反射能力，决定于矿物的表面性质和反射率的大小。根据反射能力（反射率 R）的强弱可分为：

金属光泽：反射很强，$R > 0.25$，类似于镀铬的金属平滑表面的反射光，如方铅矿的光泽 ［图 2-3（a）］。

半金属光泽：反射较强，$R = 0.19 \sim 0.25$，类似于一般金属的反射光，如赤铁矿的光泽 ［图 2-3（b）］。

非金属光泽：按其对光反射的特征可以进一步划分为金刚光泽和玻璃光泽：①金刚光泽反射较强而耀眼，$R = 0.1 \sim 0.19$，如金刚石的光泽 ［图 2-3（c）］；②玻璃光泽反射相对较弱而呈玻璃板表面那样的反光，$R = 0.04 \sim 0.1$，如水晶的光泽 ［图 2-3（d）］。

上述光泽是指新鲜矿物在平坦的晶面、解理面或磨光面上所呈现的光泽。若矿物表面不平坦或成集合体时，光泽会减弱，或出现一些特殊的光泽，如油脂光泽、丝绢光泽、珍珠光泽和土状光泽等。

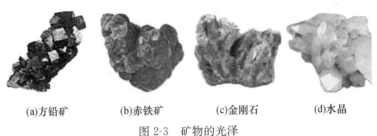

| (a)方铅矿 | (b)赤铁矿 | (c)金刚石 | (d)水晶 |

图 2-3 矿物的光泽

（3）颜色

颜色是指矿物对可见光中的不同波长发生选择性吸收和反射后，在人眼中引起的感觉。矿物对各种波长的可见光普遍而均匀地吸收时，随吸收程度不同，矿物呈现出无色、白色、灰色和黑色等色调。如果矿物对不同波长的可见光选择性吸收时，则矿物呈现出被吸收光波的颜色而表现出特定的颜色。在矿物学中，传统地将矿物的颜色分为自色、他色和假色三类。

自色是指矿物本身所固有的颜色。这种颜色主要取决于矿物的内部构造和化学成分（如含有色素离子），如孔雀石的翠绿色等。

他色是指非矿物本身固有的因素引起的颜色。可以是矿物中机械混入微量杂质所引起，也可以是因在类质同象过程中起替代作用的微量杂质元素所产生，还可以发生在矿物中存在某种晶格缺陷的情况下。如纯净的石英为无色，若混入微量杂质元素，则可呈现紫色（含三价铁）、粉色、褐色等各种颜色。他色很不稳定，常因产地、形成条件的不同而异，一般不作为鉴定矿物的依据，但有时可作为某些矿物的辅助识别标志。

假色是由于某些物理原因所引起的颜色。如黄铜矿表面因氧化膜所引起的锖色，方解石解理引起的晕色等。假色不是矿物的固有特征，一般不具有鉴别的意义。

（4）条痕

条痕是指矿物粉末的颜色，一般是将矿物在白色无釉瓷板上划擦后，观察其留下的粉末颜色。条痕色比矿物颜色稳定，所以它是矿物重要的鉴定特征。如黄铁矿条痕为绿黑色，赤铁矿颜色可呈赤红、铁黑或钢灰等色，而其条痕恒为樱红色。

透明矿物的条痕都是白色或近于白色，因为无鉴定意义。

2. 力学性质

矿物在外力（如打击、挤压或拉伸、扭力等）作用下所表现的物理机械性质，称为矿物的力学性质。矿物的力学性质主要有解理、裂开、断口、硬度、韧性等。

（1）解理

矿物在外力作用下，沿一定的结晶方向破裂成光滑平面的能力，称为解理。规则的破裂面称解理面。如未产生破裂而只是出现裂纹，称为解理纹。解理的产生主要取决于矿物结晶构造中质点的排列及质点间连接力的性质。结晶内部不同方向的原子、离子或分子之间距离不等，原子、离子或分子间的引力大小也不同，解理面的方向总是沿着面网（内部原子、离子或分子排列而成的平面）之间联结力最弱的方向发生。密度最大的面网，其间距最大，联力最弱，因此，解理就容易沿这种面网发生（图 2-4）。

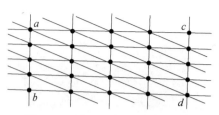

图 2-4　可能发生解理的面网方向

（图中，ab、ac、ad 表示三组方向面网，

其中 ab 方向面网质点密度最大，面网间距最大，易于发生解理）

某些矿物的内部原子、离子或分子在几个方向上的结合力都比较弱，这种矿物就可能沿着几个方向产生解理面，如方解石。以金属键相结合的矿物，如自然金及自然铜等，因其内部自由电子呈弥散状态，矿物受到外力作用后，只发生内部晶格间的滑移，并不沿固定方向破裂，它们具有高度的延展特性，而不产生解理。

不同矿物产生的解理的方向和完好程度是不同的。根据解理的完好程度，可分为极完全、完全、中等、不完全四级，解理的特征是识别矿物的重要标志，如云母有一个方向的极完全解理，沿此方向极易分裂成薄片；方解石有三个方向的完全解理，故受力打击后极易沿此方向破裂，形成一系列斜平行六面体小块。

（2）断口

断口是矿物受外力打击后不沿固定的结晶方向开裂而形成的断裂面。断裂方向无规律，断口的形态多样，如贝壳状、参差状、锯齿状和裂片状等。断口主要见于解理不发育的矿物或矿物集合体中，如石英。

（3）硬度

硬度是矿物抵抗外来机械作用力（如刻划、压入、研磨等）侵入的能力。硬度的大小主要由矿物内部质点联结力的强弱所决定。通常用莫氏硬度计作为标准进行测量。莫氏硬度计由 10 种硬度不同的矿物组成（表 2-1）。其中滑石硬度最低，为 1；金刚石硬度最高，为 10。测定某矿物的硬度，只需将该矿物同硬度计中的标准矿物相互刻划，进行比较即可。如某矿物能刻划方解石，又能被萤石划动，即矿物的硬度介于 3～4 之间。

表 2-1　莫氏硬度计

硬度等级	代表矿物	硬度等级	代表矿物
1	滑石	6	正长石
2	石膏	7	石英
3	方解石	8	黄玉
4	萤石	9	刚玉
5	磷灰石	10	金刚石

通常还利用其他常见的物体代替硬度计中的矿物。如指甲的硬度为 2～2.5，铜钥匙的硬度为 3，小钢刀的硬度为 5～5.5，窗玻璃的硬度为 6。

莫氏硬度计只能测定各种矿物硬度的相对高低，不能测定硬度的绝对值。如滑石的硬度为 1，石英的硬度为 7，并不代表石英的硬度是滑石的 7 倍；用硬度计测出的刻划硬度值，滑石的硬度值为 2.3，石英的硬度值为 300，后者的硬度约为前者的 130 倍。

3. 矿物的其他性质

常用于矿物鉴定的其他物理性质还有密度、磁性、韧性等。

（1）密度

密度是指单位体积矿物的重量。相对密度是指纯净的单矿物在空气中的重量与同体积的4℃的纯水的重量之比。矿物的密度与相对密度的数值相等，但相对密度无量纲。

对非金属矿物而言，可按密度将其分为三级：轻的，密度在 $2.5g/cm^3$ 以下，用手掂之，感到轻；中等的，密度在 $2.5 \sim 4g/cm^3$ 之间，用手掂之，感到重量中等或一般；重的，密度大于 $4.0g/cm^3$，用手掂之，感到很重。

（2）磁性

矿物的磁性是指矿物能被永久磁铁或电磁铁吸引，或矿物本身能够吸引铁质物体的性质。矿物的磁性主要是由矿物成分中含有铁、钴、镍、铬、钛、钒等元素所致。磁性的强度与矿物中含有这些元素的多少，特别是与含铁的多少有关。

矿物的磁性主要是由组成元素的电子构型和磁性结构所决定。根据磁化率的大小，矿物的磁性可分为抗（逆）磁性、顺磁性及铁磁性三种。而磁性的强弱也可用比磁化系数来表示，比磁化系数是物体单位质量的磁化率，即1立方厘米的矿物在磁场强度为1奥斯特的外磁场中所产生的磁力，即：

$$X_比 = X/G \tag{2-1}$$

式中　X——磁化率；

　　　G——物体的比重。

按比磁化系数的大小，矿物可分为四类：

① 强磁性矿物：$X_比$ 大于 $3000 \times 10^{-6} cm^3/g$，如磁铁矿、磁黄铁矿，可用普通马蹄磁铁吸引。

② 中磁性矿物：$X_比$ 在 $(600 \sim 3000) \times 10^{-6} cm^3/g$ 之间，如钛铁矿、铬铁矿等，能用弱电磁铁吸引。

③ 弱磁性矿物：$X_比$ 大于 $(15 \sim 600) \times 10^{-6} cm^3/g$ 之间，如赤铁矿、褐铁矿、黑钨矿、黄铁矿等，用强电磁铁才能吸引。

④ 非磁性矿物：$X_比$ 小于 $15 \times 10^{-6} cm^3/g$。如石英、方解石，强电磁铁也不能吸引。

（3）韧性

矿物受压轧、锤击、弯曲或拉引等力作用时所出现的抵抗能力，称为韧性。可分为：

① 脆性。矿物受力时容易破碎的性质。如镜铁矿硬度大于小刀，但由于具有明显的脆性，因此可被小刀压碎出现粉末或小粒。脆性是离子键矿物的一种特性。

② 延展性。在锤击或拉引下，容易形成薄片或细丝的性质，是金属键矿物的一种特性。一般情况下温度升高，延展性增强。金属键的矿物在外力作用下的一个特征就是产生塑性形变，这就意味着离子能够移动重新排列而失去粘结力，这是金属键矿物具有延展性的根本原因。金属键程度不同，则延展性也有差异。

2.2.2　常见造岩矿物及鉴定方法

已知矿物有四千多种，但绝大多数不常见。最常见的不过两百多种，重要矿产资源的矿物也就数十种。地壳中常见的造岩矿物只有 $20 \sim 30$ 种，其中石英以及长石、云母等硅酸盐矿物占造岩矿物的 92%，而石英和长石含量高达 63%。

1. 矿物的分类

按矿物的化学成分与化学性质，通常将矿物划分为五类。每一类矿物都具有相似的化学性质和物理性质。

① 自然元素矿物：如自然金（Au）、自然铜（Cu）、自然硫（S）、金刚石与石墨（C）等。

② 硫化物及其类似化合物矿物：如黄铁矿（FeS_2）、毒砂（FeAsS）。

③ 卤化物矿物：包含氟化物类与氯化物类矿物，如萤石（CaF_2）、石盐（NaCl）。

④ 氧化物和氢氧化物矿物：如石英（SiO_2）、刚玉（Al_2O_3）、水镁石［$Mg(OH)_2$］。

⑤ 含氧盐矿物：可细分为：①碳酸盐类、硝酸盐类和硼酸盐类矿物，如方解石［$Ca(CO_3)$］、钠硝石［$Na(NO_3)$］、硼镁石 $Mg_2[B_2O_4(OH)](OH)$；②硫酸盐类、钨酸盐类、磷酸盐类、砷酸盐类和钒酸盐类矿物，如硬石膏［$Ca(SO_4)$］、白钨矿［$Ca(WO_4)$］、独居石［$(Ce,La)PO_4$］等；③盐酸盐类矿物，种类多、分布广，占地壳总质量的 75%，如长石、云母、辉石等。

2. 常见矿物

按上述矿物的分类体系，选择主要的简介如下（带 * 号的矿物要求会鉴别）：

（1）自然元素矿物

石墨（C）：常为鳞片状集合体，有时为块状或土状；颜色与条痕均为黑色，可污手；具有半金属光泽；有一组极完全解理，沿之易劈开成薄片；硬度为 1～2，指甲可刻划；有滑感；相对密度为 2.2。

（2）硫化物及其类似化合物矿物

黄铁矿（FeS_2）：大多呈块状集合体，也有发育成立方体单晶者，立方体晶面上常有平行的细条纹；颜色为浅黄铜色，条痕呈绿黑；具有金属光泽，硬度为 6～6.5，相对密度为 5；性脆，断口呈参差状。

黄铜矿（$CuFeS_2$）：常为致密块状集合体；颜色铜黄，条痕绿黑，具有金属光泽；硬度为 3～4，小刀可刻划；性脆，相对密度为 4.1～4.3。

黄铜矿以颜色较深且硬度较小可与黄铁矿相区别。

辉锑矿（Sb_2S_2）：单晶体为柱状和针状，集合体常呈放射状或致密粒状；铅灰色，条痕呈黑色，具有金属光泽；硬度为 2，解理完全，相对密度为 4.6。

方铅矿（PbS）：单晶常为立方体，通常呈致密块状或粒状集合体；颜色亮铅灰，条痕为灰黑色，具有强金属光泽；有一组、三个方向的完全解理，易沿解理面破裂成立方体小块；硬度为 2～3，相对密度为 7.4～7.6；亮铅灰色和密度大为该矿物的重要鉴定标志。

闪锌矿（ZnS）：常为致密块状或粒状集合体；颜色自浅棕到棕黑色不等（因 Fe 含量增高而变深），条痕为白色到褐色；油脂光泽到半金属光泽，透明到半透明，具有六个方向的完全解理；硬度为 3.5～4，相对密度为 3.9～4.1（随 Fe 含量增加而降低）。

（3）氧化物矿物

石英（SiO_2）：常发育成单晶并形成晶簇，或成致密块状或粒状集合体；具有玻璃光泽，石英晶面为玻璃光泽，断口为油脂光泽，无解理，硬度为 7；贝壳状断口，相对密度为 2.65。

纯净的石英无色透明，称为水晶。石英因含杂质可呈各种色调。例如，含 Fe^{3+} 的石英呈紫色者，称为紫水晶；含微量 Cr 的石英呈粉红者，称为蔷薇水晶；含极微量放射性元素 Ra 的石英呈茶色者，称为烟水晶；呈黑色的石英称为墨水晶；含有细小分散的气态或液态物质呈乳白色的石英称为乳石英。

隐晶质的石英称为石髓（玉髓），常呈肾状、钟乳状及葡萄状等集合体。一般为浅灰色、淡黄色及乳白色，偶有红褐色及苹果绿色，微透明。具有多色环状条带的石髓称为玛瑙。

刚玉（Al_2O_3）：常为柱状、腰鼓状或板状。一般为蓝灰、黄灰色，玻璃光泽，硬度为 9，相对密度为 3.95～4.10。含 Cr 呈红色的刚玉称为红宝石；含 Ti 而呈蓝色的刚玉称为蓝宝石。

赤铁矿（Fe_2O_3）：常为致密块状、鳞片状、鲕状、豆状、肾状及土状集合体。显晶质的赤铁矿为铁黑色到钢灰色，隐晶质或肾状、鲕状者为暗红色，条痕呈樱红色。金属、半金属到土状光泽，不透明。硬度为 5～6，土状者硬度低，无解理，相对密度为 4.0～5.3。

磁铁矿（Fe_3O_4）：常为致密块状或粒状集合体，也常见八面体单晶。颜色为铁黑色，条痕为黑色；具有半金属光泽，不透明，硬度为 5.5～6.5，无解理，相对密度为 5，具强磁性。

褐铁矿（$Fe_2O_3 \cdot nH_2O$）：实际上不是一种矿物而是多种矿物的混合物，主要成分是含水的氢氧化铁（$Fe_2O_3 \cdot nH_2O$），并含有泥质及二氧化硅等。褐至褐黄色，条痕黄褐色；常呈土块状、葡萄状，硬度不一。

硬锰矿（钡和锰的氧化物）：常呈钟乳状、葡萄状、树枝状或土状集合体；灰黑至黑色，条痕褐黑至黑色；具有半金属光泽；硬度为 5～6，相对密度为 4.4～4.7。

（4）卤化物矿物

萤石（CaF_2）：常形成块状、粒状集合体，或立方体及八面体单晶。颜色多样，有紫红、蓝、绿和无色等，透明，玻璃光泽，硬度为 4。具有四个方向的完全解理，易沿解理面破裂成八面体小块，相对密度为 3.18。

（5）含氧盐矿物

① 碳酸盐矿物：

方解石（$CaCO_3$）：常发育成单晶，或晶簇、粒状、块状、纤维状及钟乳状等集合体。

纯净的方解石无色透明，因杂质渗入而常呈白、灰、黄、浅红（含 Co、Mn）、绿（含 Cu）、蓝（含 Cu）等色。具有玻璃光泽，硬度为 3。具三个方向斜交的完全解理，易沿解理面分裂成为菱面体。相对密度为 2.72，遇冷稀盐酸强烈起泡。

白云石 [$CaMg(CO_3)_2$]：单晶为菱面体，通常为块状或粒状集合体。一般为白色，因含 Fe 元素常呈褐色；具有玻璃光泽，硬度为 3.5～4。具三个方向斜交的完全解理。相对密度为 2.86，含铁量高的白云石相对密度可达 2.9～3.1。

白云石以在冷稀盐酸中反应微弱，以及硬度稍大而与方解石相区别。

孔雀石 [$Cu_2CO_3(OH)_2$]：常为钟乳状、块状集合体，或呈皮壳附于其他矿物表面；呈深绿或鲜绿色，条痕为淡绿色；晶面上为丝绢光泽或玻璃光泽；硬度为 3.5～4，相对密度为 3.5～4.0；遇冷稀盐酸剧烈起泡。

孔雀石以其特有颜色而易与其他矿物相区别。

② 硫酸盐矿物：

硬石膏（$CaSO_4$）：单晶体呈等轴状或厚板状；集合体常为块状及粒状；纯净者透明、无色或白色，常因含杂质而呈暗灰色，具有玻璃光泽，硬度为 3～3.5。硬石膏的解理好，沿解理面可破裂成长方形小块，相对密度为 2.9～3.0。

石膏（$CaSO_4 \cdot 2H_2O$）：单晶体常为板状。集合体为块状、粒状及纤维状等。石膏为无色或白色，有时透明，玻璃光泽，纤维状石膏为丝绢光泽。硬度为 2，有极好的解理，易沿解理面劈开成薄片。薄片具挠性，相对密度为 2.30～2.37。

石膏中透明而呈月白色反光者称透明石膏，纤维状的石膏称为纤维石膏，细粒状的石膏称雪花石膏。

重晶石（$BaSO_4$）：常为块状、粒状、结核状集合体，板状晶体常聚成晶簇。白色或无色，玻璃光泽，硬度为 3～3.5，两个方向解理完全，相对密度为 4.5。

③ 磷酸盐矿物：

磷灰石〔$Ca_5(PO_4)_3(F, Cl, OH)$〕：常为六方柱状之单晶，集合体为块状、粒状、肾状及结核状等。纯净磷灰石为无色或白色，但少见，一般呈黄绿色，可以出现蓝色、紫色及玫瑰红色等。具有玻璃光泽，硬度为 5，断口参差状，断面为油脂光泽，相对密度为 2.9～3.2。

以结核状出现的磷灰石称为磷质结核。用含钼酸铵的硝酸溶液滴在磷灰石上，有黄色沉淀（磷钼酸铵）析出，是鉴别磷灰石的重要方法。

④ 硅酸盐矿物：

硅酸盐矿物是地壳中分布最为广泛的一类矿物。为金属阳离子与各种硅酸根相化合而成的含盐矿物。这类矿物包含氧与硅，以及一种或几种金属阳离子。其结构中一个硅的周围都有四个氧，联结它们的中心呈四面体状，称为硅氧四面体。硅氧四面体之间可共用氧而联结成岛状、链状、层状及架状等。硅氧四面体是一切硅酸盐矿物的基本结构单位。

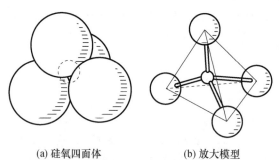

(a) 硅氧四面体　　　　　(b) 放大模型

图 2-5　硅氧四面体及其放大后的模型

（图中小球表示硅；大球表示氧）

橄榄石〔$(Mg, Fe)_2(SiO_4)$〕：常为粒状集合体。浅黄绿到橄榄绿色，随含铁量增高而加深，玻璃光泽。硬度为 6～7，解理不发育，相对密度为 3.2～4.4，随含铁量增高而增大。

石榴子石［$X_3Y_2(SiO_4)_3$］：化学式中的 X 代表二价阳离子 Ca^{2+}、Mg^{2+}、Mn^{2+}、Fe^{2+} 等，Y 代表三价阳离子 Al^{3+}、Fe^{3+}、Cr^{3+} 等，阳离子为铁、铝的石榴子石称为铁铝榴石，阳离子为钙、铝的石榴子石称为钙铝榴石。尽管它们的化学成分有某种变化，但其基本结构相同，特征近似。

石榴子石常形成等轴状单晶体。集合体成粒状和块状，浅黄白、深褐到黑色（一般随含铁量增高而加深），玻璃光泽，硬度为 6～7.5，无解理。断口为贝壳状或参差状，相对密度为 4 左右。

红柱石（Al_2SiO_5）：单晶体呈柱状，横切面近于正方形，集合体呈放射状，俗称菊花石，常为灰白色及肉（Al_2SiO_5）红色。具有玻璃光泽，硬度为 6.5～7.5。有平行柱状方向的解理，相对密度为 3.13～3.16。

蓝晶石（Al_2SiO_5）：单晶体常呈长板状或刀片状。常为蓝灰色，具有玻璃光泽，解理面上有珍珠光泽，有平行长轴方向的解理。硬度为 5.5～7，平行伸长方向的硬度小，垂直伸长方向的硬度大；相对密度为 3.53～3.65。

夕线石（Al_2SiO_5）：通常为针状及纤维状集合体。常为灰白色，玻璃光泽，硬度为 7。有平行伸长方向的解理，相对密度为 3.38～3.49。

绿帘石［$Ca_2(Al,Fe)_3(SiO_4)(Si_2O_7)O(OH)$］：单晶体为柱状，集合体为粒状或块状。绿色，色调随铁含量增加而变深。玻璃光泽，硬度 6～6.5，有平行柱状方向的解理。

海绿石（富含钾、铁之矽酸盐矿物）：常呈小圆粒状集合体分散在石灰岩及砂岩中，颜色为黄绿到绿黑色；光泽暗淡，硬度为 2。

硅灰石［$Ca_3(Si_3O_9)$］：多为放射状及纤维状集合体。颜色从白色到灰白色，具有玻璃光泽，硬度为 4.5～5。有平行长轴方向的完全解理。

透辉石［$CaMg(Si_2O_6)$］：单晶体为短柱状，横切面多近于正方形，集合体为粒状；无色，因含 Fe^{2+} 可呈浅绿色，具有玻璃光泽，硬度为 5.5～6。发育平行柱体的两个方向的中等解理，解理夹角为 87°。

普通辉石［$((Ca,Mg,Fe,Al)_2(Si,Al)_2O_6$］：单晶体为短柱状，横切面呈近正八边形（图 2-6），集合体为粒状；绿黑色或黑色，具有玻璃光泽，硬度为 5.5～6.0。有平行柱状方向的两组解理，解理夹角为 87°；相对密度为 3.2～3.4。

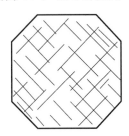

图 2-6　辉石晶体的横切面及其两组解理

普通角闪石｛$(Ca,Na)_{2-3}(Mg,Fe,Al)_5[(Si,Al)_4O_{11}]_2(OH,F)_2$｝：单晶体较常见，为长柱状。横切面呈六边形，经常以针状形式出现，颜色为绿黑色或黑色，具有玻璃光泽；硬度为 5～6。有平行柱状的两组解理，其交角为 56°。

透闪石 $[Ca_2Mg_5(Si_4O_{11})_2(OH)_2]$：单晶体为长柱状，集合体为纤维状及放射状。颜色为白色或灰白色，富含 Fe^{2+} 的透闪石呈绿色，称为阳起石。硬度为 5～6，有平行柱状方向的两组中等到完全解理（图 2-7），其夹角为 56°。

蓝闪石 $\{Na_2Mg_3Al_2[Si_4O_{11}]_2(OH)_2\}$：通常为放射状及纤维状集合体。颜色为蓝色。其他特点与透闪石相似。

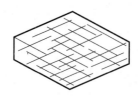

图 2-7　透闪石晶体的横切面及其两组解理

滑石 $[Mg_3(Si_4O_{10})(OH)_2]$：单晶体为片状，通常为鳞片状、放射状、纤维状、块状等集合体。颜色为无色或白色，解理面上为珍珠光泽，硬度为 1。平行片状方向有极完全解理，有滑感，薄片具挠性，相对密度为 2.55～2.58。

蛇纹石 $[Mg_6(Si_4O_{10})(OH)_8]$：一般为细鳞片状、显鳞片状以及致密块状集合体。呈纤维状集合体的蛇纹石称为蛇纹石石棉，颜色为黄绿色或深或浅。块状者常具油脂光泽，纤维状者为丝绢光泽，硬度为 2.5～3.5，相对密度为 2.83。

高岭石 $[Al_4(Si_4O_{10})(OH)_3]$：一般为土状或块状集合体。颜色为白色，常因含杂质而呈其他色调。土状的高岭石光泽暗淡，块状的高岭石具蜡状光泽。硬度为 2，相对密度为 2.61～2.68，具可塑性。

白云母 $[KAl_2(AlSi_3O_{10})(OH,F)_2]$：单晶体为短柱状及板状，横切面常为六边形。集合体为鳞片状，其中晶体细微的白云母称为绢云母。薄片为无色透明，具有珍珠光泽，硬度为 2.5～3。有平行片状方向的极好解理，易撕成薄片，具弹性。其相对密度为 2.77～2.88。

黑云母 $[K(Mg,Fe)_3(AlSi_3O_{10})(OH,F)_2]$：单晶体为短柱状、板状，横切面常为六边形，集合体为鳞片状。颜色为棕褐色或黑色，随含铁量增高而变暗。其他光学与力学性质同白云母相似，相对密度为 2.7～3.3。

绿泥石 $\{(Mg,Al,Fe)_6[(Si,Al)_4O_{10}](OH)_8\}$：常呈鳞片状集合体。颜色为绿色，深浅随含铁量增减而不同。解理面上为珍珠光泽，有平行片状方向的解理，硬度为 2～3；相对密度为 2.6～3.3，薄片具挠性。

长石（含钙、钠、钾的铝硅酸盐矿物）。长石是硅酸盐矿物中分布最广的一类矿物，约占地壳重量的 50%。长石包括三个基本类型：

· 钾长石　K $(AlSi_3O_8)$　（代号 Or）。
· 钠长石　Na $(AlSi_3O_8)$　（代号 Ab）。
· 钙长石　Ca $(AlSi_2O_8)$　（代号 An）。

钾长石与钠长石因其中含有碱质元素 Na 与 K，故常称为碱性长石（Alkali feldspar）。钠长石与钙长石常按不同比例混溶在一起，组成类质同象系列：

钠长石：　　　　Ab　　100%～90（%），　　　　　　An　　0%～10（%）；
更长石：　　　　Ab　　90%～70（%），　　　　　　An　　10%～30（%）；

中长石：	Ab	70％～50（％），	An	30％～50（％）；
拉长石：	Ab	50％～30（％），	An	50％～70（％）；
培长石：	Ab	30％～10（％），	An	70％～90（％）；
钙长石：	Ab	10％～0（％），	An	90％～100（％）。

这六种长石成分上连续过渡，总体称为斜长石。其中，钠长石与更长石称为酸性斜长石；拉长石、培长石及钙长石称为基性斜长石（此处酸性、基性为地质上的，非化学上的意义）。

斜长石有许多共同特征：如单晶体为板状或板条状。常为白色或灰白色，具有玻璃光泽，硬度为6～6.52。有两组解理，彼此近于正交，相对密度为2.61～2.75，随钙长石成分增大而变大。

钾长石包含正长石、微斜长石、透长石，其成分无变化，仅结构略有差别。其中，常见的是正长石。单晶体多为柱状或板柱状，常为肉红色，有时具有较浅的色调，玻璃光泽，硬度为6，有两组相互垂直的完全解理。

电气石 $[Na（Mg，Fe，Mn，Li，Al）_3Al_6（Si_6O_{18}）（BO_3）_3（OH，F）_4]$：单晶体为柱状和针状，集合体呈纤维状或放射状。具有玻璃光泽，硬度为7，无解理，参差状断口。类质同象普遍，含铁的电气石称为黑电气石，其颜色呈绿黑色至深黑色；含锂的电气石称为锂电气石，呈玫瑰色、蓝色或绿色；含镁的电气石称为镁电气石，呈无色到暗褐色、蓝色或绿色。

在上述硅酸盐矿物中，钾长石、斜长石、云母（包括黑云母与白云母）、角闪石、辉石、橄榄石，以及氧化物石英是地壳岩石中最主要的造岩矿物，这七种造岩矿物的化学成分、颜色与相对密度具有规律性的变化（表2-2）。

表2-2 七种主要造岩矿物的若干特征

矿物名称	组成元素	含水状态	相对密度
石英	Si，O	不含水	2.65
钾长石	K，Al，Si，O	不含水	2.56～2.57
斜长石	Na，Ca，Al，Si，O	不含水	2.6～2.8
云母	K，Mg，Fe，Al，Si，O	含水	2.9（黑云母）
角闪石	Ca，Mg，Fe，Al，Si，O	含少量水	3.2
辉石	Ca，Mg，Fe，Al，Si，O	不含水	3.3
橄榄石	Mg，Fe，Si，O	不含水	3.3

2.3 岩 石

造岩矿物按一定的结构集合而成的地质体称为岩石。

2.3.1 岩石的类型

岩石依据其成因可分成火成岩、沉积岩和变质岩三大类。

1. 火成岩

火成岩又称岩浆岩，是三大类岩石的主体，占地壳岩石体积的 64.7%。它是由岩浆冷凝形成，是岩浆作用的最终产物。岩浆作用是指岩浆的发育、运动及其固结成岩的作用。它包括喷出作用与侵入作用两个方面。

1）火成岩的结构与构造

（1）火成岩的结构

火成岩的结构是指组成岩石的矿物的结晶程度、颗粒大小、晶体形态、自形程度和矿物间（包括玻璃）相互关系。它能反映岩石形成时的温度、压力、黏度、冷却速度等条件。

影响火成岩结构的因素首先是岩浆冷凝的速度。冷凝慢时，矿物晶粒粗大，晶形较完好。冷凝快时，有众多晶芽同时析出，它们争夺生长空间并相互干扰，矿物晶粒细小，晶形不规则。冷凝速度极快时，甚至成为非晶质。岩浆的冷凝速度与岩浆的成分、规模、冷凝深度及温度有关。此外，岩浆中矿物结晶的先后顺序也是影响结构的重要因素。早结晶的矿物晶粒较粗，晶形较好；晚结晶的矿物受到空间的限制，其晶粒细小，晶形不完整或不规则。

按照矿物晶粒的大小，火成岩的结构可分为粗粒（粒径＞5mm）、中粒（粒径 1～5mm）、细粒（粒径 0.1～1mm）。这些结构用肉眼均可加以识别，统称为显晶质结构。晶粒细小用肉眼难以识别者，称为隐晶质结构。按照矿物颗粒的相对大小可分为等粒结构（同种矿物颗粒大致相等）及不等粒结构（同种主要矿物颗粒大小不等）。在不等粒结构中，如两类矿物颗粒大小悬殊，其中大者称为斑晶，其晶形常较完整；细小者称为基质，其晶形常不规则。如果基质为显晶质，且基质的成分与斑晶的成分相同者，称为似斑状结构 [图 2-8（b）]。如果基质为隐晶质或非晶质者，称为斑状结构 [图 2-8（a）]。

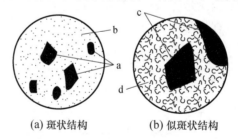

（a）斑状结构　　　　（b）似斑状结构

图 2-8　斑状结构与似斑状结构

a—斑晶；b—隐晶质或玻璃质基质；c—斑晶；d—显晶质基质

（2）火成岩的构造

岩浆岩的构造是指岩石中不同矿物集合体之间或矿物集合体与其他组成部分之间的排列、充填方式等。它是火成岩形成条件的反映。

① 块状构造。岩石中矿物排列无次序、无方向，岩石为均匀的块体。这是最常见的构造。

② 流动构造。岩石中柱状或片状矿物或捕房体平行而定向排列，它表明岩浆一边冷凝一边流动。这一结构既见于火山熔岩，也见于侵入岩的边缘。火山熔岩中不同成分和颜色的条带，以及拉长的气孔相互平行排列，称为流纹构造，常见于酸性或中性熔岩，尤以流纹岩为典型。

③ 气孔和杏仁构造。熔岩中或浅成脉状侵入体边缘呈圆球形、椭球形或不规则形态

的空洞。直径由数毫米到数厘米，是岩浆中的气体所占据的空间。一般说来，基性熔岩中气孔较大、较圆；酸性熔岩中气孔较小、较不规则，或呈棱角状。气孔中有矿物质充填者，称为杏仁构造。

④ 层状构造。岩石具有成层性状，它是多次喷出的熔岩或火山碎屑逐层叠置的结果。

2）火成岩的主要类型

火成岩种类很多，不同火成岩的差别主要表现在矿物成分、不同矿物的相对含量、岩石的结构和构造方面。控制上述差别的基本因素则是岩浆的成分及冷凝的环境。因此，这两者就成为区分火成岩的基础。

首先，根据火成岩的 SiO_2 含量，可以将火成岩分成超基性岩、基性岩、中性岩及酸性岩，它们分别相当于四种基本岩浆类型。由于岩石的化学成分决定了岩石中矿物的种类及不同矿物的数量关系，所以这四类火成岩就具有各自特有的矿物及其数量关系。肉眼识别火成岩时，虽不能直接知道化学成分，但是能够鉴定其矿物，从而推知其化学成分，所以鉴定火成岩的矿物便是识别火成岩的基本途径。超基性岩全由铁镁质矿物，主要是由橄榄石及辉石组成，不存在长石和石英。其他岩石都兼有铁镁质矿物同长英质矿物，基性岩中铁镁质矿物主要是辉石，长英质矿物主要是基性斜长石。中性岩中铁镁质矿物主要是角闪石，长英质矿物主要是中长石。酸性岩中铁镁质矿物主要是黑云母，长英质矿物主要是酸性斜长石、钾长石、石英和白云母。从基性岩经中性岩到酸性岩，铁镁质矿物含量逐渐减少，长英质矿物含量逐渐增多，岩石的颜色由深变浅、由暗变亮，相对密度由大变小。

进行火成岩分类的另一个标志是岩浆的冷凝环境。根据这一标准，首先将火成岩分为侵入岩和喷出岩，再将侵入岩分为深成侵入岩与浅成侵入岩。深成岩具有晶质结构，颗粒较粗或为似斑状。浅成岩具有晶质结构，颗粒较细或为隐晶质，常成为斑状。火山岩一般为隐晶质结构，极少数为非晶质，常有斑状结构。火山岩还具有层状构造，熔岩常有流动构造、气孔构造及杏仁造等。

3）火成岩的野外识别

火成岩分类的上述标志实际上就是鉴定火成岩的方法。在野外辨认火成岩时，首先要区分是侵入岩或喷出岩，为此应全面考虑岩石的产出状态、结构与构造特征。特别应考虑岩石的宏观特点。如果岩石与围岩为侵入关系且岩体的边缘有围岩的捕虏体存在，可以判断是侵入岩。如果岩石为层状，有气孔构造及流动构造，则是喷出岩。如果含有火山碎屑岩的夹层，则更无疑属于喷出岩。如果岩石为全晶质，颗粒粗大，则为侵入岩而且是深成岩。如果岩石是隐晶质或非晶质则很可能为喷出岩。

在区分了喷出岩或侵入岩的基础上，进一步着手定名。这时应先观察岩石的颜色。颜色的深浅取决于暗色矿物在岩石中的百分含量，即色率。超基性岩色率＞75，基性岩色率为35～75，它们的颜色为黑色、灰黑色及灰绿色。酸性岩色率＜20，颜色为淡灰色、灰白色、淡黄色、肉红色。中性岩色率为20～35，色调介于前两者之间。

在判断色率的基础上再进一步鉴定矿物，浅色矿物中长石为玻璃光泽，有良好解理，石英断口为油脂光泽，透明度高，无解理，两者易于区别。斜长石与钾长石的区别是前者的解理面上有平行而紧密排列的细纹（即双晶纹），钾长石没有细密的双晶纹。如果两种长石同时存在，白色者常为斜长石，肉红色者为钾长石。深色矿物中橄榄石一般不与石英共生，如果有大量石英存在，即可排除有橄榄石的可能。辉石与角闪石都是暗色柱状矿物，应根据其横切面形态及其解理的交角大小加以鉴别。要做到这一点，往往并不容易，这时，利用矿物共生的规律是有帮助的。如果岩石中以斜长石为主，并且石英很少，岩石色率高，则该种柱状矿物多为辉石，否则，为角闪石。黑云母为六边形的横切面，常为片状，棕黑色，较易识别。

了解了矿物组成以后，再进一步判识岩石的结构，即可将岩石命名。如花岗岩与花岗斑岩的差别不在于矿物组成，而在于花岗岩为显晶质，等粒结构，花岗斑为斑状结构。闪长岩与闪长玢岩的区别与此相似（一般将斑晶由钾长石和石英组成者称为斑岩，将斑晶由斜长石组成者称为玢岩）。喷出岩中基质的矿物成分难以鉴定，可根据斑晶的矿物成分并结合岩石的颜色定名。若斑晶为石英、钾长石、黑云母，岩石颜色浅，属酸性岩类（流纹岩）；若斑晶为斜长石、角闪石，岩石颜色暗，属中性岩类（安山岩）；若岩石为黑色，则可能为玄武岩。

在此将火成岩主要类型及其主要特征列表说明（表2-3）。

表 2-3　火成岩类型及其特征简表

类型		超基性岩	基性岩	中性岩	酸性岩
SiO_2		<45%	45%～52%	53%～65%	>65%
主要矿物		橄榄石、辉石、角闪石	钙长石、辉石、角闪石	中长石、碱性长石、角闪石、黑云母	钾长石、钠长石、石英、黑云母
色率		>78	35～75	20～35	<20
喷出岩	岩流、岩被、斑状或隐晶质结构，气孔、杏仁、流纹构造	科马提岩	玄武岩	安山岩、粗面岩	流纹岩
浅成岩	斑状、细粒或隐晶质结构	少见	辉绿岩	闪长玢岩、正长斑岩	花岗斑岩
深成岩	全晶质、粗粒或似斑状结构	橄榄岩、辉石岩	辉长岩	闪长岩、正长岩	花岗岩

2. 沉积岩

1）沉积岩的概念

沉积岩占地壳岩石总体积的7.9%。它主要分布在地壳表层，在地表露出的三大岩石中，它的面积占地壳表层面积的75%，是最常见的岩石。沉积岩中赋存有煤、石油、天然气以及其他许多金属及非金属矿产，具有重要的经济价值。

2）沉积岩的特征

由沉积物固结变硬而成的岩石为沉积岩，是否经过固结是沉积岩与沉积物的根本区别。

（1）沉积岩中的矿物

组成沉积岩的常见矿物有石英、白云母、黏土矿物、钾长石、钠长石、方解石、白云石、石膏、硬石膏、赤铁矿、褐铁矿、玉髓、蛋白石等，其中石英、钾长石、钠长石、白云母也是火成岩的常见矿物，因而它们是火成岩与沉积岩共有的矿物。此外，火成岩中常见的橄榄石、辉石、角闪石、黑云母、中性及基性斜长石在沉积岩中很少出现。而火成岩中一般难以出现甚至不能存在的方解石、白云石、黏土矿物、石膏、硬石膏等在沉积岩中相当普遍。

引起这一差别的原因在于沉积岩是在常温、常压条件下由外力地质作用形成的。那些只能形成于高温条件下的矿物，如橄榄石、辉石、角闪石、黑云母、中性及基性斜长石等，在外力地质作用下不能生成，也难以抵抗外力地质作用的破坏而长期稳定存在；相反，石英、钾长石、钠长石及白云母等，具有适应温度变化的能力且化学性质较稳定，在地表条件下就能够作为碎屑物而稳定存在，至于黏土矿物、石膏、硬石膏、方解石以及白云石等则是在地表条件下形成的特征性矿物。

（2）沉积岩的结构

沉积岩的结构是指沉积岩颗粒的性质、大小、形态及其相互关系，主要有以下两类结构：

① 碎屑结构。岩石中的颗粒是机械沉积的碎屑物，碎屑物可以是岩石碎屑（岩屑）、矿物碎屑（如长石、石英、白云母）、石化的生物有机体或其碎片（生物碎屑）以及火山喷发的固体产物（火山碎屑）等。按碎屑粒径大小可分为：

· 砾状结构：粒径＞2mm；

· 砂状结构：粒径 0.05～2mm；

· 粉砂状结构：粒径 0.005～0.05mm；

· 泥状结构：＜0.005mm。

具有砾状与砂状结构者用肉眼能辨认其中碎屑的外形，同时可以看出其中碎屑颗粒及基质与胶结物的关系（图 2-9）。具有粉砂状结构者用放大镜能辨认其中碎屑的界线，泥状结构的岩石，只有借助于显微镜甚至电子显微镜才能辨认其中的黏土碎屑颗粒。

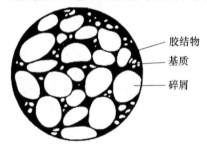

图 2-9 碎屑、基质和胶结物

碎屑颗粒粗细的均匀程度称为分选性。大小均匀的碎屑颗粒为分选良好；大小混杂的碎屑颗粒为分选差（图 2-10）。

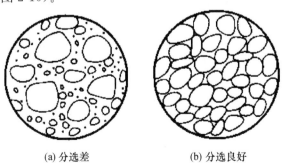

(a) 分选差　　　　　(b) 分选良好

图 2-10 碎屑的分选性

碎屑颗粒棱角的磨损程度称为磨圆度或圆度。圆度有不同级别，棱角全部磨损的碎屑颗粒称为圆形；棱角大部分磨损的碎屑颗粒称为次圆形；棱角部分磨损的碎屑颗粒称为次棱角形；棱角完全未磨损的碎屑颗粒称为棱角形（图 2-11）。

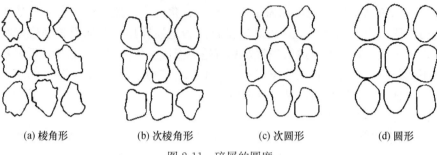

(a) 棱角形　　　(b) 次棱角形　　　(c) 次圆形　　　(d) 圆形

图 2-11　碎屑的圆度

② 非碎屑结构。岩石中的颗粒由化学沉积作用或生物化学沉积作用形成，其中大多数为晶质或隐晶质。此外，某些岩石由生长状态的生物骨骼构成格架，格架内部充填其他性质的沉积物，称为生物骨架结构。

（3）沉积的构造

沉积的构造是指沉积岩形成时所生成的岩石的各个组成部分的空间分布和排列形式，有以下主要类型：

① 层理。沉积岩的成层性。它是沉积岩最特征、最基本的沉积构造。它是由岩石不同部分的颜色、矿物成分、碎屑（或沉积物颗粒）的特征及结构等所表现出的差异而引起，是因不同时期沉积作用的性质变化而形成的。层理中各层纹相互平行者称为平行层理，层纹倾斜或相互交错者称为交错层理（图 2-12）。

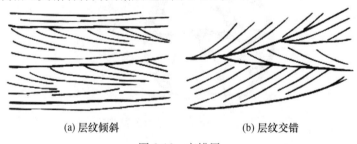

(a) 层纹倾斜　　　　　　　(b) 层纹交错

图 2-12　交错层

分隔不同性质沉积物的界面称为层面，沉积岩岩石易于沿层面劈开。

由层面分隔的分层岩石的厚度（层的顶底面之间的距离）是不同的。厚度＞1m 的岩层称为块层；厚度 0.5～1m 的岩层称为厚层；厚度为 0.1～0.5m 的岩层称为中厚层；厚度 0.01～0.1m 的岩层称为薄层，厚度＜0.01m 的岩层称为微层。

② 递变层理。同一层内碎屑颗粒粒径向上逐渐变细（图 2-13）。它的形成常常是因沉积作用发生在运动的水介质中，其动力由强逐渐减弱。同一层内碎屑颗粒从下往上逐渐变粗者，称为反递变层理。

③ 波痕。层面呈波状起伏，它是沉积介质动荡的标志，见于具有碎屑结构岩层的顶面。当介质做定向运动时，所形成的波痕为非对称状，顺流坡较陡，逆流坡较缓，系由流

水或风引起；当介质是来回运动的波浪时，所形成的波痕为对称波痕，其两坡坡角相等（图 2-14）。如波峰较鲜明坡谷软宽缓，或波谷中有云母集中时，可用以确定岩层的顶底，即波峰所在一侧为顶，波谷所在一侧为底。

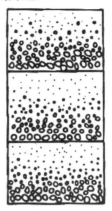

图 2-13　递变层理

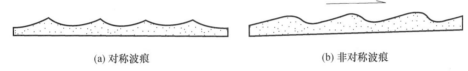

(a) 对称波痕 　　　　　　　　　　(b) 非对称波痕

图 2-14　波痕

④ 泥裂。由岩层表面垂直向下的多边形裂缝。裂缝向下呈楔形尖灭。刚形成的泥裂是空的，地质历史中形成的泥裂均已被砂、粉砂或其他物质所填充（图 2-15）。它是滨海或滨潮地带泥质沉积物暴露水面后失水变干收缩而成。利用泥裂可以确定岩层的顶底，即裂缝开口方向为顶，裂缝尖灭方向为底。

图 2-15　泥裂

⑤ 缝合线。岩石剖面中呈锯齿状起伏的曲线。沿缝合线岩层易于劈开，劈开面参差起伏，称为缝合面。突起的柱体称为缝合柱，缝合线具有多种形态特点（图 2-16）。缝合面上常分布有含铁的黏土质薄层或含有机质的泥质薄层。缝合线的起伏幅度一般是数毫米到数十厘米，总的展布方向与层面平行。规模较大的缝合线代表沉积作用的短暂停顿或间断，规模较小的缝合线是沉积物固结过程中在上覆沉积物的压力下，由富含 CO_2 的淤泥水沿层面循环时溶解两侧物质所致。缝合线主要见于石灰岩及白云岩，有时也出现在砂岩中。

23

⑥ 结核。沉积岩中某种成分的物质聚集而成的团块。它为圆球形、椭球形、透镜状及不规则形态。石灰岩中常见的燧石结核主要是 SiO_2 在沉积物沉积的同时以胶体凝聚方式形成的，部分燧石结核是在固结过程中由沉积物中的 SiO_2 自行聚积而形成的。结核的形态多种多样（图 2-17）。含煤沉积物中常有黄铁矿结核，它是固结过程中，由沉积物中的 FeS_2 自行聚积形成的，一般为球形。黄土的中钙质结核或铁锰结核是地下水从沉积物中溶解 $CaCO_3$ 或 Fe、Mn 的氧化物后在适当地点再沉积而形成的，其形状多不规则。

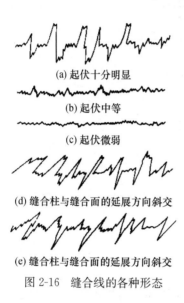

(a) 起伏十分明显

(b) 起伏中等

(c) 起伏微弱

(d) 缝合柱与缝合面的延展方向斜交

(e) 缝合柱与缝合面的延展方向斜交

图 2-16　缝合线的各种形态

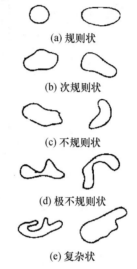

(a) 规则状

(b) 次规则状

(c) 不规则状

(d) 极不规则状

(e) 复杂状

图 2-17　石灰岩中的燧石结核

⑦ 印模。沉积岩层底面上的突起。突起的形态为长条状、舌状、鱼鳞状或不规则的疙瘩状等。其大小不等，长度由小于 1cm 到数十厘米，一般数厘米（图 2-18）。一向伸长、排列方向多相互平行的定向性印模主要是在沉积作用停顿时，沉积物顶面受到流水冲刷，或受到流水携带物体刻划，形成了沟槽，然后被上覆沉积物充填铸模而成。不规则形状的印模是在固结过程中，沉积物不均匀压入下伏沉积物内使物质发生重新聚积而成。印模只见于具有碎屑结构的岩层中。

图 2-18　印模

（4）常见沉积岩

① 砾岩、角砾岩。具有砾状结构的岩石。碎屑为圆形或次圆形的为砾岩，碎屑为棱角形或半棱角形的为角砾岩。其进一步定名主要根据碎屑成分。如碎屑主要成分为石灰岩的，称为石灰岩质砾岩（角砾岩），碎屑主要成分为安山岩的称为安山岩质砾岩（角砾岩）。

② 砂岩。具有砂状结构的岩石。碎屑成分常为石英、长石、白云母、岩屑及生物岩屑。岩石颜色多样，随岩屑成分与填隙物成分而异。如富含黏土者颜色较暗，含铁质者为紫红色，碎屑为石英、胶结物为 SiO_2 者呈灰白色，碎屑富含钾长石者显灰红色。

按照碎屑粒径大小可分为粗粒砂岩、中粒砂岩、细粒砂岩。砂岩的进一步定名应根据碎屑成分、胶结物或基质成分、碎屑粒径综合考虑。若岩石中碎屑主要是石英，其次为长石，胶结物为 $CaCO_3$，碎屑为粗粒，则定名为粗粒钙质长石石英砂岩；岩石中碎屑主要为石英，其次为岩屑，基质为黏土质，碎屑为粗粒，则定名为粗粒黏土质岩屑石英砂岩；当胶结物或基质成分肉眼难以确定时可根据碎屑特征定名，如称为粗粒长石石英砂岩，细粒岩屑石英砂岩等。当碎屑成分与胶结物成分肉眼都难以判别时，也可以仅根据颜色命名，如紫红色砂岩、灰绿色砂岩、灰黑色砂岩等。

③ 粉砂岩。具有粉砂状结构的岩石。碎屑成分常为石英及少量长石与白云母。颜色为灰黄、灰绿、灰黑、红褐等色。其进一步定名的原则与砂岩相同，但一般着重考虑其颜色与胶结质成分。

④ 黏土岩。由黏土矿物组成并常具有泥状结构的岩石。硬度低，用指甲能刻划。高岭石是黏土岩中的常见矿物，除了黏土矿物外，黏土岩中可以混有不等量的粉砂、细砂以及 $CaCO_3$、SiO_2、$Fe_2O_3 \cdot nH_2O$ 等化学沉淀物，有时含有有机质。黏土岩具有灰白色、灰黄色、灰绿色、紫红色、灰黑色、黑色等颜色，视其混入杂质的成分而定。

黏土岩中固结微弱者称为黏土，固结较好但没有层理者称为泥岩，固结较好且具有良好层理者称为页岩。

黏土岩的进一步定名应考虑其混入物的成分和颜色，如称为黄绿色钙质页岩、黑色硅质页岩、紫红色钙质泥岩、灰白色黏土等。

⑤ 硅质岩。化学成分为 SiO_2，组成矿物为微粒石英或玉髓，少数情况下为蛋白石，质地坚硬，小刀不能刻划。性脆，含有机质的硅质岩的颜色为灰黑色。富含氧化铁的硅质岩称为碧玉，常为暗红色，也有灰绿色。具有同心圆状构造者称为玛瑙，其各层颜色不同，十分美观（图 2-19）。呈结核状产出者即为燧石结核。少数硅质岩质轻多孔，称为硅华。硅质岩中含黏土矿物丰富者称为硅质页岩，质地较软。

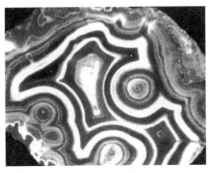

图 2-19　玛瑙的磨光面

硅质岩有多种成因，部分硅质岩是热泉涌出富含 SiO_2 的热水凝聚沉淀或交代碳酸钙沉积物而成（这一作用发生在海底或陆地）。部分硅质岩的形成与海中硅质生物，如硅藻或放射虫（图 2-20）的迅速繁衍及其骨骼的大量堆积有关。

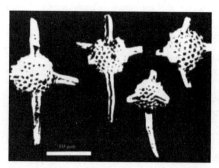

图 2-20　硅质岩中的放射虫（电子显微镜照片）

⑥ 石灰岩。由方解石组成，遇稀酸盐剧烈起泡。岩石为灰色、灰黑色或灰白色，性脆，硬度为 3.5。石灰岩常具有燧石结核及缝合线，有碎屑结构与非碎屑结构两种类型。

碎屑结构的石灰岩中碎屑成分皆为 $CaCO_3$，按其成因有三种类型的碎屑：

第一，海盆中已固结的碳酸钙沉积被海水冲击破碎而成者，称为内碎屑。其中粒径大于 2mm 者称为砾屑，粒径小于 2mm 者称为砂屑。

第二，海洋中动物的介壳、骨骼或植物硬体被海水冲击破碎而成的碎屑称为生物碎屑。

第三，由海水中的 $CaCO_3$ 凝聚而成的，称为球粒、团块、鲕粒或豆粒。球粒，粒径小于 0.3mm，形态浑圆，内部无同心圆构造；团块，粒径大于 0.3mm，外形不甚规则，内部无同心圆构造，球粒与团块是低等生物（如藻类）吸取 $CaCO_3$ 后凝聚而成的；鲕粒或豆粒，外形浑圆，内部具有同心圆构造。碳酸钙鲕粒是在干旱炎热的气候条件下，在深仅数米的动荡浅水海域中形成的。在这种环境下，海水中的 $CaCO_3$ 能够达到过饱和，而且因有充分的碎屑物质供应，使 $CaCO_3$ 能够以碎屑为核心逐次沉淀并形成同心圆构造。

碎屑间的填隙物为 $CaCO_3$，其中粒径大于 0.01mm 者，常为透明的方解石颗粒，称为亮晶，是 $CaCO_3$ 的化学沉淀物，相当于胶结物；粒径小于 0.005mm 的方解石微粒称为泥晶，是机械混入物，相当于基质。

具有碎屑结构的石灰岩可以根据碎屑性质进一步定名，由内碎屑构成的石灰岩称为内碎屑石灰岩，如竹叶状石灰岩（图 2-21），其碎屑形似竹叶，长径由数厘米到数十厘米；由生物碎屑构成的石灰岩称为生物碎屑石灰岩；由球粒、团状、鲕粒、豆粒构成的石灰岩分别称为球粒石灰岩、团块石灰岩、鲕状石灰岩（图 2-22）、豆状石灰岩。

应该说明，当碎屑粗大时，肉眼易于识别出碎屑结构，如碎屑细小，肉眼较难观察时，可用水将岩石湿润或用稀盐酸腐蚀岩石表面，碎屑结构的特征便可显示出来。

非碎屑结构石灰岩也包括多种类型，如泥晶石灰岩是由粒径小于 0.005mm 的方解石微粒组成的，岩石呈致密块状，方解石微粒是由生物化学作用等方式形成，钙华也可以看成是具有非碎屑结构的石灰岩，它是纯化学成因的。礁灰岩则是具有生物骨架结构的石灰岩；其中，由珊瑚骨骼作为支撑骨架者，称为珊瑚礁石灰岩。

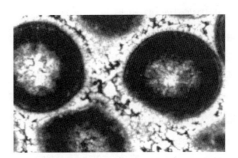

图 2-21　竹叶状石灰岩　　　　　　图 2-22　鲕状石灰岩

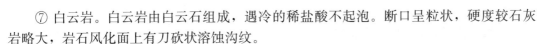

⑦ 白云岩。白云岩由白云石组成，遇冷的稀盐酸不起泡。断口呈粒状，硬度较石灰岩略大，岩石风化面上有刀砍状溶蚀沟纹。

白云岩具有不同成因。部分白云岩是在气候炎热、干旱地区咸度增高的海水中由化学方式沉淀而成，部分白云岩是 $CaCO_3$ 的沉积物在固结过程中被富含镁质的海水作用后，方解石被白云石交代置换而成。由化学作用沉积的白云岩具有晶质结构，晶粒为细粒或微粒，由交代置换作用形成的白云岩常保留原有石灰岩的结构。

白云岩与石灰岩的化学成分相近，其形成条件有密切联系，因而在白云岩与石灰岩之间有过渡类型的岩石存在，各种过渡性岩石的主要差别在于岩石中的 MgO 与 CaO 的含量比例。以白云石为主并含有一定数量的方解石者称为钙质白云岩，以方解石为主并含一定数量的白云石者称为白云质石灰岩，遇冷的稀酸盐后，钙质白云岩微弱起泡，白云质石灰岩起泡较强烈。

3. 变质岩

1）变质岩的概念

变质岩是组成地壳三大岩类之一，占地壳总体积的 27.4%。它在地面的分布范围较小，也不均匀。它是由火成岩或沉积岩或先成的变质岩经变质作用所形成的岩石。

2）变质岩中的矿物

变质岩常具有某些特征性矿物，这些矿物只能由变质作用形成，称为特征变质矿物。特征变质矿物有红柱石、蓝晶石、矽线石、硅灰石、石榴子石、滑石、十字石、透闪石、阳起石、蓝闪石、透辉石、蛇纹石、石墨等。变质矿物的出现就是发生过变质作用的最有力的证据。

除了典型的变质矿物之外，变质岩中还有既能存在于火成岩又能存在于沉积岩的矿物，它们或者在变质作用中形成，或者从原岩中继承而来。属于这样的矿物有石英、钾长石、钠长石、白云母、黑云母等。这些矿物能够适应较大幅度的温度、压力变化而保持稳定。

3）变质岩的结构

火成岩与沉积岩的结构通过变质作用可以全部或者部分消失，形成变质岩特有的结构。

（1）变晶结构

变晶结构指岩石在固体状态下，通过重结晶和变质结晶而形成的结构，它表现为矿物形成、长大而且晶粒相互紧密嵌合。重结晶作用在沉积岩的固结成岩过程中即已开始，在变质过程中尤为重要和普遍。变晶结构的出现意味着火成岩及沉积岩中特有的非晶质结构、碎屑结构及生物骨架结构趋于消失，并伴随着物质成分的迁移或新矿物的形成。由变质作用形成的晶粒称为变晶，按变晶的大小可分为粗粒、中粒、细粒等。按变晶大小的相对关系可分为等粒变晶及斑状变晶。前者的变晶颗粒等大，后者的变晶颗粒有两种，其粒径相差悬殊，变晶的形态各异：由石英、长石等矿物组成者为粒状；由云母、绿泥石等矿物组成者为片状；由阳起石、硅灰石等矿物组成者为柱状、纤状、放射状。

（2）变余结构

变余结构指变质程度不深时，残留的原岩结构，如变余斑状结构（保留有岩浆岩的斑状结构）、变余砾状或砂状结构（保留有沉积岩的砾状或砂状结构）等。

（3）碎裂结构

碎裂结构指动力变质作用使岩石发生机械破碎而形成的一类结构。特点是矿物颗粒破碎成外形不规则的、带棱角的碎屑，碎屑边缘常呈锯齿状，并具有扭曲变形等现象，按碎裂程度，可分为碎裂结构、碎斑结构、碎粒结构等。

（4）交代结构

交代结构指变质作用过程中，通过化学交代作用（物质的带出和加入）形成的结构，其特点是，在岩石中原有矿物被分解消失，形成新矿物。

一种变质岩有时具有两种或更多种结构，如兼有斑状变晶结构与鳞片变晶结构等。此外，在同一岩石中变余结构也可与变晶结构并存。

4）变质岩的构造

火成岩与沉积岩的构造通过变质作用可以全部或部分消失，形成变质岩特有的构造。

（1）变成构造

变成构造是通过变质作用而形成的新构造，有以下类型：

① 斑点状构造。岩石中某些组分集中成为或疏或密的斑点，斑点为圆形或不规则形状，直径常为数毫米，成分常为炭质、硅质、铁质、云母或红柱石等，基质为隐晶质——细晶。它是在较低变质温度影响下，岩石中部分化学组分发生迁移并重新组合而成，如温度进一步升高，斑点有可能转变成变斑晶。

② 板状构造。岩石具有平行、密集而平坦的破裂面，沿此面，岩石易分裂成薄板。单层厚从数毫米到百余毫米不等。此种岩石常具有变余泥状结构或显微变晶结构。它是岩石受较强的定向压力作用而形成的。

③ 片理构造。岩石中片状或长条状矿物是连线而平行排列，形成平行、密集而不十分平坦的纹理，称为片理或面理。沿片理方向岩石易于劈开。若岩石的矿物颗粒细小，且在片理面上出现丝绢光泽与细小皱纹者，则称为千枚状构造；若矿物颗粒较粗肉眼能清楚识别者，称为片状构造（图2-23）。

片理的形成与定向压力的作用关系很大。第一，岩石中的片状矿物或长条状矿物在定向压力下可以发生位置转动从而定向排列；第二，粒状矿物在定向压力作用下可以被压扁或拉长，产生形态改变，从而定向排列；第三，矿物在平行于压力的方向上溶解，在垂直于压力的方向上生长，溶解与生长同时发生。应该指出，在片理的形成过程中往往伴随着矿物的重结晶作用，因此，温度也是不可缺少的因素。第二及第三种情况都是在温度同压力密切配合下发生的；第一种情况与温度也有一定关系。不同矿物对定向压力的敏感性不同。黑云母、白云母、绢云母、绿泥石等片状矿物及角闪石、阳起石、透闪石、硅灰石、夕线石等柱状或纤状矿物，反应敏感，易于发生定向排列。此外，石英、方解石等粒状矿物在较强的定向压力作用下，也能发生变形并压扁拉长，从而定向排列。

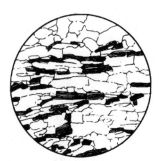

图 2-23　片状构造（放大 10 倍）

④ 片麻状构造。组成岩石的矿物以长石为主的粒状矿物，伴随有部分平行定向排列的片状、柱状矿物，后者在前者中呈断续的带状分布。片麻状构造的形成除与造成片理的因素有关外，还有可能受原岩成分的控制，即不同成分的层变质为不同矿物的条带；也可以是在变质过程中岩石的不同组分发生分异并分别聚集的结果。

具有片麻状构造的岩石，其矿物的颗粒较粗。其中长石特别粗大，好似眼球者，称为眼球状构造。

⑤ 拉伸线理。岩石中的矿物颗粒或集合体、岩石碎屑、砾石等，在温度剪切应力的联合作用下，被强烈剪切拉长、定向排列，呈现为平行密集的线状构造，称为拉伸线理。拉伸线理是变质岩中一种透入性的线状构造，在片理面上最为醒目。

⑥ 块状构造。矿物均匀分布，无定向排列。它是温度和静压力对岩石联合作用的产物。

（2）变余构造

变质岩中残留的原岩的构造，如变余气孔构造、变余杏仁构造、变余层状构造、变余泥裂构造等。

应该指出，当变质程度不深时，原岩的构造易于部分保留。因此，变余构造的存在便成为判断原岩属于火成岩还是沉积岩的重要依据。前面所说的变余结构也起着类似的作用。

一般将由火成岩变质而成的岩石称为正变质岩，由沉积岩变质而成的岩石称为副变质岩。

某些变质岩具有一些特征性的矿物、结构及构造，其质地优异，色泽与构造喜人，成为很好的建筑装饰材料，如蛇纹大理岩；有些变质矿物成为宝石，如蓝（红）宝石（刚玉）。

5）变质作用类型及其代表性岩石

由于引起岩石变质的地质条件和主导因素不同，变质作用类型及其形成的相应岩石特征也不同，这里着重介绍接触变质作用、区域变质作用、混合岩化作用、动力变质作用，以及它们的代表性岩石。

（1）接触变质作用

发生在火成岩（主要是侵入岩）与围岩之间的接触带上并主要由温度和挥发性物质所引起的变质作用称为接触变质作用。接触变质作用所需的温度较高，一般在 300~800℃，有时达 1000℃；所需的静压力较低，仅在 1×10^8 Pa～3×10^8 Pa 之间。按照引起接触变质的主导因素，接触变质作用分为以下两类：

① 接触热变质作用。引起变质的主要因素是温度。岩石受热后发生矿物的重结晶、脱水、脱炭以及物质成分的重组合，形成新矿物与变晶结构，但是，岩石中总的化学成分并无显著改变。其代表性的岩石有：

斑点板岩：具有斑点状构造及板状构造，岩石重结晶程度低，多为变余泥状结构，有时出现显微鳞片变晶及粒状变晶结构，矿物成分的重组合不普遍，仅有少量石英、绢云母、绿泥石等矿物，常呈斑点状，原岩主要是黏土岩、凝灰岩等，其变质温度较低。

角岩：具有显微粒状变晶结构，主要为块状构造，岩石常很致密、坚硬。原岩可以是泥质、粉砂质、砂质的沉积岩，也可以是火山岩。因原岩成分不同以及变质程度的差异，角岩中的矿物多种多样，其中具有变余层理者称为角页岩，是由页岩或富含泥质的沉积岩变来的，致密坚硬并常具有变余层理及变余交错层理等构造，颜色常为暗色，具有灰绿色、灰黑色、肉红色等色调。

大理岩：主要由方解石组成，为粒状变晶结构，块状构造，常有变余层理构造。原岩为石灰岩，纯粹的大理岩几乎不含杂质，洁白似玉，称汉白玉，多数大理岩因含有杂质，显示不同颜色的条带。如蛇纹石大理岩因含蛇纹石而显绿色条带，是由含镁质石灰岩（如白云质石灰岩）变质而来的。

石英岩：主要由石英组成，具有粒状变晶结构，块状构造。岩石极为坚硬。原岩为石英砂岩。

接触热变质岩的变质程度因原岩离火成岩体的距离而不同，原岩离岩体近者受到的温度高，变质较强烈；离岩体远者受到的温度低，变质较轻微。因此，变质程度不同的岩石常常围绕侵入体呈环带状分布。角岩往往出现在内部带，斑点板岩往往出现在外部带。

② 接触交代变质作用。引起变质的因素除温度以外，从岩浆中分泌的挥发性物质所产生的交代作用同样具有重要意义。故岩石的化学成分有显著变化，新矿物大量产生，变质作用发生在侵入体与围岩的接触带上，同时影响到围岩及侵入体的边缘。由接触交代变质作用形成的典型岩石是矽卡岩。

组成矽卡岩的主要矿物是石榴子石、绿帘石、透闪石、透辉石、阳起石、硅灰石等，有时还有云母、长石、石英、萤石、方解石。矽卡岩经常包含两三种主要矿物及一些次要矿物。多数矽卡岩含有铁镁质硅酸盐矿物，常为暗绿色或暗棕色，部分矽卡岩主要由硅灰石、透闪石等浅色矿物组成，为浅灰色。岩石常为粒状或不等粒状变晶结构，块状构造。

某些金属矿物常在矽卡岩中富集成为矿体。其中常见的有磁铁矿、黄铜矿、辉铜矿、闪锌矿、白钨矿等。这些金属矿物是由于挥发性物质以各种形式搬运金属元素并再沉淀的结果。比如，铁以及其他一些金属元素能够同 NaCl、H_2O 等挥发性成分结合成多种化合物进行迁移，并在一定地方通过化学反应以金属氧化物或硫化物形式沉淀下来，如果条件有利，便可聚积成矿体（图 2-24）。

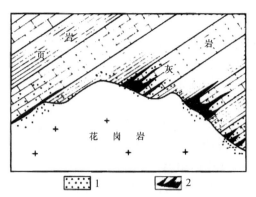

图 2-24 接触交代变质作用示意图

1—矽卡岩；2—矿体

（2）区域变质作用

① 区域变质作用概述。

区域变质作用是在广大范围内发生，并由温度、压力以及化学活动性流体等多种因素引起的变质作用。区域变质作用影响的范围可达数千到数万平方千米以上，影响深度可达 20km 以上。区域变质作用的温度下限在 200℃，上限在 800℃。压力变化在 $(1\sim2)\times10^8$ Pa 到 $(13\sim14)\times10^8$ Pa 之间，除了静压力以外，定向压力常起重要作用。区域变质作用的发生常常和构造运动有关，构造运动可以对岩石施以强大的定向压力，使岩层弯曲、柔皱、破裂；也可以使浅层岩石沉入地下深处以遭受地热和围压的作用；或使深层岩石推挤到表层。构造运动还能导致岩浆的形成与侵入，从而带来热量和化学物质，或从地下深处引来化学活动性流体。此外，由构造运动所造成的破裂，是热能和化学能向围岩渗透的良好通道。因而，构造运动为岩石的区域变质创造了极为有利的物理、化学条件。

区域变质作用中温度与压力总是联合作用并相辅相成的。一般说来，地下的温度与压力随深度增加而增长。但是，由于各处地壳的结构与构造运动性质不同，因而温度与压力随深度而增长的速度并非处处相同。有的变质地区压力增加慢，而温度增加快；有的变质地区压力增加快，而温度增加慢。这样便出现了不同的区域变质环境，主要有三类变质环境（图 2-25）：

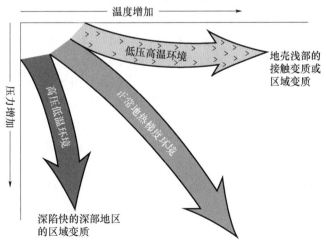

图 2-25 变质环境及其与温度、压力关系示意图

低压高温环境：地温梯度高，25～60℃/km，在地下不到10km处，温度最高可达到600℃。温度是引起岩石变质的主要因素，以出现红柱石等低压、高温变质矿物为特征；火成岩相当发育，广泛发生接触变质作用。

正常地温梯度环境：地温梯度正常，在20～30℃/km。随着温度与压力的变化可以出现不同变质岩。

高压低温环境：地温梯度低，为7～25℃/km，在地下20～30km深处，温度约为300℃。这环境以出现如蓝闪石等高压、低温变质矿物为特征，缺乏火成岩。高压低温条件的出现与岩石圈板块的俯冲作用相关。

在区域变质作用中，原岩的矿物可以发生重结晶、重组合以及交代作用，岩石的结构构造也发生综合性变化。

区域变质作用中有一种特殊类型，称为埋藏变质作用。它是由于上覆巨厚层沉积物的重量所产生的静压力及较低的温度（一般低于400℃）所引起。热源以放射性热为主，来自地层本身。这种变质作用的发生与岩石的埋藏深度大有关，而与构造运动及岩浆活动无关，其变质程度浅。

② 区域变质作用的代表性岩石。

区域变质作用形成的岩石以具有鳞片变晶结构及片理构造、片麻状构造为特征。

板岩：具有板状构造，原岩主要为黏土岩、黏土质粉砂岩和中酸性凝灰岩。重结晶作用不明显，主要矿物是石英、绢云母及绿泥石等。板岩具有变余泥状结构及显微鳞片变晶结构，是变质程度轻微的产物。板岩中含炭质者，为黑色，称为炭质板岩，其他板岩根据颜色命名。

千枚岩：具千枚状构造，原岩性质与板岩相似，但重结晶程度较高，基本上已全部重结晶，矿物主要是绢云母、绿泥石及石英等。岩石具有显微鳞片变晶结构，片理面上能见到定向排列的绢云母细小鳞片，呈丝绢光泽。千枚岩可以根据颜色命名。

片岩：具有片状构造，原岩已全部重结晶。矿物主要为白云母、黑云母、绿泥石、滑石、角闪石、阳起石、石英及长石等，有时出现石榴子石、夕线石、蓝晶石、蓝闪石等。岩石中片状或柱状的矿物含量不少于1/3，以鳞片变晶、纤状变晶及粒状变晶结构为主，有时出现斑状变晶结构。肉眼能清楚分辨矿物种类，可根据其中矿物（或特征性矿物）种类进一步命名，如云母片岩、石英片岩、绿泥石片岩、角闪石片岩、夕线石片岩和蓝闪石片岩等。岩石中若有两种主要矿物或特征矿物，命名时以其多数者在后，少数者在前。如云母石英片岩、石榴子石云母片岩和蓝晶石白云母片岩等。

片麻岩：具有片麻状构造，中粒、粗粒粒状变晶结构并含长石较多的岩石。主要矿物是长石、石英、黑云母、角闪石等，有时出现辉石或红柱石、蓝晶石、夕线石、石榴子石等。片麻岩中长石与石英的含量大于1/2，而且长石含量大于石英。若长石含量减少，石英增加，则过渡为片岩。片麻岩可根据长石的成分进一步命名，以钾长石为主者称为钾长片麻岩，以斜长石为主者称为斜长片麻岩。此外，还可根据片状、柱状或特征性的变质矿物作补充命名，如角闪石斜长片麻岩、夕线石钾长片麻岩、黑云母钾长片麻岩等。所谓花岗片麻岩就是其成分与花岗岩相当，由钾长石、石英及黑云母组成的片麻岩。

变粒岩：主要由长石和石英组成但片麻状构造不发育的细粒状岩石。长石和石英含量占70%以上，且长石含量大于25%，片状与柱状矿物占10%～30%。其主要为粒状变晶结构，块状构造。原岩主要是粉砂岩、硅质岩、砂岩等。根据其中片状矿物或柱状矿物可进一步命名，如黑云母变粒岩、角闪石变粒岩等。

斜长角闪岩：主要由角闪石和斜长石组成，角闪石等暗色矿物含量大于50%，石英很少。角闪石含量大于85%者称为角闪岩，这类岩石是由基性火成岩或富含钙镁成分的沉积岩在中高温条件下变质而成，具有粒状变晶结构，块状构造或片理构造。

麻粒岩：变质程度很深的岩石，主要由长石、辉石、石榴子石、石英等粒状矿物组成，一般不含黑云母、角闪石等矿物。麻粒岩具粒状变晶结构，块状构造。粒状矿物有时被压扁而定向，浅色矿物与暗色矿物的条带有时粗略交互而显示微弱的片麻状构造。

榴辉岩：主要由浅红色的石榴子石与鲜棕色的绿辉石（辉石的一种，含有 Ca、Na、Mg、Fe、Al 等多种成分的硅酸盐）构成，不含斜长石。它具有不等粒变晶结构，块状构造，颜色深，相对密度为3.6～3.9，是变质岩中密度最大的岩石。它是在压力极大兼有适当的温度条件下产生的。

③ 变质程度。

区域变质岩有许多类型，各类型中因其矿物不同又有许多变种，因此区域变质岩的种类很多、很复杂。那么，是什么因素造成区域变质岩的这种多样性呢？第一是原岩的成分。原岩的成分不同，其变质产物就不一样，如石灰岩能变成各种大理岩，而页岩或黏土岩则变成各种片岩。第二是变质的温度与压力条件。变质温度与压力的差异能使同种成分的原岩变质成不同的产物。以含钠、钙、镁、铁、硅的页岩来说，当它遭受较低的温度与压力作用时，仅变成含绢云母与绿泥石的板岩或千枚岩；当它受到300℃温度及较低压力作用时，则变成含钠长石、绿帘石及绿泥石的片岩；当变质温度高达600℃时，可变成斜长角闪岩。上述板岩、千枚岩、片岩及斜长角闪岩就是同一种页岩在不同温度、压力条件下的不同变质程度的产物。

因此，不同的变质岩一方面反映了原岩成分的差别，另一方面反映了由不同的变质温度和压力条件所决定的岩石变质程度。根据变质岩的矿物组合特征及其化学成分就能够探讨岩石变质的环境、温度和压力条件并恢复其原岩的性质。

（3）混合岩化作用

混合岩化作用即超深变质作用，它是由变质作用向岩浆作用转变的过渡性地质作用。当区域变质作用进一步发展，特别是在温度很高时，岩石受热而发生部分熔融并形成酸性成分的熔体，同时由地下深部也能分泌出富含钾、钠、硅的热液，这些熔体和热液沿着已形成的区域变质岩的裂隙或片理渗透、扩散、贯入，甚至和变质岩发生化学反应，以形成新的岩石，这就是混合岩化作用。混合岩化作用所形成的岩石称为混合岩。

混合岩一般包含两部分物质，一部分是变质岩，称为基体，它一般是变质程度较高的各种片岩、片麻岩，颜色较深；另一部分是从外来的熔体或热液中沉淀的物质，称为脉体，其成分是石英、长石，颜色较浅。混合岩中脉体与基体的相对数量关系及其存在状态不同，反映了混合岩化的不同程度，相应地有不同特征的混合岩。如果脉体呈斑点状分散在基体中则形成斑点状混合岩；如果脉体呈条带状贯入到基体中则形成条带状混合岩

（图 2-26）；如果脉体呈肠状盘曲在基体中则形成肠状混合岩（图 2-27）。当长英质熔体或富含钾、钠、硅的热液彻底交代原来岩石时，原来岩石的宏观特征完全消失，并形成花岗岩，这种花岗岩称为混合花岗岩，它是混合岩化作用程度极高时的产物。这种作用是花岗岩形成的一种重要途径，在区域变质岩分布地区，变质程度较深的核心地带常有花岗岩存在就是这一原因。

（4）动力变质作用

动力变质作用又称为破裂变质作用，它的形成与地壳发生断裂（主要是由剪切力造成的断裂）有关，出现在断裂带两侧：在地壳的上层，表现为岩石的破碎，形成构造角砾岩；在地壳的较下层位，因具备较高温度和静压力等条件，能发生矿物的塑性变形、重结晶以及出现新矿物，形成糜棱岩。

图 2-26　条带状混合岩

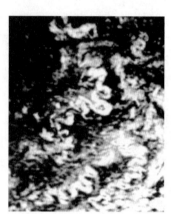

图 2-27　肠状混合岩

2.3.2　岩石的基本特性

岩石是由矿物组成的，按成因岩石可划分为岩浆岩、沉积岩和变质岩。成因类型不一样，差别也很大，因此，工程性质极为多样。

（1）火成岩的性质

火成岩具有较高的力学强度，可作为各种建筑物良好的地基及天然建筑石料。但各类岩石的工程性质差异很大，如：深成岩具有结晶联结，晶粒粗大均匀，孔隙率小、裂隙较不发育，岩块大、整体稳定性好，但值得注意的是这类岩石往往由多种矿物结晶组成，抗风化能力较差，特别是含铁镁质较多的基性岩，则更易风化破碎，故应注意对其风化程度和深度的调查研究。

浅成岩中细晶质和隐晶质结构的岩石透水性小、抗风化性能比深成岩强，但斑状结构岩石的透水性和力学强度变化较大，特别是脉岩类，但岩体小，且穿插于不同的岩石中，易蚀变风化，使强度降低、透水性增大。

喷出岩具有气孔构造、流纹构造和原生裂隙，它的透水性较大。此外，喷出岩多呈岩流状产出，岩体厚度小，岩相变化大，对地基的均一性和整体稳定性影响较大。

（2）沉积岩的性质

碎屑岩的工程地质性质一般较好，但其胶结物的成分和胶结类型对工程性质有显著影响，如硅质基底式胶结的岩石比泥质接触式胶结的岩石强度高、孔隙率小、透水性低等。此外，碎屑的成分、粒度、级配对工程性质也有一定的影响，如石英质的砂岩和砾岩比长石质的砂岩为好。

黏土岩和页岩的性质相近，抗压强度和抗剪强度低，受力后变形量大，浸水后易软化和泥化。若含有蒙脱石成分，还具有较大的膨胀性。这两种岩石对水工建筑物地基和建筑场地边坡的稳定都极为不利，但其透水性小，可作为隔水层和防渗层。

化学岩和生物化学岩抗水性弱，具不同程度的可溶性。硅质成分化学岩的强度较高，但性脆易裂，整体性差。碳酸盐类岩石如石灰岩、白云岩等具有中等强度，一般能满足水工设计要求，但存在于其中各种不同形态的喀斯特，往往成为集中渗漏的通道。易溶的石膏、岩盐等化学岩，往往以夹层或透镜体存在于其他沉积岩中，质软，浸水易溶解，常常导致地基和边坡的失稳。

上述各类沉积岩都具有成层分布的规律，存在各向异性特征，因此，在水工建设中尚需特别重视对其成层构造的研究。

（3）变质岩的性质

变质岩的工程性质与原岩密切相关，往往与原岩的性质相似或相近。一般情况下，由于原岩矿物成分在高温高压下重结晶的结果，岩石的力学强度较变质前相对增高。但是，如果在变质过程中形成某些变质矿物，如滑石、绿泥石、绢云母等，则其力学强度（特别是抗剪强度）会相对降低，抗风化能力变差。动力变质作用形成的变质岩（包括碎裂岩、断层角砾岩、糜棱岩等）的力学强度和抗水性均很差。

变质岩的片理构造（包括板状、千枚状、片状及片麻状构造）会使岩石具有各向异性特征，水工建筑中应注意研究其在垂直及平行于片理构造方向上工程性质的变化。

2.3.3 岩石的物理特性

岩石和土一样，也是由固体、液体和气体组成的。它的物理性质是指在岩石中三相组分的相对含量不同所表现的物理状态，与工程相关密切的岩石基本物理性质为岩石的密度和岩石的空隙性。

1. 岩石的密度

岩石密度是指单位体积内岩石的质量，单位为 g/cm^3。它是研究岩石风化、岩体稳定性、围岩压力和选取建筑材料等必需的参数。岩石密度又分为颗粒密度和块体密度，常见岩石的密度列于表 2-4。

表 2-4 常见岩石的密度

岩石名称	密度（g/cm^3）	岩石名称	密度（g/cm^3）
花岗岩	2.52～2.81	石灰岩	2.37～2.75
闪长岩	2.67～2.96	白云岩	2.75～2.80
辉长岩	2.85～3.12	片麻岩	2.59～3.06
辉绿岩	2.80～3.11	片岩	2.70～2.90
砂岩	2.17～2.70	大理岩	2.75 左右
页岩	2.06～2.66	板岩	2.72～2.84

（1）颗粒密度

岩石的颗粒密度（ρ_s）是指岩石固体相部分的质量与其体积的比值。它不包括空隙在内，因此其大小仅取决于组成岩石的矿物密度及其含量。若基性、超基性岩浆岩，含密度大的矿物比较多，岩石颗粒密度也偏大，ρ_s 一般为 $2.7 \sim 3.2 \text{g/cm}^3$；酸性岩浆岩含密度小的矿物较多，岩石颗粒密度也小，其 ρ_s 值多在 $2.5 \sim 2.85 \text{g/cm}^3$ 之间变化；而中性岩浆岩则介于两者之间。又如硅质胶结的石英砂岩，其颗粒密度接近于石英密度；石灰岩和大理岩的颗粒密度多接近于方解石密度。

岩石的颗粒密度属实测指标，常用比重瓶法进行测定。

（2）块体密度

块体密度（或岩石密度）是指岩石单位体积内的质量，按岩石试件的含水状态，又有干密度（ρ_d）、饱和密度（ρ_{sat}）和天然密度（ρ）之分，在未指明含水状态时，一般是指岩石的天然密度。各自的定义如下：

$$\rho_d = m_s/V \tag{2-2}$$

$$\rho_{sat} = m_{sat}/V \tag{2-3}$$

$$\rho = m/V \tag{2-4}$$

式中，m_s、m_{sat}、m 分别为岩石试件的干质量、饱和质量和天然质量；V 为试件的体积。

岩石的块体密度除与矿物组成有关外，还与岩石的空隙性及含水状态密切相关。致密而裂隙不发育的岩石，块体密度与颗粒密度很接近，随着空隙、裂隙的增加，块体密度相应减小。

岩石的块体密度可采用规则试件的量积法及不规则试件的蜡封法测定。

2. 岩石的空隙性

岩石是有较多缺陷的矿物材料，在矿物间往往留有空隙。同时，由于岩石又经受过多种地质应力作用，往往发育为有不同成因的结构面，如原生裂隙、风化裂隙及构造裂隙等。所以，岩石的空隙性比土复杂得多，即除了空隙外，还有裂隙存在。

另外，岩石中的空隙有些部分往往是互不连通的，而且与大气也不相通。因此，岩石中的空隙有开型空隙和闭空隙之分，开型空隙按其开启程度又有大、小开型空隙之分。与此相对应，可把岩石的空隙率分为总空隙率（n）、总开空隙率（n_0）、大开空隙率（n_b）、小开空隙率（n_a）和闭空隙率（n_c）五种，各自的定义如下：

$$n = (V_v/V) \times 100\% = (1 - \rho_d/\rho_s) \times 100\% \tag{2-5}$$

$$n_0 = (V_{vo}/V) \times 100\% \tag{2-6}$$

$$n_b = (V_{vb}/V) \times 100\% \tag{2-7}$$

$$n_a = (V_{va}/V) \times 100\% = n_0 - n_b \tag{2-8}$$

$$n_c = (V_{vc}/V) \times 100\% = n - n_0 \tag{2-9}$$

式中，V_v、V_{vo}、V_{vb}、V_{va}、V_{vc} 分别为岩石中空隙的总体积、总开空隙体积、大开空隙体积、小开空隙体积及闭空隙体积；其他符号意义同前。

一般提到的岩石空隙率是指总空隙率，其大小受岩石的成因、形成时代、后期改造及其埋深的影响，变化范围很大。常见岩石的空隙率见表 2-5。

表 2-5 常见岩石空隙率

岩石类型	空隙率（%）	岩石类型	空隙率（%）	岩石类型	空隙率（%）
花岗岩	0.4～0.5	凝灰岩	1.5～7.5	片麻岩	0.7～2.2
闪长岩	0.2～0.5	砾岩	0.8～10.0	石英片岩	0.7～3.0
辉绿岩	0.3～5.0	砂岩	1.6～28.0	绿泥石片岩	0.8～2.1
辉长岩	0.3～4.0	页岩	0.4～10.0	千枚岩	0.4～3.6
安山岩	1.1～4.5	灰岩	0.5～27.0	泥质板岩	0.1～0.5
玢岩	2.1～5.0	泥灰岩	1.0～10.0	大理岩	0.1～6.0
玄武岩	0.5～7.2	白云岩	0.3～25.0	石英岩	0.1～8.7

岩石的空隙性对岩块及岩体的水理、热学性质影响很大。一般说来，空隙率越大，岩块的强度越低、塑性变形和渗透性越大，反之亦然。同时岩石由于空隙的存在，使之更易遭受各种风化应力作用，导致岩石的工程地质性质进一步恶化。对可溶性岩石来说，空隙率大，可以增强岩体中地下水的循环与水力联系，使岩溶更加发育，从而降低了岩石的力学强度并增强其透水性。当岩体中的空隙被黏土等物质充填时，则又会给工程建设带来诸如泥化夹层或夹泥层等岩体力学问题。因此，对岩石空隙性的全面研究，是岩体力学研究的基本内容之一。

岩石的空隙性指标一般不能实测，只能通过密度与吸水性等指标换算求得，其计算方法将在水理性质一节中讨论。

2.3.4 岩石的水理性质

岩石在水溶液作用下表现出来的性质，称为水理性质。岩的水理性质主要有吸水性、软化性、抗冻性、渗透性、膨胀性及崩解性等。

1. 岩石的吸水性

岩石在一定的试验条件下吸收水分的能力，称为岩石的吸水性。常用吸水率、饱和吸水率与饱水系数等指标表示。

（1）吸水率

岩石的吸水率（w_a）是指岩石试件在大气压力条件下自由吸入水的质量（m_{w1}）与岩样干质量（m_s）之比，用百分数表示，即

$$w = \frac{m_{w1}}{m_s} \times 100\%$$ (2-10)

实测时，先将岩样烘干并称干质量，然后浸水饱和。由于试验是在常温常压下进行的，岩石浸水时，水只能进入大开空隙，而小开空隙和闭空隙水不能进入。因此，可用吸水率来计算岩石的大开空隙率（n_b），即：

$$n_b = \frac{V_{Vb}}{V} \times 100\% = \frac{\rho_d w_a}{\rho_w} = \rho_d w_a$$ (2-11)

式中，ρ_w 为水的密度，取 $\rho_w = 1g/cm^3$。岩石的吸水率大小主要取决于岩石中孔隙和裂隙的数量、大小及其开裂程度，同时还受到岩石成因、时代及岩性的影响。

大部分岩浆岩和变质岩的吸水率多为 0.1%～2.0%，沉积岩的吸水性较强，其吸水率变化在 0.2%～7.0% 之间。常见岩石的吸水性指标列于表 2-6 中。

表 2-6 常见岩石吸水性指标

岩石类型	空隙率（%）	饱和吸水率（%）	饱水系数
花岗岩	0.46	0.84	0.55
石英闪长岩	0.32	0.54	0.59
玄武岩	0.27	0.39	0.69
基性斑岩	0.35	0.42	0.83
云母片岩	0.13	1.31	0.1
砂岩	7.01	11.99	0.6
石灰岩	0.09	0.25	0.36
白云质灰岩	0.74	0.92	0.8

（2）饱和吸水率

岩石的饱和吸水率（w_p）是指岩石在高压（一般压力为 15MPa）或真空条件下吸入水的质量（m_{w2}）与岩样干质量（m_s）之比，用百分数表示，即：

$$w_p = \frac{m_{w2}}{m_s} \times 100\%$$ （2-12）

在高压（或真空）条件下，一般认为水能进入所有开型空隙中，因此岩石的总开空隙率可表示为：

$$n_0 = \frac{v_{v0}}{V} \times 100\%$$ （2-13）

岩石的饱和吸水率也是表示岩石物理性质的一个重要指标。由于它反映了岩石总开空隙率的发育程度，因此也可间接地用它来判定岩石的风化能力和抗冻性。常见岩石的饱和吸水率见表 2-6。

（3）饱水系数

岩石的吸水率（w_a）与饱和吸水率（w_p）之比称为饱水系数。它反映了岩石中大、小开空隙的相对比例关系。一般说来，饱水系数越大，岩石中的大开空隙相对越多，而小开空隙相对越少。另外，饱水系数越大，说明常压下吸水后余留的空隙就越少，岩石越容易被冻胀破坏，因而其抗冻性差。几种常见岩石的饱水系数见表 2-6。

2. 岩石的软化性

岩石浸水饱和后强度降低的性质称为软化性，用软化系数（K_R）表示。K_R 定义为岩石试件的饱和抗压强度（R_{cw}）与干压强度的比值，即：

$$K_R = \frac{R_{cw}}{R_c}$$ （2-14）

显然，K_R 越小则岩石软化性越强。研究表明：岩石的软化性取决于岩石的矿物组成与空隙性。当岩石中含有较多的亲水性和可溶性矿物，且含大开空隙较多时，岩石的软化性较强，软化系数较小。如黏土岩、泥质胶结的砂岩、砾岩和泥灰岩等岩石，软化性较强，软化系数一般为 0.4～0.6，甚至更低。常见岩石的软化系数列于表 2-7 中，由表可知，岩石的软化系数都小于 1.0，说明岩石均具有不同程度的软化性。一般认为，软化系数 $K_R > 0.75$ 时，岩石的软化性弱，同时也说明岩石抗冻性和抗风化能力强。而 $K_R < 0.75$ 的岩石则是软化性较强和工程地质性质较差的岩石。

软化系数是评价岩石力学性质的重要指标，特别是在水工建设中，对评价坝基岩体稳定性时具有重要意义。

表 2-7 常见岩石软化系数

岩石类型	软化系数	岩石类型	软化系数
花岗岩	0.72～0.97	泥灰岩	0.44～0.54
流纹岩	0.75～0.95	石灰岩	0.7～0.94
玄武岩	0.3～0.95	泥岩	0.4～0.6
闪长岩	0.6～0.8	硅质板岩	0.75～0.79
安山岩	0.81～0.91	石英片岩、角闪片岩	0.44～0.84
辉绿岩	0.33～0.9	绿泥石片岩、云母片岩	0.53～0.69
凝灰岩	0.52～0.86	片麻岩	0.75～0.97
砾岩	0.5～0.96	千枚岩	0.67～0.96
砂岩	0.21～0.75	石英岩	0.94～0.96
页岩	0.24～0.74	泥质板岩	0.39～0.52

3. 岩石的抗冻性

岩石抵抗冻融破坏的能力称为抗冻性。常用冻融系数和质量损失率来表示。

冻融系数（R_d）是指岩石试件经反复冻融后的干抗压强度（R_{c2}）与冻融前干抗压强度（R_{c1}）之比，用百分数表示，即

$$R_d = \frac{R_{c2}}{R_{c1}} \times 100\%$$ (2-15)

质量损失率（K_m）是指冻融试验前后干质量之差（$m_{s1} - m_{s2}$）与试验前干质量（m_{s1}）之比，以百分数表示即

$$K_m = \frac{m_{s1} - m_{s2}}{m_{s1}} \times 100\%$$ (2-16)

试验时，要求先将岩石试件浸水饱和，然后在 $-20 \sim 20℃$ 温度下反复冻融 25 次以上。冻融次数和温度可根据工程地区的气候条件选定。

在冻融作用下，岩石强度降低和破坏的原因有二：一是岩石中各组成矿物的体膨胀系数不同，以及在岩石变冷时不同层中温度的强烈不均匀性，因而产生内部应力；二是由于岩石空隙中冻结水的冻胀作用所致。水冻结成冰时，体积增大达 9% 并产生膨胀压力，使岩石的结构和连结遭受破坏。据研究，岩石冻结时所产生的破坏应力取决于冰的形成速度及其局部压力消散的难易程度之间的关系，自由生长的冰晶体向四周的伸展压力约 0.05MPa，而完全封闭体系中的冻结压力，在 $-22℃$ 温度作用下可达 200MPa，使岩石遭受破坏。

岩石的抗冻性取决于造岩矿物的热物理性质和强度、粒间连结、开空隙的发育情况以及含水率等因素。由坚硬矿物组成，且具有很强的结晶连接的致密状岩石，其抗冻性较高。反之，则抗冻性低。一般认为 $R_d > 75\%$，$K_m < 2\%$ 的岩石为抗冻性高的岩石；另外，$W_a < 5\%$，$K_R > 0.75$ 和饱水系数小于 0.8 的岩石，其抗冻性也相当高。

4. 岩石的膨胀性

岩石的膨胀性是指岩石浸水后体积增大的性质。某些含黏土矿物（如蒙脱石、水云母

及高岭石）成分的软质岩石，经水化作用后在黏土矿物的晶格内部或细分散颗粒的周围生成结合水溶剂膜（水化膜），并且在相邻近的颗粒间产生楔劈效应，只要楔劈作用力大于结构联结力，岩石显示膨胀性。大多数结晶岩和化学岩是不具有膨胀性的，这是因为岩石中的矿物亲水性小和结构联结力强的缘故。如果岩石中含有结晶具有片状结构的特点的绢云母、石墨和绿泥石一类矿物，水可能渗进片状层之间，同样产生楔劈效应，有时也会引起岩石体积增大。

岩石膨胀大小一般用膨胀力和膨胀率两项指标表示，这些指标可通过室内试验确定。目前，国内大多采用土的固结仪和膨胀仪的方法测定岩石的膨胀性。

5. 岩石的崩解性

岩石的崩解性是指岩石与水相互作用时失去粘结性并变成完全丧失强度的松散物质的性能。这种现象是由于水化过程中削弱了岩石内部的结构联络引起的。常见于由可溶盐和黏土质胶结的沉积岩地层中。

岩石崩解性一般用岩石的耐崩解性指数表示。这项指标可以由实验室内做的干湿循环试验确定。图 2-28 是试验所用的仪器装置。试验选用 10 块有代表性的岩石式样，每块质量为 40~60g，磨去棱角使其近于球粒状。将试样放进带筛的圆筒内（筛眼直径为 2mm），在温度为 105℃下烘至恒重后称重，然后再将圆筒支在水槽上，并向槽中注入蒸馏水，使水面达到低于圆筒轴 20mm 的位置，用 20r/min 的均匀速度转动圆筒，历时 10min 后取下圆筒做第二次烘干称重，这样就完成了一次干湿循环试验。重复上述试验步骤就可以完成多次干湿循环试验。规范建议以第二次干湿循环的数据作为计算耐崩解性指数的根据。计算公式如下：

$$I_{d2} = \frac{W_2 - W_0}{W_1 - W_0} \times 100\% \tag{2-17}$$

式中，I_{d2} 为第二次循环耐崩解指数；W_1 为试验前试样和圆筒的烘干重力（N）；W_2 为第二次循环后试样和圆筒的烘干重力（N）；W_0 为试验结束后，冲洗干净的圆筒烘干重力（N）。

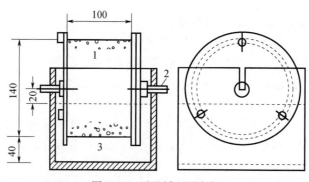

图 2-28　干湿循环测定仪

1—圆筒；2—轴；3—水槽

对于松散的岩石及耐崩解性低的岩石，还应根据崩解物的塑性指数、颗粒成分与耐崩解性指数划分岩石的质量等级。有的试验规程建议，根据耐崩解指数 I_{d2} 的大小，可将岩石耐崩性划分六个等级，很低的（$I_{d2} < 30$）、低的（I_{d2} 为 31~60）、中等的（I_{d2} 为 61~

85）、中高的（I_{d2}为 86～95）、高的（I_{d2}为 96～98）及很高（I_{d2}＞98）。

2.3.5 岩石的力学性质

岩石的力学性质是指岩石受力后表现出来的变形特性和强度特性。变形特性指的是在外力作用下的变形规律，包括岩石的弹性变形、塑性变形、黏性流动和破坏规律。强度特性是指岩石在外力作用下开始破坏时的最大应力（极限强度），它反映了岩石抵抗破坏的能力。岩石的力学性质对研究岩石的破碎方法、井壁稳定问题以及钻头的设计与选择、合理钻进参数的优选等都具有十分重要的意义。

1. 岩石的变形特性

研究岩石力学性质的最普遍的方法是在试验机上对长度为直径的 2～3 倍的圆柱形岩样进行轴向压缩试验，称为单轴压缩试验。将试验测得的应力和应变做图，就得到全应力-应变曲线。在刚性试验机上得到的典型的岩石全应力-应变曲线如图 2-29 所示。

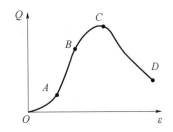

图 2-29　岩石的全应力-应变曲线

由岩石的全应力-应变曲线可以看出，岩石从开始受力到最终破坏经历了原生微裂隙压密阶段（OA 段）、弹性变形阶段（AB 段）、弹塑性变形阶段（BC 段）和破坏阶段（CD 段）。

在原生微裂隙压密阶段，应力只引起岩石中孔隙、微裂纹的压密，变形不可恢复。

在弹性变形阶段，应力引起岩石中孔隙、微裂纹的压密和骨架的压缩变形，应力卸除后全部变形得以恢复。弹性应变的量级很小，一般在 0.005 以下。AB 段的斜率是常数或接近常数，其斜率定义为岩石的杨氏弹性模量，应力-应变关系服从虎克定律。

随着载荷的继续增大，应力和应变呈非线性关系，进入弹塑性变形阶段。岩石内部产生新裂纹并不断扩展，细小裂纹越来越多并互相连通，最终形成较大的贯穿裂缝时，即将达到岩石的强度极限。在 BC 段，岩石的变形是不可逆的，应力卸除后变形得不到完全恢复。从弹性发生塑性行为的过渡点 B，通常称为屈服点，相应的应力称为屈服应力。峰值点 C 的应力值称为强度极限，简称强度。

在脆性破坏阶段，岩石的变形主要是贯穿岩样的裂缝（破裂面）两侧的岩块沿破裂面滑移和张开，应力迅速下降，岩石解体。再往后就变成在残余应力作用下沿破裂面无休止的流动区。

由以上分析不难得出以下几点结论：

① 当岩石受力很小（变形很小）时，可以把它看作弹性体，基本服从虎克定律。常用杨氏弹性模量 E、泊松比 μ、剪切弹性模量 G 和体积弹性系数 K 等参数来表征岩石的弹性性质。

② 当岩石中的应力超过其屈服应力后，岩石成为弹塑性体，其应力-应变关系呈非线性，不再服从虎克定律。

③ 在简单应力条件下，岩石的破坏为脆性破坏，即在变形很小（小于3‰）时就发生破裂。

2. 岩石的强度特性

岩石的强度是指岩石在外力作用下发生破坏时的最大应力值，它反映了岩石抵抗外力破坏的能力。岩石的强度与岩石内部的应力性质和应力状态有关。应力有压应力、拉应力-剪应力及弯曲应力，与此相对应的有抗压强度、抗拉强度、抗剪强度和抗弯强度。

（1）抗压强度

抗压强度是指岩石受单纯压应力作用时的强度。岩石的抗压强度用单轴压缩试验来确定。设岩样的横截面面积为 A，破坏时的轴向压力为 P，则岩石的抗压强度 σ_c 可按式（2-18）计算：

$$\sigma_c = P/A \tag{2-18}$$

式中，P 为岩样破坏时的轴向压力，N；A 为岩样的横截面面积，mm^2。

（2）抗拉强度

抗拉强度是指岩石受单纯拉应力作用时的强度。常用巴西压裂拉伸试验法（图 2-30）来确定岩石的抗拉强度。岩石的抗压强度 σ_t 可按式（2-19）计算：

$$\sigma_t = -\frac{P}{\pi r_0 t} \tag{2-19}$$

式中，P 为岩盘破裂时的载荷，N；r_0 为岩盘的半径，mm，一般为 25.4mm；t 为岩盘的厚度，mm，一般为 25.4mm。

（3）抗剪强度

抗剪强度是指岩石受单纯剪切应力作用时的强度。测定岩石抗剪强度的试验方法如图 2-31所示。抗剪强度 τ_s 按式（2-20）计算：

$$\tau_s = \frac{P}{A} \tag{2-20}$$

式中，P 为岩样断裂时的剪切力，N；A 为岩样断裂面的面积，mm^2。

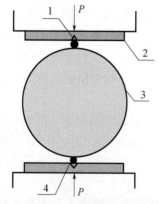

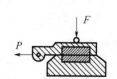

图 2-30　巴西压裂拉伸试验示意图　　　　　　图 2-31　抗剪强度测试示意图
1—"V"形凹槽；2—垫板；3—岩石试样；4—钢制压条

（4）抗弯强度

当岩样受到弯矩作用发生弯曲时，由于岩石内部产生拉应力，岩石很容易断裂。岩石在弯矩作用下发生断裂时的最大拉应力（发生在试件受拉一侧的最外缘）称为岩样的抗弯强度。通常使用具有长方形截面的角柱体岩样做岩石的抗弯强度试验，试验方法如图 2-32 所示。岩石的抗弯强度可按式（2-21）计算：

$$\sigma_{\mathrm{b}} = \frac{3Pl}{2bh^2} \tag{2-21}$$

式中，P 为岩样断裂时的作用力，N；l 为两支点间的距离，mm；b 为岩样的宽度，mm；h 为岩样的高度，mm。

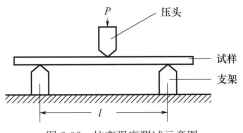

图 2-32　抗弯强度测试示意图

研究表明：在岩石的各种强度中，抗压强度最高，抗剪强度次之，抗弯强度再次之，抗拉强度最低。岩石的抗压强度约为抗拉强度的 10 倍，约为抗剪强度的 3 倍。因此，不管在哪种应力状态下，岩石的破坏都是因为其内部的拉应力超过岩石的抗拉强度，或者是剪应力超过其抗剪强度而引起的拉伸破坏或剪切破坏。

习　　题

2-1　矿物的物理性质有哪些？

2-2　矿物的力学性质包括哪些方面？

2-3　根据矿物手标本的外观特征能够鉴定矿物，为什么？

2-4　最重要的造岩矿物有哪些？其化学成分的特点怎样？

2-5　掌握实验中学过的各种矿物的鉴定特征。

2-6　岩石按照成因的类型有哪些？

2-7　何谓火成岩的构造？有哪些主要的火成岩构造？

2-8　组成沉积岩的常见矿物有哪些？其中哪些是沉积岩特有的？认识常见的沉积岩。

2-9　变质岩的特征结构怎样？变质岩的特征性构造有哪些？认识常见的变质岩（实验中学过的）。

2-10　岩石的物理特性包括哪些方面？

2-11　岩石的水理性质有哪些？

2-12　岩石的力学性质有哪些？

第3章 地层与地质构造

3.1 概　　述

自然界有许许多多的现象可以有力地证明地壳是不断运动变化的。由自然动力引起地壳或岩石圈甚至地球的物质组成、内部结构和地表形态变化和发展的作用叫作地质作用。

地质作用一方面不停息地破坏着地壳中已有的矿物、岩石、地质构造和地表形态，另一方面又不断地形成新的矿物、岩石、地质构造和地表形态。各种地质作用既有破坏性，又有建设性。在破坏中进行新的建设，在建设中又同时遭受破坏。

3.2 地壳运动及地质作用

3.2.1 地壳运动

地壳运动又称为构造运动，主要是由于地球内动力地质作用引起的地壳变化，使岩层和岩体发生变形和位移。地壳运动的结果形成了各种不同的构造形迹，如褶皱、断裂等。

构造运动按其运动方向可以分为两类：水平运动和垂直运动。

① 水平运动：是指岩层受水平挤压或拉伸引起的运动，它使岩层产生褶皱和断裂，甚至形成巨大的褶皱山系或裂谷系，现在大地测量能准确地测定出地壳块体水平运动的速度，每年几毫米到数厘米。

② 垂直运动：是指垂直地面方向进行的升降运动，表现为地壳大面积地上升和下降，形成大规模的隆起和凹陷，形成海侵和海退等。沧海桑田是世人对地壳垂直运动的一种表达。实际上，由于垂直运动，沧海不仅能变为桑田，还能变为高山。喜马拉雅山上蕴藏着大量新生代早期生活在海洋环境中的生物化石，说明几千万年前这里还是一片汪洋大海。根据海底钻探资料显示，印度洋底发现有白纪的煤层，说明在一亿多年前这里还有大陆边缘上的沼泽。

同一地区地壳运动的方向随着时间的推移而不断发生变化，某一时期以水平运动为主，另一时期则以垂直运动为主，水平运动的方式可以改变，垂直运动的方向也可以变化。

不同地区出现不同方向的地壳运动往往有因果关系。一个地区地壳的水平挤压可引起另一个地区地壳的上升和下降；相反，一个地区的上升可以引起另一地方发生水平方向的挤压收缩。

还应说明，最近时期的地壳运动与人类的关系最为直接。如进行水利工程及国防工程建设，地震的预测和预防等都要求对最近时期的地壳运动性质和特征进行详细研究。因此，将第三纪末期以来所发生的地壳运动称为新构造运动，并作为专门研究的对象。

3.2.2 地壳运动成因的主要理论

1. 对流说

认为地幔物质已成塑性状态，上部温度低，下部温度高，在温差作用下形成缓慢对流，造成上覆地壳的运动。

2. 均衡说

地球表面起伏不平，高山区比平原区可高出数千米，且重量大得多，那么为何山区不下沉，平原不上升，两者能相对保持平衡呢？有两种假说解释这一现象。

（1）普拉特的地壳均衡假说

1852 年，英国人埃佛勒斯（G·Everest）用仪器测量位于印度中部和喜玛拉雅山麓的两个城市的距离时，发现两座城市的测量距离比实际距离总要差 160m，后来英国人普拉特（J·H·Pratt）发现误差的原因是其中的一个城市位于喜玛拉雅山的南麓，仪器的铅锤线在这里受到山体的强大引力而发生了偏斜，于是他估计了喜玛拉雅山的质量，并根据万有引力原理对铅锤线的偏斜幅度进行了理论计算。计算的出发点是假设高山下的岩石密度与平原下的岩石密度相同。结果计算值比实测的偏移值大 3 倍。因此，他认为高山下的岩石密度与平原下的岩石密度应该不同，前者密度小，后者密度大。而高山和平原都漂浮在更致密的岩石之上，它们的下界是一个水平面，即均衡补偿基面，由于前者高度大但密度小，后者高度小但密度大，因而均衡补偿基面上两者的重时相等，故能保持平衡。普拉特的这一概念可以用如图 3-1 的假定来表示：四种密度不同的金属块，其横截面积相等，厚度不等，而其重量相同，它们都浮在密度更大的水银上，其下沉深度相同，即具有同一深度的均衡补偿基面，但每一金属块露出液面的高度不同，其高度与金属块的密度成反比。

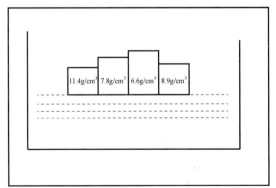

图 3-1 普拉特的地壳均衡假说模型

（2）艾利的地壳均衡说

继普拉特假说提出不久，英国天文学家艾利（G·B·Airy）提出另一个解释地壳均衡的模式。他首先肯定了普拉特的下述结论：没有一种岩石的强度可以支承像高山和平原那样的负载，地下物质一定被挤碎或发生侧向流动以达到平衡为止，但是艾利强调，没有理由认为高山下的岩石密度与平原下的岩石密度不同。密度相同但高度不等因而重量不同的岩块能够漂浮在致密的岩石之上，而保持平衡是因为各岩块下沉的深度不等（图 3-2）。高山地区，岩块因为下沉深因而浮力大，能支承较重的岩块，平原地区下沉浅因而浮力小，仅能支承较轻的岩块，故两者保持平衡。

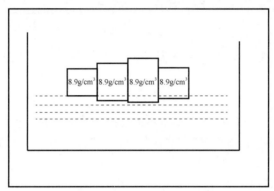

图 3-2 艾利的地壳均衡假说模型

因此，高山下面有"山根"这就是艾利的地壳均衡说，也就是山根说。

应该指出，上述两种漂浮模式是互相补充的。近代的重力、地震及其他资料表明，地壳的实际情况是两种模式的结合，在大陆的高山下确实有山根存在，另外，不同地区地壳的密度确实不同。

3. 地球自转说

认为地球自转速度产生的快慢变化导致了地壳运动，从而引起了地壳挤压、拉张、抬升、下降等一系列变化。

4. 板块构造说

认为刚性的岩石圈分裂成许多巨大的块体，即析块，它们在软流圈上做大规模水平运动，导致相邻块体互相作用，从根本上控制了各种内力地质作用以及沉淀作用的进程。

板块划分的依据是板块边缘具有强烈的构造活动性。它表现为强烈的岩浆活动、地震、构造变形、变质作用，有时沉积作用进行也很快。

全球有六大板块，分别是：

① 南、北美洲板块：中间被一较小板块（加勒比海板块）相隔。

② 太平洋板块：位于东太平洋洋隆以西及西太平洋海沟以东，占据太平洋的主体。

③ 欧亚板块：包括欧亚陆壳的大部分以及大西洋洋脊以东的北部洋壳。

④ 非洲板块：包括非洲的陆壳及其周围的洋壳。

⑤ 澳大利亚-印度板块：包括印度和澳大利亚的陆壳，印度洋洋壳及南太平洋洋壳的一部分。

⑥ 南极板块：包括南极大陆的陆壳及其周围的洋壳。

亚洲大陆边缘及毗邻海域的、燕山运动以来形成的一套巨型多字型构造体系，简称新华夏系。

3.2.3 地壳运动的主要证据

（1）地貌的标志

地貌是内、外动力地质作用的产物，但不同类型的地貌分布多受构造运动的控制。在上升运动的地区以剥蚀地貌为主；在下降运动的地区则以堆积地貌为主。

（2）沉积物的标志

利用沉积物或沉积岩的厚度资料可以反映地壳升降运动的速度与幅度。例如，一般认为浅海的深度在200m以内，如果浅海沉积物或沉积岩的厚度大于200m，则表明是在地壳不断下降又不断接受沉积的条件下产生的。

利用岩相变化资料可以反映地壳的升降运动。我们把能反映沉积物或沉积岩生成环境的物质成分、结构、构造、生物化石等各种综合特征的术语称为岩相。岩相变化与构造运动存在着微妙的内在联系，当地壳发生升降运动时，古地理环境随着改变，沉积岩相也相应发生变化。一般来说，地壳上升，引起海退，在同一位置来说，颗粒粗的浅海沉积物覆盖在颗粒细的深海沉积物之上，甚至没有沉积而遭受剥蚀。地壳下降，引起海进，颗粒细的深海沉积物覆盖在颗粒粗的浅海沉积物之上。

（3）地质构造的标志

褶皱和断层是构造运动的产物，反过来它们又是构造运动的证据。通过对褶皱、断层的分析，可以恢复构造运动的性质和方向。孤立的平缓穹隆构造或高角度正断层的出现，代表整个地区有上升运动。水平运动导致地块的相互挤压则形成紧密的褶皱、逆断层、逆掩断层，特别是大规模的推复构造。水平运动导致地块的相互背离，则会引起断陷。

3.2.4 地质作用

地质作用是指由自然动力引起地球（最主要是地幔和岩石圈）的物质组成、内部结构和地表形态发生变化的作用。

地质作用按其消耗能量和作用部位的不同，分为内动力地质作用和外动力地质作用两种。

由地球内能（如旋转能、重力能、热能和结晶能与化学能等）引起整个岩石圈物质成分、内部构造、地表形态发生变化的作用称为内动力地质作用；由太阳辐射能、生物能、日月引力能等外能引起地表形态、物质成分发生变化的作用称为外动力地质作用。其中，主要由内动力地质作用引起岩石圈的变化、变形以及地壳的增生和消亡的作用称为构造运动。构造运动控制着海陆分布，引起海、陆轮廓的变化、地壳的隆起和凹陷以及山脉、海沟的形成等，常引起岩浆活动、火山作用、地震活动和变质作用，产生岩层褶皱与断裂等各种地质构造。构造运动决定着地表外动力地质作用的方式，控制地貌发育的过程。

3.3 地 层

地史学中，将各个地质历史时期形成的岩石，称为该时代的地层。

地层的接触关系反映构造运动直观明了。上下两套地层之间的接触关系是构造运动的综合表现。常见的地层接触关系有整合、不整合两种。

整合是指上下两套地层产状完全一致、时代连续的地层接触关系。这种地层接触关系反映除缓慢的地壳升降外没有发生过显著的构造运动，而且沉积作用是连续的［图 3-3 (a)］。

不整合是指上下两套地层时代不连续，即两套地层间有地层缺失的地层接触关系。这种地层接触关系反映了在一套地层沉积以后，发生了显著或较强烈的构造运动；或者是上升运动使该地区全部从海面以下上升成为陆地，或者是水平运动使该地区褶皱成山而高出海面，或者是两种运动兼而有之。

总之，地壳升出水面以后，不仅沉积中断了，而且已经沉积的地层也被风化剥蚀掉一部分。后来又下降到海里，再接受沉积，新沉积的地层和原先沉积的并且经过构造运动的较老地层之间产生了不连续的接触关系，或者说发生了沉积间断，形成了不整合的接触关系。存在于接触面之间因沉积间断而产生的剥蚀面，称为不整合面。

不整合据其情况可以进一步分为：

(1) 平行不整合

如果不整合面上下两套岩层之间的产状基本上是一致的称为平行不整合，也称为假整合［图 3-3 (b)］。平行不整合反映地壳有一次显著的升降运动。它的形成过程是：陆地下降接受沉积→上升接受剥蚀→再下降接受沉积，即反映该地区有显著的升降运动。

(2) 角度不整合

如果不整合面上下两套岩层间的产状是斜交的称为角度不整合［图 3-3 (c)］。角度不整合反映地壳有一次显著的水平运动。它的形成过程是：陆地下降接受沉积→水平挤压（岩层褶皱、断裂）上升接受剥蚀→再下降接受沉积，即反映该地区有显著的水平运动。

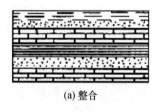 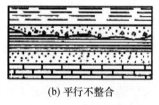 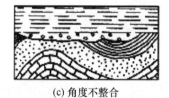

(a) 整合　　　　　　　　　(b) 平行不整合　　　　　　　　(c) 角度不整合

图 3-3　地层的接触关系

3.3.1　绝对年代法

用距今多少年来表示地层的绝对年代，主要通过放射性方法来测定。

放射性元素在自然界中自动地放射出 α（地质年代粒子）、β（电子）或 γ（电磁辐射量子）射线，而蜕变成另一种新元素，并且各种放射性元素都有自己恒定的蜕变速度。同位素的衰变速度通常是用半衰期（T/2）表示的。所谓半衰期，是指母体元素的原子数蜕变一半所需要的时间。例如，镭的半衰期为 1622 年，如开始有 10g 镭，经过 1622 年后只剩下 5g，再经过 1622 年只有 2.5g，依此类推。因此，自然界的矿物和岩石一经形成，其中所含有的放射性同位素就开始以恒定的速度蜕变，这就像天然的时钟一样，记录着它们自身形成的年龄。当知道了某一放射元素的蜕变速度（T/2）后，那么含有这一元素的矿物晶体自形成以来所经历的时间（t），就可根据这种矿物晶体中所剩下的放射性元素（母体同位素）的总量（N）和蜕变产物（子体同位素）的总量（D）的比例计算出来。

$$t=\frac{1}{\lambda}\ln\left(1+\frac{D}{N}\right) \tag{3-1}$$

式中：λ 为衰变常数，可根据放射性同位素的半衰期计算出来。

放射性同位素种类很多，但能够用来测定地质年代的必须具备以下条件：

① 具有较长的半衰期，那些在几天或几年内就蜕变殆尽的同位素是不能使用的。

② 该同位素在岩石中具有足够的含量，可以分离出来并加以测定。

③ 其子体同位素易于富集并保存下来。

此外，地层的绝对年代还可用其他方法来测定如，古地磁法、释光、裂变径迹、纹泥等。

3.3.2 相对年代法

1. 沉积岩相对地质年代的确定

（1）地层层序法

根据沉积岩形成原理，先沉积的岩层在下面，后沉积的岩层在上面，前提条件是构造变动简单，无大规模构造运动。

（2）古生物法（生物层序律）

生物进化从简单到复杂，从低级到高级，因此，只要所含生物化石相同（图 3-4），则可断定为同一年代中形成的。

通常根据标准化石（地质历史时期数量多、溶化快、分布广泛、特征明显、易于识别的生物化石）来判断，如图 3-4 所示。

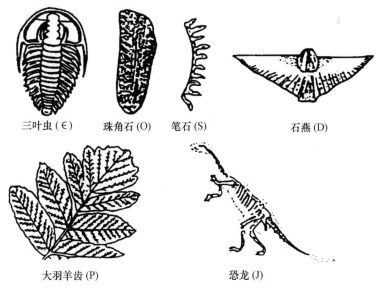

三叶虫（Є）　　珠角石（O）　　笔石（S）　　　　石燕（D）

大羽羊齿（P）　　　　　　　　恐龙（J）

图 3-4　几种标准化石图板

（3）地层接触关系法

① 整合接触 ［图 3-5（a）］：如正常的沉积岩层。

② 不整合接触：一段时期由于地壳上升，岩层遭受剥蚀、侵蚀，另一时期由于地壳下降，接受沉积，形成不整合接触。不整合面以上岩层新，以下岩层老。不整合接触又可分为平行不整合 [图 3-5（b）] 和角度不整合 [图 3-5（c）]。角度不整合时，不整合面上下岩层产状变化大；平行不整合时，不整合面上下岩层基本平行。

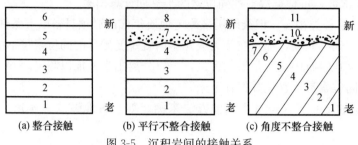

| (a) 整合接触 | (b) 平行不整合接触 | (c) 角度不整合接触 |

图 3-5　沉积岩间的接触关系

2. 岩浆岩间接触关系的确定

岩浆岩间的接触关系可通过穿插构造来确定。

① 侵入体形成年代总比它所侵入的最新岩层晚，但比不整合覆盖在它上面的最早岩层要早（图 3-6）。B 最早，C 最晚。

② 当两个侵入岩脉发生穿插接触时，穿插岩脉的形成时代晚于被穿插岩脉的形成时代（图 3-7）。B 晚于 A，C 晚于 B。

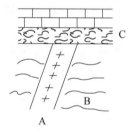

图 3-6　侵入岩和上覆沉积岩间的接触关系

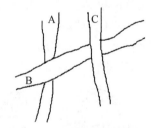

图 3-7　侵入岩和侵入岩间的接触关系

3. 沉积岩与岩浆岩间的接触关系

（1）侵入接触

岩浆侵入沉积岩层中，使围岩产生变质现象，说明岩浆侵入体的形成时代晚于使之变质的沉积岩层的时代。

（2）沉积接触

岩浆岩体先形成，出露地表后遭受风化、剥蚀，有时出现破碎的砾岩，后来在侵蚀面上出现新的沉积。

沉积接触特点：

① 围岩无变质现象。

② 常出现岩浆岩组成的砾岩或风化剥蚀痕迹。

③ 上下岩层为不整合接触关系。

3.3.3　地质年代表

地球形成到现在已有 60 亿年以上的历史，在这漫长的岁月里，地球经历了一连串的变化，这些变化在整个地球历史中可分为若干个发展阶段，地球发展的时间段落称为地质年代。地质年代在工程实践中常被用到，当需要了解一个地区的地质构造、岩层的相互关系以及阅读地质资料或地质图时都必须具备地质年代的知识。

（1）相对年代及其确定

整个地质历史时期的地质作用在不停息地进行着。各个地质历史阶段，既有岩石、矿物和生物的形成和发展，也有它们被破坏和消亡。把各个地质历史时期形成的岩石，结合埋藏在岩石中能反映生物演化程序的化石和地质构造，按先后顺序确定下来，展示岩石的新老关系。沉积岩地层在形成过程中总是一层一层叠置起来的，它们存在下面老、上面新的相对关系。把一个地区所有的岩层按由下到上的顺序衔接起来，就能划分出不同时期形成的岩层。一个地区在地质历史上不可能永远处于沉积状态，常常是一个时期接受沉积，另一个时期遭受剥蚀，产生沉积间断。因此，现今任何地区保存的地层剖面中都会缺失某些时代的地层，造成地质记录的不完整。为了建立广大区域乃至全球性的地层系统，就需要将各地地层剖面加以综合研究、对比，归纳出一个大体上统一的地层剖面作为准绳。进行地层的对比和划分工作，除了利用沉积顺序之外，主要根据埋藏在岩石中古代生物的遗体或遗迹—化石。地质历史中，各种地质作用不断地进行，使地球表面的自然环境不断地变化，生物为了适应这种变化，不断地改变着自身内外器官的功能。据研究，生物的演化趋势总是由低级到高级、由简单到复杂。各个地质年代都有适应当时自然环境的特有生物群。一般来说，地质时代越老，生物越低级、简单；地质时代越新，生物越高级、复杂。老地层中保留简单而低级的化石；新地层中保留复杂而高级的化石。所以，不论岩石性质是否相同，只要它们所含化石相同，它们的地质时代就相同。

构造运动和岩浆活动的结果，使不同时代的岩层、岩体之间出现断裂和穿插关系，可以利用这种关系可以确定这些地层（或岩层）的先后顺序和地质时代。图 3-8 中，岩体 2 侵入到岩体 1 中，说明岩体 2 比岩体 1 新；岩墙 11 穿插于 1 至 10 的各个岩层、岩体中，说明岩墙 11 的时代最新。

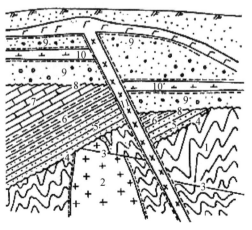

图 3-8　岩层、岩体的切割关系

（图中数字代表岩层形成顺序，2、10、11 为岩体）

利用上述地质学方法，对全球地层进行对比研究，综合考虑地层形成顺序、生物演化阶段、构造运动和古地理特征等因素，把地质历史划分为两大阶段，每个大阶段叫宙，由老到新分别命名为隐生宙、显生宙；宙以下为代，隐生宙分为太古代和元古代，显生宙分为古生代、中生代和新生代；代以下为纪，如中生代分为三迭纪、侏罗纪、白垩纪；纪以下为世，如白垩纪分为早白垩世和晚白垩世。宙、代、纪、世是国际统一规定的名称和年代划分单位。每个年代单位有相应的地层单位，如显生宙为年代单位，相应的地层单位是显生宇。年代单位和地层单位的对应关系见表 3-1。

表 3-1　地质年代单位与对应的地层单位表

地质年代单位	年代地层单位
宙	宇
代	界
纪	系
世	统

相对年代只能说明各种岩石、地层的相对新老关系，而不能确切地说明某种岩石或岩层的形成距今多少年。地质学家们就利用放射性同位素的衰变规律来计算矿物或岩石的年龄，称为同位素年龄或绝对年龄。放射性同位素很多，大多数衰变速率很快，但也有一些放射性元素衰变很慢，具有以亿年计的半衰期，见表 3-2。

表 3-2　用于测定地质年代的放射性同位素

母同位素	子同位素	半衰期	衰变常数
铀（U^{238}）	铅（Pb^{206}）	4.5×10^9 a	1.54×10^{-10} a^{-1}
铀（U^{235}）	铅（Pb^{207}）	7.1×10^8 a	9.72×10^{-10} a^{-1}
钍（Th^{232}）	铅（Pb^{208}）	1.4×10^{10} a	0.49×10^{-10} a^{-1}
铷（Rb^{87}）	锶（Sr^{87}）	5.0×10^{10} a	0.14×10^{-10} a^{-1}
钾（K^{40}）	氩（Ar^{40}）	1.5×10^9 a	4.72×10^{-10} a^{-1}
碳（C^{14}）	氮（N^{14}）	5.7×10^3 a	—

同位素年龄测定方法的应用，使地质年代学获得了巨大进展。随着测试成果的不断积累，地质历史的演化面貌逐渐清晰地展现出来，只是这种测试工作精度要求极高，耗资大，需由专门的实验室进行。

（2）地质年代表

通过对全球各个地区地层剖面的划分与对比，以及对各种岩石进行同位素年龄测定所积累的资料，结合生物演化和地球构造演化的阶段性，综合得出中国地质年代表，见表 3-3。同位素年龄和相对年代对比应用，相辅相成，使地质历史演化过程的时间概念更加准确。

表 3-3　中国地质年代表（新编 2011）

53

地质年代、地层单位、符号				同位素年龄 百万年(Ma)		构造阶段		生物演化阶段		中国主要地质、生物现象
宇(宙)	界(代)	系(纪)	统(世)	时间间距	距今年龄	大阶段	阶段	动物	植物	
显生宇(PH)	新生界(Cz)	第四系Q	全新统Qh　Q4	0.01	0.01	联合古陆解体	喜马拉雅阶段（新阿尔比斯阶段）γ_3^3	人类出现	被子植物繁盛	—
			更新统Qp　Q3 Q2 Q1	2.59	2.6					初期开始出现人类的祖先 曾发生多次冰山作用 地壳与动植物已具有现代样子黄土形成
		新近系N(陆相)	上新统N2	2.7	5.3			哺乳动物繁盛		哺乳类继续发展、体型变大 西部造山运动、东部低平，湖泊广布
			中新统N1	18	23.3					
		古近系E(陆相)	渐新统E3	8.7	32.0					哺乳类分化
			始新统E2	24.5	56.5					哺乳类急速发展 蔬果繁盛
			古新统E1	8.5	65			无脊椎动物继续发展		（我国尚无发现古新统地层）
	中生界(Mz)	白垩系K	上(晚)白垩统K2	31	96		（老阿尔比斯燕山阶段）γ_5^2	爬行动物繁盛	裸子植物繁盛	造山运动强烈火山岩活动矿产形成我国许多山脉在这时形成、动物中以恐龙最盛、但末期逐渐灭绝
			下(早)白垩统K1	41	137					
		侏罗系J	上(晚)侏罗统J3	68	205					爬行动物、恐龙极盛、中国南山俱成，大陆煤田形成植物中以苏铁、银杏繁茂
			中(中)侏罗统J2							
			下(早)侏罗统J1							
		三叠系T	上(晚)三叠统T3	22	227		印支阶段 γ_5^1			中国南部最后一次海侵、地质构造变化较小、岩石为灰岩、和岩恐龙、哺乳类、甲壳类、鱼类发育
			中(中)三叠统T2	14	241					
			下(早)三叠统T1	9	250			两栖动物繁盛		
	古生界(Pz)	晚古生界(Pz2) 二叠系P	上(晚)二叠统P2	45	295	联合古大陆形成	印支—海西运动阶段 海西阶段 γ_4		蕨类植物繁盛	世界冰山广布、新南最大海侵、造山作用强烈、地层二分性明显
			下(早)二叠统P1							
		石炭系C	上(晚)石炭统C3	59	354					气候温热潮湿 高大茂密植物繁盛地形低平 爬行类、昆虫发生岩石为灰岩、页岩、砂岩
			中(中)石炭统C2							
			下(早)石炭统C1							
		泥盆系D	上(晚)泥盆统D3	18	372			鱼类繁盛	裸类植物繁盛	森林发育、腕足类、鱼类极盛、昆虫、原始两栖类出现岩石为砂岩、页岩等
			中(中)泥盆统D2	14	386					
			下(早)泥盆统D1	24	410					
		早古生界(Pz1) 志留系S	上(晚)志留统S3	28	438		加里东阶段 γ_3	海生无脊椎动物繁盛	藻类及菌类繁盛	腕足类、珊瑚繁荣、晚期出现原始鱼类、末期造山运动强烈
			中(中)志留统S2							
			下(早)志留统S1							
		奥陶系O	上(晚)奥陶统O3	52	490					地势低平、海水广布、无脊椎动物三叶虫、笔石极盛岩石以石灰岩和页岩构成
			中(中)奥陶统O2							
			下(早)奥陶统O1							
		寒武系∈	上(晚)寒武统∈3	10	500					陆地下沉、北半球被海水淹没浅海广布 生物开始大量繁殖以三叶虫、低等腕足类为主
			中(中)奥武统∈2	13	513					
			下(早)奥武统∈1	30	543		（形成扬子地台）硬壳动物繁盛	硬壳动物繁盛		
元古宇(PT)	新元古界(Pt3)	震旦系(Z)	两分	137	680	地台形成	晋宁阶段 γ_2	裸露动物繁盛	真核生物出现	地势不平、冰山广布晚期海水加矿
		南华系(Nh)	两分	120	800					
		青白口系(Qb)	两分	320	1000					
	中元古界(Pt2)	蓟县系(Jx)	两分	400	1400				—	沉积深厚造山变质强烈火山岩活动、矿产生成
		长城系(Cb)	两分	400	1800		吕梁阶段 （形成华北地台）		（绿藻）	早期基性喷发、继以造山作用、变质强烈
	古元古界(Pt1)	滹沱系(Hl)	两分	500	2300					
		五台系(Wt)	一分	200	2500				原核生物出现	
太古宇(AR)	新太古界(Ar3)	以下未细分		300	2800	陆核形成	五台运动			花岗岩侵入
	中太古界(Ar2)	—	—	400	3200		阜平运动	生命现象开始出现		地壳局部变动 大陆开始形成
	古太古界(Ar1)	—	—	400	3600					
	始太古界(Ar0)	—	—	200	4500		迁西运动	岩石主要是片麻岩、成分复杂、沉积岩没有生物化石		
冥古宇	—	—	—	800	4600			—		原核生物(古细菌、真细菌、蓝菌)出现

注：前震旦系（Anz）　前寒武系（PE）侵入体（γ_{1-2}）

3.4　地质构造

组成地壳的岩层或岩体受力而发生变位、变形留下的形迹称为地质构造。地质构造在层状岩石中最明显，在块状岩体中也存在。地质构造的基本类型有：水平构造、单斜构造、褶皱构造和断裂构造等。确定岩层的产出状况是研究地质构造的基础。为此，地质学中常常应用岩层产状的概念。

岩层产状是指岩层在空间的位置，是用岩层层面的走向、倾向和倾角三个产状要素（图 3-9）来表示的。

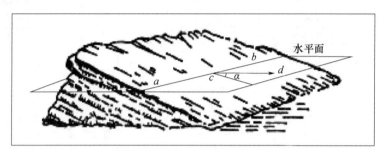

图 3-9　岩层产状要素

ab—走向线　*cd*—倾向　*α*—岩层的倾角

走向：岩层层面与水平面交线的延伸方向称为岩层的走向，其交线称为走向线。岩层的走向表示岩层在空间的水平延伸方向。

倾向：垂直走向顺倾斜面向下引出一条直线，此直线在水平面的投影所指的方向，称为岩层的倾向。岩层的倾向表示岩层在空间的倾斜方向。

倾角：岩层层面与水平面所夹的锐角称为岩层的倾角。岩层的倾角表示岩层在空间倾斜角度的大小。

可以看出，用岩层产状的三个要素，能表达经过构造变动后的构造形态在空间的位置。

岩层产状测量是地质调查中的一项重要工作，在野外是用地质罗盘仪（袖珍经纬仪）（图 3-10）直接在岩层的层面上测量的。测量走向时，使罗盘的长边紧贴层面，将罗盘放平，水准泡居中，读指北针所示的方位角，就是岩层的走向。测量倾向时，将罗盘的短边紧贴层面，水准泡居中，读指北针所示的方位角，就是岩层的倾向。因为岩层的倾向只有一个，所以在测量岩层的倾向时，要注意将罗盘的北端朝向岩层的倾斜方向。测量倾角时，需将罗盘竖起来，使长边与岩层的走向垂直，紧贴层面，等倾斜器上的水准泡居中后，读悬锤所示的角度，就是岩层的倾角。

在表达一组走向为北西 320°，倾向南西 230°，倾角 35° 的岩层产状时，一般写成：N320°W，SW230°W∠35° 的形式。由于岩层的走向与倾向相差 90°，所以在野外测量岩层的产状时，往往只记录倾向和倾角。如上述岩层的产状，可记录为 SW230°∠35° 的形式。如需知道岩层的走向时，只需将倾向加减 90° 即可，后面将要讲到的褶皱的轴面、裂隙面和断层面等，其产状意义、测量方法和表达形式与岩层相同。

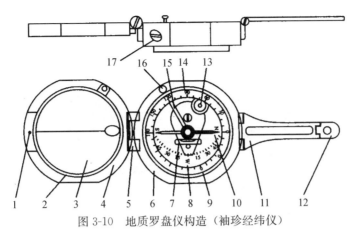

图 3-10　地质罗盘仪构造（袖珍经纬仪）

1—瞄准钉；2—固定圈；3—反光镜；4—上盖；5—连接合页；6—外壳；
7—长水准器；8—倾角指示器；9—压紧圈；10—磁针；11—长照准合页；
12—短照准合页；13—圆水准器；14—方位刻度环；15—拨杆；
16—开关螺钉；17—磁偏角调整器

3.4.1　水平构造

岩层产状近于水平（一般倾角小于 5°）的构造称为水平构造（图 3-11）。水平构造出现在构造运动较为轻微的地区或大范围均匀抬升或下降的地区，一般都在平原、高原或盆地中部，其岩层未见明显变形。如川中盆地上侏罗纪岩层，在某些地区表现为水平构造。水平构造中较新的岩层总是位于较老的岩层之上。当岩层受切割时，老岩层出露在河谷低洼区，较新岩层出露在较高的地方。不同地点在同一高程上，出现的是同一岩层。

图 3-11　水平构造和深切曲线

（圣·胡安河峡谷）

3.4.2　单斜构造

岩层层面与水平面之间有一定夹角时，称为单斜岩层（图 3-12）。单斜构造是大区域内的不均匀抬升或下降，使原来水平的岩层向某一方向倾斜形成的简岩层后，经受构造运动产生变位、变形，改变了原始沉积时的状态，但仍然保持顶面在上、底面在下，岩层是下老上新的正常层序。倘若岩层受到强烈变位，使岩层倾角近于 90°时，称为直立岩层。当岩层顶面在下、底面在上时，则岩层层序发生倒转，层序是下新上老，称为倒转层序。

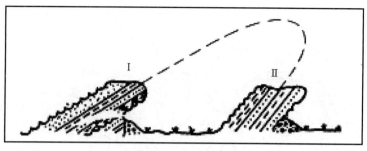

图 3-12　单斜岩层

Ⅰ—正常层序，波峰朝上；Ⅱ—倒转层序，波峰朝下

　　岩层的正常与倒转主要依据化石来确定，也可以根据岩层层面特征以及沉积岩岩性和构造特征来判断确定。如泥裂的裂口正常特征是上宽下窄，直至尖灭；波痕的波峰一般比波谷窄而尖，正常情况是波峰向上。根据沉积岩层层面上的泥裂、波痕等特征可以确定岩层的正常与倒转（图 3-13）。

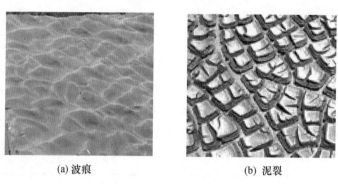

(a) 波痕　　　　　　　　　　(b) 泥裂

图 3-13　波痕和泥裂

3.4.3　褶皱构造

1. 褶皱的基本形态

　　组成地壳的岩层，受构造应力的强烈作用，使岩层形成一系列波状弯曲而未丧失其连续性的构造，称为褶皱构造。褶皱构造是岩层产生塑性变形的表现，是地壳表层广泛发育的基本构造之一。

　　褶皱的基本类型有两种：背斜和向斜（图 3-14）。

　　背斜是岩层向上拱起的弯曲，其中心部分为较老岩层，向两侧依次变新。向斜是岩层向下凹的弯曲，其中心部分为较新岩层，向两侧依次变老。如岩石未经剥蚀，则背斜成山，向斜成谷，地表仅见到时代最新的地层。若褶皱遭受风化剥蚀，则背斜山被削平，整个地形变得比较平坦，甚至背斜遭受强烈剥蚀形成谷地，向斜反而成为山脊（图 3-15）。

　　背斜和向斜遭受风化剥蚀后，地表可见不同时代的地层出露。在平面上认识背斜和向斜，是根据岩层的新老关系做有规律的分布确定的。若中间为老地层，两侧依次对称出现新地层，则为背斜构造；如果中间为新地层，两侧依次对称出现老地层，则为向斜构造。

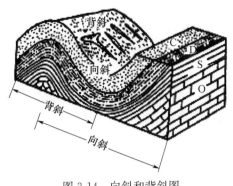

图 3-14 向斜和背斜图

图 3-15 背斜成谷，向斜成山

2. 褶皱要素

对于各式各样的褶皱进行描述和研究，认识和区别不同形状、不同特征的褶皱构造，需要统一规定褶皱各部分的名称。组成褶皱各个部分的单元称为褶皱要素（图 3-16）。

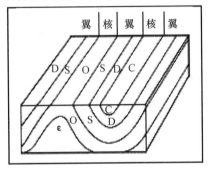

图 3-16 褶皱要素

① 核：褶皱的中心部分。这里指褶皱岩层受风化剥蚀后，出露在地面上的中心部分。图 3-16 中，背斜的核部为奥陶纪地层分布地区；向斜的核部为石炭纪地层分布地区。在剖面上看，图 3-16 中寒武纪地层组成了背斜的核部。背斜剥蚀越深，核部地层出露越老。因此，一个褶皱的不同地段，往往由于剥蚀深度上的差异，图 3-16 组成褶皱的岩层经剥蚀后可以出露不同时代的地层，故核与翼仅是相对平面上岩层呈对称排列概念。

② 翼：褶皱核部两侧对称出露的岩层。图 3-16 中志留纪、泥盆纪地层为背斜的翼部，也是向斜的翼部。相邻的背斜和向斜之间的翼是共有的。

③ 枢纽：指褶皱在同一层面上各最大弯曲点的连线。褶皱的枢纽有水平的、倾斜的，也有波状起伏的。

④ 轴面：是连接褶皱各层的枢纽构成的面。在一定情况下，它是平分褶皱的一个假想面。褶皱的轴面可以是一个简单的平面，也可以是一个复杂的曲面。轴面可以是直立的、倾斜的或平卧的。

3. 褶皱的主要类型

褶皱的几何形态很多，其分类也不相同，在这里仅介绍按轴面产状及枢纽产状两种分类。

（1）按褶皱的轴面产状分类

① 直立褶皱：轴面直立，两翼岩层倾向相反，倾角基本相等〔图 3-17（a）〕。在横剖

面上两翼对称，所以也称为对称褶皱。

②倾斜褶皱：轴面倾斜，两翼岩层倾向相反，倾角不等［图 3-17（b）］。在横剖面上两翼不对称，所以又称为不对称褶皱。

③倒转褶皱：轴面倾斜，两翼岩层倾向相同，一翼岩层层位正常，另一翼老岩层覆盖于新岩层之上，层位发生倒转［图 3-17（c）］。

④平卧褶皱：轴面水平或近于水平，两翼岩层产状也近于水平，一翼岩层层位正常，另一翼发生倒转［图 3-17（d）］。

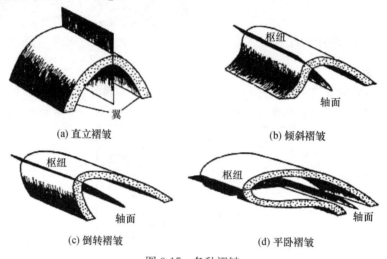

(a) 直立褶皱　　　　　　　　　　　(b) 倾斜褶皱

(c) 倒转褶皱　　　　　　　　　　　(d) 平卧褶皱

图 3-17　各种褶皱

在褶皱构造中，褶皱的轴面产状和两翼岩层的倾斜程度，常和岩层的受力性质及褶皱的强烈程度有关。在褶皱不太强烈和受力性质比较简单的地区，一般多形成两翼岩层倾角舒缓的直立褶皱或倾斜褶皱；在褶皱强烈和受力性质比较复杂的地区，一般两翼岩层的倾角较大，褶皱紧闭，并常形成倒转褶皱或平卧褶皱。

（2）按褶皱的枢纽产状分类

①水平褶皱：褶皱枢纽水平，两翼岩层的露头线平行延伸［图 3-18（a）（b）］。

②倾伏褶皱：褶皱的枢纽向一端倾伏，两翼岩层的露头线不平行延伸，或呈之字形分布［图 3-18（c）（d）］。

当褶皱的枢纽倾伏时，在平面上会看到，褶皱的一翼逐渐转向另一翼，形成一条圆滑的曲线。在平面上，褶皱从一翼弯向另一翼的曲线部分，称为褶皱的转折端，在倾伏背斜的转折端，岩层向褶皱的外方倾斜（外倾转折）。在倾伏向斜的转折端，岩层向褶皱的内方倾斜（内倾转折）。

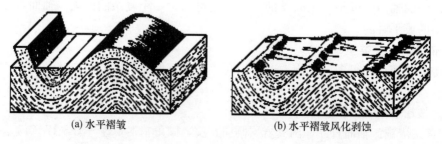

(a) 水平褶皱　　　　　　　　　　　(b) 水平褶皱风化剥蚀

(c) 倾伏褶皱   (d) 倾伏褶皱风化剥蚀

图 3-18 褶皱的枢纽水平及倾斜时、风化剥蚀后岩层状况

在平面上倾伏褶皱的两翼岩层在转折端闭合，是区别于水平褶皱的一个显著标志。褶皱规模有大有小，大的可以延伸几十千米到数百千米，小的不足一米。若褶皱长宽比大于 10∶1，延伸的长度大而分布宽度小的，称为线形褶皱。褶皱向两端倾伏，长宽比介于 10∶1～3∶1 之间，呈长圆形的，若是背斜，称为短背斜；若是向斜，称为短向斜。长宽比小于 3∶1 的圆形背斜称为穹隆；向斜称为构造盆地。

4. 褶皱构造的工程地质评价

从地质构造条件看，在路线工程中往往遇到的是大型褶皱构造的一部分，无论是背斜还是向斜，在褶皱的翼部遇到的，基本上是单斜构造。所以，在实际工程中，倾斜岩层的产状与路线或隧道轴线走向的关系问题就显得尤其重要。

对于深路堑和高边坡来说，路线与岩层走向垂直或路线和岩层走向平行，但岩层倾向与边坡倾向相反时，只就岩层产状与路线的走向而言，对路基边坡的稳定性是有利的；不利的情况是路线走向和岩层的走向平行，边坡与岩层的倾向相同，特别在云母片岩、绿泥石片岩、滑石片岩、千枚岩等软质岩石分布地区，坡面容易发生风化剥落，产生严重坍塌，对路基边坡及路基排水系统造成经常性的危害；最不利的情况是路线与岩层走向平行，岩层倾向与路基边坡一致，而边坡的坡角大于岩层的倾角，特别在石灰岩、砂岩与泥岩互层，且有地下水作用时，如路堑开挖过深，边坡过陡，或者由于开挖使软弱结构面暴露，都容易引起斜坡岩层发生大规模的顺层滑移，破坏路基稳定。

对于隧道工程而言，隧道挖掘从褶皱的翼部通过是比较有利的。如果中间有软质岩层或软弱构造面时，则在顺倾向一侧的洞壁出现明显的压扁现象，甚至会导致支撑破坏，发生局部坍塌。

在褶皱构造的轴部，从岩层的产状来说，是岩层倾向发生显著变化的地方，就构造作用对岩层整体性的影响来说，又是岩层受应力作用最集中的地方。所以在褶皱构造的轴部，不论公路、隧道和桥梁工程，容易遇到由于岩层破碎而产生的岩体稳定性问题和向斜轴部的地下水问题。这些问题在隧道工程中更为突出，容易产生隧道塌顶和涌水问题，时常会严重影响正常施工。

3.4.4 断裂构造

岩层受构造运动作用，当所受的构造应力超过岩石强度时，岩石的连续完整性遭到破坏，产生断裂，称为断裂构造。

断裂构造包括节理和断层。

1. 节理

节理是存在于岩层、岩体中的一种破裂，破裂面两侧的岩块没有发生显著位移的小型断裂构造。节理是野外常见的构造现象，自然界的岩体中几乎都有节理存在，而且一般是成群出现。凡是在同一时期同一成因条件下形成的彼此平行或近于平行的节理归为一组，称为节理组。节理的长度不一，有的节理仅几厘米长，有的达几米到几十米长；节理的间距也不一样。节理面有平整的，也有粗糙弯曲的。其产状可以是直立、倾斜或水平的。按形成节理的力学性质，节理可分为在张力作用下形成的张节理和在剪切力作用下形成的剪节理。

节理的成因多种多样。在岩石形成过程中产生的节理称为原生节理，如喷出岩在冷凝过程中形成的柱状节理。岩石形成后才形成的节理叫次生节理，如构造运动产生的节理。岩体中的节理，在工程上除有利于开挖外，对岩体的强度和稳定性均有不利的影响。岩体中存在的节理破坏了岩体的整体性，促进了岩体的风化速度，增强了岩体的透水性，因而使岩体的强度和稳定性降低。当节理主要发育方向与线形工程路线走向平行，倾向与边坡一致时，不论岩体的产状如何，都容易发生崩塌等不良的地质现象。在路基施工中，如果岩体存在节理，还会影响爆破作业的效果。所以，当节理有可能成为影响工程设计的重要因素时，应当对节理进行深入的调查研究，详细论证节理对岩体工程建筑条件的影响，并采取相应的措施，以保证建筑物的稳定和正常使用。

1）节理的分类

（1）按成因分类

·原生节理：岩石形成过程中形成的节理。

·构造节理：由构造应力所产生的节理。

·表生节理：非构造应力引起，发生在地表浅层，如卸荷节理、风化节理、爆破节理等。

（2）按力学性质分类

·剪节理：由剪应力产生。

剪节理的特点：平直闭合；节理面光滑，常有擦痕；分布较密、走向稳定、延伸较远，常发育成 X 形节理系。

·张节理：由张应力产生。

张节理的特点：裂隙张开较宽；断裂面粗糙，很少有擦痕；裂隙间距大，分布不均，沿走向和倾向延伸不远。

（3）按与岩层的产状关系分类

·走向节理：节理走向与岩层走向平行。

·倾向节理：节理走向与岩层走向垂直。

·斜交节理：节理走向与岩层走向斜交。

（4）按张开程度分类

·宽张节理：节理缝宽度＞5mm。

·张开节理：节理缝宽度为 3～5mm。

·微张节理：节理缝宽度为 1～3mm。

·闭合节理：节理缝宽度＜1mm。

2）节理的发育程度分级

节理的发育程度分级见表 3-4。

表 3-4 节理发育程度分级表

等级	基 本 特 征
节理不发育	节理（裂隙）1～2组，规则，为原生型或构造型，多数间距在1m以上，多为密闭，岩体被切割呈巨块状
节理较发育	节理（裂隙）2～3组，呈X形，较规则，以构造形为主，多数间距大于0.4m，多为密闭，部分微张，少有充填物，岩体被切割呈大块状
节理发育	节理（裂隙）3组以上，不规则，呈X形或米字形，以构造型或风化型为主，多数间距小于0.4m，大部分微张，部分张开，部分为黏性土充填，岩体被切割呈块（石）碎（石）状
节理很发育	节理（裂隙）3组以上，杂乱，以风化型和构造型为主，多数间距小于0.2m，微张或张开，部分为黏性土充填，岩体被切割呈碎石状

3）节理调查

（1）调查内容

节理的调查内容有：成因、受力特征；组成、密度、产状；张开度、长度、粗糙度；充填；发育程度（表3-5）。

表 3-5 节理野外记录表

编号	节理产状			长度	宽度	条数	填充情况	成因类型
	走向	倾向	倾角					
1	N307°W	N37°E	18°	—	—	25	节理面夹泥	张性

（2）节理走向玫瑰图

① 在任一半径半圆上，划上刻度网（0～90°，270°～360°）。

② 将节理按走向以每5°或10°分组，统计平均走向、数目（表3-6）。

表 3-6 节理调查统计表

分组	平均走向	数目
10°～20°	12°	35
30°～40°	35°	38
40°～50°	48°	29
60°～70°	65°	50
300°～310°	302°	42
310°～320°	318°	48
330°～340°	335°	30

③ 自圆心沿半径引射线，射线的方位代表每组裂隙平均走向的方位。射线的长度代表每组裂隙的条数。

④ 用折线将射线端点连接即得裂隙走向的玫瑰图（图3-19）。

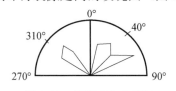

图 3-19 节理走向玫瑰图

2. 断层

岩层或岩体受力破裂后，破裂面两侧岩块发生了显著位移，这种断裂构造称为断层。所以断层包含了破裂和位移两重含义。断层是地壳中广泛发育的地质构造，其种类很多，形态各异，规模大小不一。小的断层在手标本上就可以看到，大的断层延伸数百甚至数千千米。断层深度也不一致，有的很浅，有的很深，甚至切穿岩石圈。断层主要由构造运动产生，也可以由外动力地质作用（如滑坡、崩塌、岩溶陷落、冰川等）产生。外动力地质作用产生的断层一般规模较小。

（1）断层要素

一条断层由几个单元组成，称为断层要素。我们通常根据各要素的不同特征来描述和研究断层。最基本的断层要素是断层面和断盘（图 3-20）。

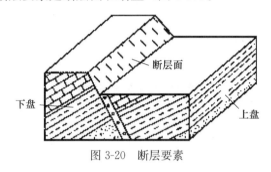

图 3-20 断层要素

① 断层面：是指两侧岩块发生相对位移的断裂面。断层面可以是直立的，但大多数是倾斜的。断层面的产状和岩层层面的产状一样，用走向、倾向和倾角来表示。规模大的断层，经常不是沿着一个简单的面发生，它的断层面往往是由许多破裂面构成的断裂带，其宽度从数厘米到数十米不等。断层的规模越大，断裂带也就越宽、越复杂。由于两侧岩块沿断层面发生错动，所以在断层面上常留有擦痕，在断层带中常有破碎岩石构成的糜棱岩、断层角砾岩和断层泥等。

② 断层线：是指断层面和地面的交线。

③ 断盘：指断层面两侧的岩块。断层面倾斜时，位于断层面上部的称为上盘；位于断层面下部的称为下盘。当断层面直立时，用断块所在的方位表示，如东盘、西盘等。若以断盘位移的相对关系为依据，则将相对上升的一盘称为上升盘，相对下降的一盘称为下降盘。上升盘和上盘，下降盘和下盘并不完全一致，上升盘可以是上盘，也可以是下盘。同样，下降盘可以是下盘，也可以是上盘，两者不能混淆。

④ 断距：断层两盘沿断层面相对滑动的距离。

（2）断层的主要类型

断层的分类方法很多，所以有各种不同的类型。根据断层两盘相对位移的情况，可以分为下面三种：

① 正断层：上盘沿断层面相对下降，下盘相对上升的断层。正断层面倾角较陡，一般在 45°以上。正断层一般是由于岩体受到张力及重力作用，使上盘沿断层面向下错动形成的 [图 3-21 (a)]。

② 逆断层：上盘沿断层面相对上升，下盘相对下降的断层。逆断层一般是由于岩体受到水平方向强烈的挤压力的作用，使上盘沿断层面向上错动而成 [图 3-21 (b)]。25°～

45°之间的断层称为逆掩断层；小于25°的断层称为碾掩断层（又叫碾掩构造或推复构造）。逆掩断层和碾掩断层常是规模很大的区域性断层。

③平移断层：由于岩体受水平剪切作用，使两盘沿断层面产生相对水平位移的断层[图3-21（c）]。平移断层的倾角很大，断层面近于直立，断层线比较平直。

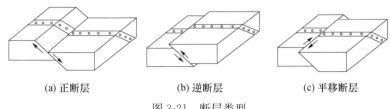

(a) 正断层　　　　(b) 逆断层　　　　(c) 平移断层

图3-21 断层类型

（3）断层的组合类型

断层的形成和分布受着区域性或地区性地应力场的控制，所以常常是成列出现，并且以一定的排列方式有规律地组合在一起，形成不同形式的组合类型。

①阶状断层：由两条或两条以上倾向相同而又相互平行的正断层组合形成，其上盘依次下降呈阶梯状[图3-22（a）]。

②地堑：是由两条走向大致平行而性质相同的断层组合成一个中间断块下降，两边断块相对上升的构造[图3-22（b）]。

③地垒：是由两条走向大致平行而性质相同的断层组合成一个中间断块上升、两边断块相对下降的构造[图3-22（b）]。

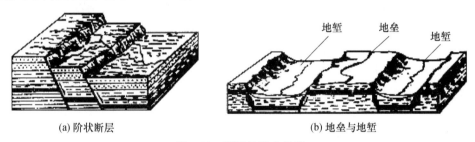

(a) 阶状断层　　　　　　　　　(b) 地垒与地堑

图3-22 断层的组合类型

构成地堑、地垒的断层一般为正断层，但也可以是逆断层。

④叠瓦构造：逆断层可以单独出现，也可以成群出现。当多条逆断层平行排列、倾向一致时，便形成叠瓦构造。

在地形上，地堑常形成狭长的凹陷地带，如我国山西的汾河河谷、陕西的渭河河谷等，都是有名的地堑构造。地垒多形成块状山地，如天山、阿尔泰山等都广泛发育地垒构造。

（4）断层的工程地质评价

由于岩层发生强烈的断裂变动，致使岩体的裂隙增多、岩石破碎、风化严重、地下水发育，从而降低了岩石的强度和稳定性，对工程建设造成了种种不利影响。因此，在公路工程建设中确定路线布局、选择桥位和隧道位置时，要尽量避开大的断层破碎带。

在研究路线布局，特别在安排河谷路线时，要特别注意河谷地貌与断层构造的关系。当断层走向与路线平行，路基靠近断层破碎带时，由于开挖路基，容易引起边坡发生大规模坍塌，直接影响施工和公路的正常使用。在进行大桥桥位勘测时，要注意查明桥基部分有无断层存在及其影响程度如何，以便根据不同的情况，在设计基础工程时采取相应的措施。

在断层发育地带修建隧道，是最不利的一种情况。由于岩层的整体性遭到破坏，加之地面水和地下水的侵入，其强度和稳定性是很差的，容易产生洞顶塌落，影响施工安全。因此，当隧道轴线与断层走向平行时，应尽量避免与断层破碎带接触。隧道横穿断层时，虽然只有个别地段受断层影响，但因地质与水文地质条件不良，必须预先考虑措施，保证施工安全。特别当断层破碎带规模很大时，会使施工十分困难。在确定隧道平面位置时，应尽量设法避免。

（5）断层的野外识别

断层的存在，在许多情况下对土木工程是不利的。为了防止其对工程建筑物或构筑物的不良影响，必须先识别断层的存在。

当岩层发生断裂并形成断层后，不仅会改变原有地层的分布规律，还在断层面及其相关部分形成各种伴生构造，并形成与断层构造有关的地貌现象。在野外可以根据这些标志来识别断层。

① 地貌特征。当断层的断距较大时可能形成陡峭的断层崖，若经剥蚀，则会形成断层三角面；断层破碎带岩石破碎，易于侵蚀下切，可能形成沟谷或峡谷地形。此外，若山脊错断、错开，河谷跌水瀑布，河谷方向发生突然转折，串珠状泉水出露等，很可能都是断裂在地貌上的反映。

② 地层特征。岩层发生重复［图 3-23（a）］或缺失［图 3-23（b）］、岩层被错断［图 3-23（c）］、岩层沿走向突然发生中断或者不同性质的岩层突然接触等地层方面的特征，则进一步说明断层存在的可能性很大。

③ 断层的伴生构造现象。断层的伴生构造是断层在发生、发展过程中遗留下来的形迹。常见的有岩层牵引弯曲、断层角砾、糜棱岩、断层泥和断层擦痕等。岩层的牵引弯曲是岩层因断层两盘发生相对错动，因受牵引而形成的弯曲［图 3-23（d）］，多形成于页岩、片岩等柔性岩层和薄层岩层中。当断层发生相对位移时，其两侧岩石受到强烈的挤压力，有时沿断层面被研磨成细泥，称为断层泥；若被研碎成角砾，则称为断层角砾［图 3-23（e）］。断层角砾一般是胶结的，其成分与断层两盘的岩性基本一致。断层两盘相互错动时，因强烈摩擦而在断层面上产生一条条彼此平行密集的细刻槽，称为断层擦痕［图 3-23（f）］。顺擦痕方向抚摸，感到光滑的方向即为对盘错动的方向。

综上可以看出，断层伴生构造现象，是野外识别断层存在的可靠标志。

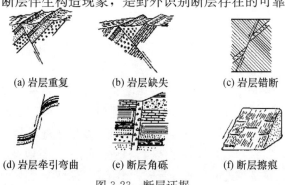

(a) 岩层重复　　(b) 岩层缺失　　(c) 岩层错断

(d) 岩层牵引弯曲　(e) 断层角砾　　(f) 断层擦痕

图 3-23　断层证据

3.5 地 质 图

地质图是把一个地区的各种地质现象，按一定的比例用规定的符号、颜色和各种花纹、线条表现在地形图上的一种图件。从地质图上可以全面了解一个地区的地层顺序及时代、岩性特征、地质构造（褶皱、断层等）、矿产分布、区域地质特征等内容。因此，地质图是指导生产实践，进行区域地质、地理、自然环境研究的重要资料。一般所说的地质图是指平面图，但也往往制成地质剖面图（实测或从平面图上按指定方向绘制），以便更清楚地反映地下地质的情况。根据生产或研究的需要，还可以制成专题的地质图，如水文地质图、工程地质图、第四纪地质图、岩相-古地理图、矿产分布图、构造纲要图、大地构造图等。地质图的编制多以实测资料为基础，有一定的制图规范和标准。目前所使用的地层分级系统、表示地层年代的色标和符号，以及表示各类岩体的色标和代号，多是国际通用的。客观需要促使地质图向专门化、部门化方向发展。种类也越分越细，除普通基础性地质图外，还有第四纪地质图、大地构造图、岩相图、古地理图、水文地质图、工程地质图、矿产分布图等。目前，狭义的地质图多指基础性普通地质图。不同比例尺地质图，表示地层年代的界、系、统、组、层等的分级是不同的，比例尺越大表示的层次越细。在没有注明岩性的情况下，有时要与区域地层表配合使用，才能查明岩石的具体种类、性质及结构特点。各种实用性和分析性地质图，虽增加了专门用途所需的直接性内容，但大多利用区域基础地质图派生编制。

3.5.1 不同岩层产状在地质图上的表现

岩层的产状包括三种情况：水平的、倾斜的、直立的；地形也有不同情况：平坦的、起伏的、沟谷纵横的。由于岩层产状不同、地形起伏不同，岩层在地面或反映在地质图上的形状也不一样。

1. 水平岩层（图 3-24）

① 如果地形平坦，又未经河流切割，在地面上只能看见最新的岩层的顶面，表现在地质图上只有一种岩层。如华北平原，在地面上只能看见松散沉积物的最上面的一层。

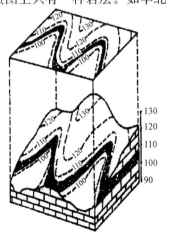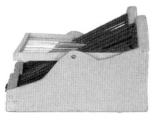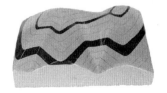

图 3-24　水平岩层

② 如果平坦地面经过河流下切，或者地面起伏很大，可以看到下面较老的岩层，其在地质图上的特点如下：

a. 岩层界线与等高线平行或重合。

b. 同一岩层在不同地点的出露标高相同。

c. 岩层的厚度等于顶面和底面的高度差。

2. 直立岩层（图 3-25）

除岩层走向有变化外，岩层界线在地质图上按岩层走向呈直线延伸，不受地形任何影响。

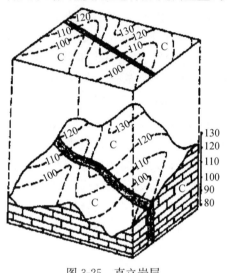

图 3-25　直立岩层

3. 倾斜岩层（图 3-26）

① 如果地形平坦，在地质图上岩层界线按其走向呈直线延伸。

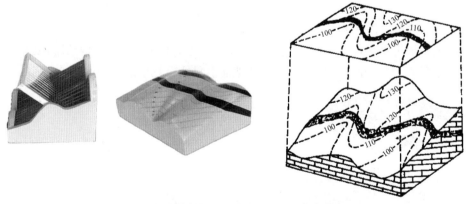

图 3-26　岩层倾向与地面坡向相反时的倾斜岩层

② 如果地形有较大起伏（如有山有谷），在地质图上岩层界线与等高线斜交，在沟谷和山脊处常常形成 V 字形弯曲，称为 V 字形法则。其弯曲程度与岩层倾角的大小和地形坡度的大小有关，即岩层倾角越小，V 字形越紧闭；倾角越大，V 字形越开阔。地形起伏越大，弯曲形状越复杂；地形越平坦，弯曲度越小，甚至近于直线。倾斜岩层的露头形

状与地形起伏的关系如下：

a. 当岩层倾向与地面坡向相反时，地质界线与等高线同样弯曲，但地质界线的 V 字形弯曲较等高线开阔。在穿越沟谷处，地质界线 V 字形尖端指向沟谷上游（岩层的倾向）；穿越山脊处 V 字形尖端指向下坡（岩层反倾向方向）。

b. 在岩层倾向与地面坡向一致，岩层倾角大于地面坡角的情况下，地质界线的弯曲方向与地形等高线相反，在沟谷处的地质界线，V 字形尖端指向沟谷下游（岩层的倾向）；在山脊处的地质界线，V 字形尖端指向山脊上坡（岩层倾向相反的方向）。

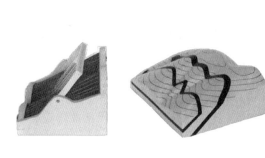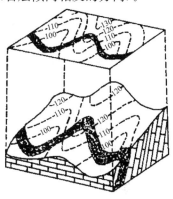

图 3-27　岩层倾向与地面坡向相同时的倾斜岩层

（岩层倾角大于地面坡角）

c. 当岩层倾向与地面坡向相同，岩层倾角小于地面坡角时，地质界线与等高线一样弯曲，但其 V 字形的弯曲较等高线紧闭；在沟谷处，V 字形尖端指向上游；在山脊处指向下游。

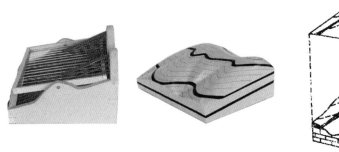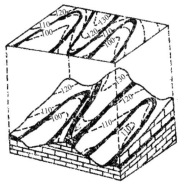

图 3-28　岩层倾向与地面坡向相同时的倾斜岩层

（岩层倾角小于地面坡角）

对于初学者来说，V 字形法则比较难于理解和掌握，在野外穿过沟谷时，常常看到岩层向沟头方向或沟口方向呈 V 字形弯曲，总以为是岩层产状有了变化，或者发生了褶曲，实际上岩层的产状并没有变化，而是由于地面坡度、岩层倾向和倾角这三者之间的复杂关系对露头形状所产生的错觉。也就是说，倾斜岩层的露头形状并不等于岩层的产状（垂直岩层除外）。这种法则在地质图上特别是大比例尺的地质图上有明显的反映。

其他构造线如断层线，其露头形状也适用于 V 字形法则。

68

3.5.2 褶曲和断层等在地质图上的表现

1. 褶曲

（1）背斜和向斜

两翼岩层对称重复出现，从核部到两翼，岩层越来越新，为背斜；反之，则为向斜。

（2）两翼产状和褶曲种类

两翼倾角大致相等，倾向相反，为直立褶曲；两翼倾角不等，倾向相反，为倾斜褶曲；两翼倾角不等，但倾向相同，为倒转褶曲（倾角较大的一翼为倒转翼）；两翼倾角相等，倾向也相同，有一翼倒转，为等斜褶曲（应注意与单斜岩层的区别）；两翼倾向相反，两翼皆倒转，为扇形褶曲。

（3）褶曲轴

褶曲轴可以用平面上各岩层转折端的顶点联线来表示。

如果褶曲轴延伸很远，一系列背斜、向斜相连为线形褶曲；如果褶曲轴较短，岩层投影为长圆形或近似浑圆形为短背斜、短向斜、穹窿或构造盆地。

（4）枢纽产状

核部宽窄大体不变，两翼的岩层界线大致平行，表示枢纽是水平的；核部呈封闭曲线，两翼岩层不平行，或具有弧形转折端，表示枢纽是倾伏的；若背斜向斜相连，岩层则呈"之"字形弯曲；若核部忽宽忽窄，表示枢纽忽高忽低呈波状起伏；沿任一褶曲轴岩层越来越新的方向为枢纽的倾伏方向。

（5）褶皱时代

主要是根据地层的角度不整合接触关系，即不整合面上下岩层的相对时代来确定。下伏一组岩层的褶皱的时代在不整合面以下一组岩层中最新的地层时代之后，在不整合面以上一组岩层中最老的地层时代之前。

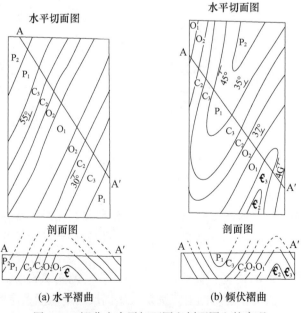

图 3-29　褶曲在水平切面图和剖面图上的表现

2. 断层（图 3-30）

（1）纵断层和横断层

岩层重复或缺失为纵断层（或走向断层）；岩层发生中断或错开为横断层（或倾向断层）。

（2）上升盘和下降盘

对纵断层来说，在断层线上任意指定一点，较老岩层一侧为上升盘，较新岩层一侧为下降盘；但当断层面倾向与岩层倾向一致而断层面倾角小于岩层倾角时，较老岩层一侧为下降盘，较新岩层一侧为上升盘。然后再根据断层面的倾向，即可决定正断层或逆断层。

如果断层横穿或斜穿背斜或向斜，同时在断层两侧核部宽窄（或相当翼间的距离）发生显著变化，则在背斜中变宽的一盘为上升盘；变窄的一盘为下降盘。在向斜中恰好相反，变窄的一盘为上升盘，变宽的一盘为下降盘。如果两盘核部（或相当翼间的距离）只有水平错开而无宽窄大小的变化，则为平推断层。

（3）断层时代

根据断层与不整合的关系、断层与岩体岩脉的关系和断层交叉错断与被错断的关系等确定。

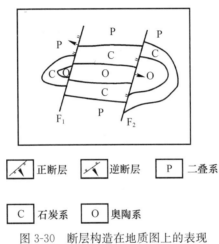

图 3-30　断层构造在地质图上的表现

3. 岩层接触关系（图 3-31）

① 整合。岩层界线大致平行，一般没有缺层现象（有时有岩层变厚、变薄及自然尖灭现象）。

② 平行不整合。岩层界线大致平行，有显著的缺层现象。

③ 角度不整合。较新岩层掩盖住较老岩层的界线，较新岩层的底部界线即为不整合线，不整合线两侧岩层产状不同，较新岩层一侧的岩层界线与不整合线大致平行，较老岩层一侧的岩层界线与不整合线相交，新老岩层之间有显著的缺层现象。

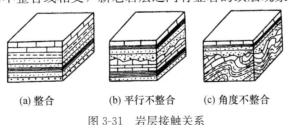

(a) 整合　　　(b) 平行不整合　　　(c) 角度不整合

图 3-31　岩层接触关系

4. 火成岩体

① 岩基或岩株。岩体界线常穿过不同的围岩界线，若规模较大，形体不甚规则，为岩基；若规模较小，形体较规则，为岩株。

② 岩盘。岩体界线与围岩走向一致，外形浑圆或较规则。

③ 岩床。岩体呈长条状，延伸方向与围岩走向一致。

④ 岩墙。岩体呈长条状，穿过不同的岩层。

5. 侵入体的接触关系

① 侵入接触。侵入体的界线破坏了围岩界线的完整性（图 3-32）。

② 沉积接触。沉积岩的露头界线折断了侵入体的边界线（图 3-33）。

③ 断层接触。断层错动下形成的侵入体和沉积岩接触（图 3-34）。

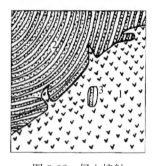

图 3-32　侵入接触

1—侵入岩；2—沉积岩；3—捕房体

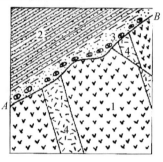

图 3-33　沉积接触

1—侵入岩；2—沉积岩；3—底砾岩；4—岩脉；AB—接触面

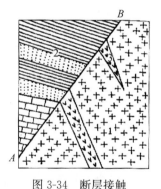

图 3-34　断层接触

1—侵入岩；2—沉积岩；3—岩脉；AB—接触面

3.5.3　读地质图的步骤和方法

① 看图名、图幅代号、比例尺等。图名和图幅代号可以告诉我们图幅所在的地理位置。一幅地质图一般是选择图面所包含地区中最大居民点或主要河流、主要山岭等命名的。比例尺告诉我们缩小的程度和地质现象在图上能够表示出来的精确度。此外，还应注意图的出版时间、制图人等。

② 看图例。通过图例可以了解制图地区出露哪些地层及其新老顺序等。图例一般放在图框右侧，地层一般用颜色或符号表示，按自上而下由新到老的顺序排列。每一图例为长方形，左方注明地质年代，右方注明岩性，方块中注明地层代号。岩浆岩的图例一般在

沉积岩图例之下。构造符号放在岩石符号之下，一般顺序是褶曲、断层、节理、产状要素等。

③ 剖面线。有时通过地质图相对图框上的两点画出黑色直线，两端注有 AA' 或 II' 等字样，这样的直线称为剖面线，表示沿此方向已经作了剖面图。

④ 分析图内的地形特征。如果是大比例尺地质图，往往带有等高线，可以据此分析一下山脉的一般走向、分水岭所在、最高点、最低点、相对高差等。如果是不带等高线的小比例尺地质图，一般只能根据水系的分布来分析地形的特点，如巨大河流的主流总是流经地势较低的地方，支流则分布在地势较高的地方；顺流而下地势越来越低，逆流而上地势越来越高；位于两条河流中间的分水岭地区总是比河谷地区要高，等等。了解地形特征，可以帮助大家了解地层分布规律、地貌发育与地质构造的关系等。

⑤ 分析地质内容。应当按照从整体到局部再到整体的方法，首先了解图内一般地质情况，例如：地层分布情况，老地层分布在哪些部位，新地层分布在哪些部位，地层之间有无不整合现象等；地质构造总的特点是什么，如褶皱是连续的还是孤立的，断层的规模大小，它发育在什么地方，断层与褶皱的关系怎样，是与褶皱方向平行还是垂直或斜交等；火成岩分布情况，火成岩与褶皱、断层的关系怎样。

⑥ 在掌握全区地质轮廓的基础上，再对每一个局部构造进行分析：开始时最好从图中老岩层着手，逐步向外扩展，以免毫无头绪；对每一种构造形态，包括褶曲、断层、不整合、火成岩体等逐一详加分析。例如，褶曲类型、断层类型、各构造组合关系等。

⑦ 把各个局部联系起来，进一步了解整个构造的内部联系及其发展规律，主要包括：根据地层和构造分析，恢复全区的地质发展历史；地质构造与矿产分布的关系；地质构造与地貌发育的关系，等等。

以上所述为读图的一般步骤和方法。至于如何具体分析某一幅地质图和其中的每一种构造，必须通过实践来逐步掌握。

习　　题

3-1 什么是地壳运动？地壳运动有哪些类型？

3-2 什么是地质作用？地质作用有哪些类型？

3-3 简述地质年代的确定方法。

3-4 褶曲要素有哪些？

3-5 节理的调查内容主要包括哪些方面？

3-6 断层要素有哪些？

3-7 写出地质年代表中代、纪的名称和符号。

第4章 岩体结构

4.1 概　述

岩体指工程影响范围的地质体，它是有结构的，而不是均一、连续的无结构介质。实际上任何一级地质体都是有结构的，晶体、矿物和岩石有相应的结构，地壳、地球也有各自的结构。岩体结构的概念是在工程实践中逐渐形成的。工程岩体的变形、破坏现象说明岩体的不连续结构往往起着决定的作用，尤其是断层、软弱夹层等直接影响着岩体的稳定性。因此，概括起来称为结构面。同时，由结构面切割而成的各种形态的块体称为结构体，结构面和结构体是岩体结构的相互有联系的结构要素。

4.2　结　构　面

4.2.1　结构面的成因

结构面是岩体内具有一定方向、延展较大、厚度较小的二维状地质界面，包括物质的分异面及结构的不连续面，如层理、层面、节理、断层等。

结构面是在岩体形成、演化过程中产生和发展出来的。在岩体建造、形变和次生蜕变过程中，岩体内不断形成结构面，它们的特性还在不断变化。不同成因的地质结构面往往在产状、分布及特性上有所不同，因而在岩土变形破坏过程中作用也不同。

原生结构面包括沉积结构面、火成结构面及变质结构面，是岩体建造阶段形成的，它们往往又受后期构造形变和次生改变作用而进一步演化。

沉积结构面是沉积岩和岩石成岩过程中形成的，包括层理、层面、软弱夹层、沉积间断及不整合面。层理是岩石成层的不均一物质分层面，在构造或风化作用下才分开成为层面，当沉积物质逐渐分层沉积，且物质差异较大，则成岩后保留不连续界面，即成为层面。层面一般结合较好，岩层的褶皱作用使层面产生错动，结构破坏。软弱夹层是沉积结构面中常遇到的工程地质问题，尤其是经过构造和次生作用往往形成泥化夹层，对岩体稳定性影响更加显著。原生软弱夹层常见的有碎屑岩中的页岩、炭质页岩、黏土岩夹层；浅变质类复理石建造中的板岩、页岩夹层；碳酸岩系中的钙质页岩、泥质页岩夹层等。沉积间断及不整合面对工程而言是大型软弱结构面，但不是经常能遇到的。不整合面，一般波状起伏，结合不良，常是地下水通道。

火成结构面是岩浆侵入、喷溢、冷凝所形成的结构面，包括岩浆岩与围岩的接触面，流线、流层和原生冷凝节理等。侵入岩体与围岩的接触面有不同的特征，有的呈热力变质接触，胶结良好，有的则呈蚀变带，结合松软成为软弱结构面。在热力接触带附近的围岩中有时也发育挤压破碎结构面，岩石比较破碎。流线、流层在一般情况下胶合良好，仅在风化带中有所剥开。火成岩系中，在多次岩流间往往夹有凝灰岩夹层或古风化夹层，成为软弱结构面，影响岩体的稳定，侵入岩体中，在与围岩接触面平行的方向上冷凝节理发育。在火成岩或浅层侵入岩体中往往形成陡立的节理，构成柱状结构体，常影响地下洞室的洞顶稳定。

变质结构面是区域变质作用所形成的结构面，如片理、板理、剥理及其他片麻状结构，以及由于原岩物质组成不均一或变形过程流动分异而造成的软弱夹层等。片理等变质结构面一般短小、密集、闭合，经风化后才被剥开，但因为密集有时使岩体成为层片状，而且具有层状体的特征，变质岩系中的云母片岩、绿泥石片岩、滑石云母片岩夹层，岩性软弱，易于风化形成软弱夹层，遇水软化，强度低。

构造结构面是岩体在多次构造运动作用中形成的，并且有一定的组织配套关系，它们的特征与其形成的力学机制、多次活动及围岩特性有关，张性结构面往往粗糙不平整，或具锯齿状形态，常有次生泥质填充；剪切破裂面光滑、平整、多闭合；压性或压扭性断裂呈波状起伏，规模不大。层间错动是一种特殊的构造结构面，它是在原生层面或软弱夹层的基础上形成的，但是具有断裂的特性，一般沿层面发育，局部切层，往往对岩体稳定有显著影响，层间错动夹层易受水作用而泥化，呈塑性状态，抗剪强度很低，其形成的决定因素是构造错动的作用。

次生结构面是在地表条件下受风化、地下水及卸荷作用而形成的，一般分布在地表风化壳范围内。次生结构面大部分是原生结构面的改造，在性质上蜕变很显著的可列为次生结构面，如卸荷裂隙、风化裂隙、风化夹层、次生充填夹泥等。

结构面的力学特性主要取决于以下几种因素：

① 结构面的形状。可分为平直、弧形、波状、锯齿状等不同情况，平直结构面对岩体稳定影响比较显著，而波状、锯齿状结构面在错动时产生膨胀，使法向力增加，在地下工程围岩约束条件下不易滑动，弧形结构面要看其弧形产状和临空面关系才能作出评价。

② 结构面的粗糙度。可分为粗糙、光滑、镜面等。粗糙结构面抗剪切性能较好，但粗糙度的作用与结构面充填厚度有关。

③ 结构面的厚度。可根据填充物厚度和粗糙起伏差关系进行相对厚度的分类，充填物厚度大则填充物强度起控制作用，否则结构面两侧岩石堆结构面强度仍有一定作用。

④ 结构面填充物质组成。可分为无填充、碎屑填充、泥质填充、薄膜填充以及混合填充。无填充结构面的强度取决于粗糙度及两侧岩石性质。泥质填充、薄膜填充的结构面抗剪切强度较低，碎屑填充结构面的强度取决于碎屑物质、碎屑形态及压密程度。

⑤ 结构面的结合状态。可分为张开、闭合、胶结等，也具有不同的强度特性。

由于上述各种因素的互相交叉组合，所以结构面特性比较复杂，要求在每一具体条件下进行综合评价。根据影响结构面强度特性的主要因素，即结构面充填物质及结构面形态，可将结构面综合分成以下几类：

① 破裂结构面。这类结构面仅仅是破裂面介质不连续面，无充填物，结构面呈刚

性接触，如节理、层理、层面、裂隙、片理等。它们的强度一般比较高，但也取决于两侧岩石的特性，这种结构面的抗剪强度机制是结构面的摩擦力以及局部岩石的剪断和破裂。

② 破碎结构面。这类结构面可有碎屑、岩粉、鳞片等充填，两侧岩石破碎而不平整，粗糙度较大。它们的强度取决于充填碎屑物质的粒级组合及紧密程度。对于是散松而级配不均的破碎结构面，在剪切中可能产生滚动摩擦，若泥质物质含量多，也可能主要受泥质物抗剪强度控制。

③ 层状结构面。这种结构面比较平整，结合良好，但若有软弱夹层，则后者的抗剪强度将起到控制作用。

④ 泥化结构面。类似于层状结构面，但夹层不均一，内部形成连续的或不连续的泥化条带，它们控制着结构面的抗剪强度。

4.2.2　结构体分级及形态

结构体是结构面切割岩体而成的块体，不同规模的结构面可以构成不同级别的块体。在岩体范围内，结构体分为块体和岩体。岩体中软弱夹层、小断层等贯穿性结构面，以及它们和工程区断层等组合形成影响洞体某些部位稳定性的块体，而节理、片理、层理等则形成岩块，一般不影响临空面表层的稳定性，但它们普遍发育，是经常起作用的结构体。

结构体的形态可分为块状体、柱状体、板状体、片状体、碎粒体、碎屑、鳞片等。块状体又可分为方块体、菱块体等。结构体形态不同，和临空面关系不同，则稳定性不同。例如，在洞顶顶端向上的角锥体最易失稳，相反则比较稳定。

4.3　岩体结构类型及特性

岩体结构表达结构面的发育程度及组合，或是结构体的规模及排列。常见的结构类型有整体块状结构、层状结构、碎裂结构及松散结构等。由于镶嵌结构、层状碎裂结构均接近碎裂结构，现将整体结构合并为四大类，简要介绍如下：

（1）整体块状结构（增体、块状、裂隙块状）

包括厚层沉积岩、火山侵入岩、火山岩、变质岩等。

主要的结构体形式为块状、柱状、菱形、锥形等。结构面以节理为主，很少断层或仅为小断层错动面，含裂隙地下水。

岩体在变形特征上接近于均质弹性各向同性体，整体上强度很高，虽受节理面控制，但节理切穿性差，岩石抗剪强度能发挥一定作用。

岩体稳定性分析时要注意由结构面组合而形成的不稳定结构体的滑动或坍塌，深埋工程要注意岩爆。

施工条件良好，一般仅出现超挖、掉块。

对查明的不稳定结构体应采取锚固处理，对洞体采用一般喷射解决表层爆破松动或结构不稳定岩石。

（2）层状结构（互层、间夹层、薄层及软弱岩层等）

包括薄层沉积岩、沉积变质岩等。

主要的结构体形式为板状及楔形体，结构面以层理、片理、节理比较发育，往往有层间错动面。地下水为层状水、脉状水。

岩体呈层状，接近于均一的横向各向同性体，变形及强度特征应受岩层组合控制，常具弹塑性特性，此外，层面及其他结构面影响抗剪强度。

除不稳定结构体的滑塌外，应特别注意岩层的弯张破坏及软弱岩层的塑性变形。

一般锚杆处理比较有效，但要注意锚杆的方向及锚固位置。对软弱层状岩体挂网喷混凝土可提高锚固的效果。

（3）碎裂结构（镶嵌、层状破碎、碎块及条块状碎裂结构）

包括构造破碎、褶曲破碎、岩浆岩穿插挤压破碎岩块。

主要结构体形式为破碎状或板片状，结构面主要为节理、断层、断层影响带、劈裂，以及层理、片理、层间错动面等，软弱结构面发育，多夹泥充填，地下水位脉状水、裂隙水，往往具局部脉状承压水。

岩体完整性破坏较大，整体强度降低受断层等软弱结构面控制，呈弹塑性，有流变特性，易受地下水不良作用，稳定性较差。

施工中易产生塌方，要求适当减少爆破量，支护紧跟，可及时喷射混凝土或进行锚固，必要时挂网。一般可以先拱后墙开挖，有时边墙不稳要采取加固措施，才能先拱后墙施工。

采用喷锚结构性挂网，锚杆加密，要求配合适当数量深孔，对重点工程应注意进行变形观测。在衬砌设计中应注意偏压及集中荷载的校验。

（4）松散结构（松散、软弱）

主要为断层破碎带，强烈风化破碎带。结构体形式为鳞片状、碎屑状、颗粒状等，结构面发育，呈交织状，地下水为脉状水及孔隙水。

此类岩体具弹塑性、塑性及流变特性，强度遭到极大破坏，接近松散介质，稳定性最差，在地下工程进口处尤为注意。

施工中尽量放小炮，一般机械开挖，必要时小断面分部开挖，对于高边墙工程要采取先墙后拱或其他特殊措施。岩体塑性强，埋深大时应做全封闭式衬砌。喷锚加强，或局部处理后再行衬砌。进行必要的变形观测。

4.4 岩体的工程分类

4.4.1 分类的目的与原则

为了便于异地试验成果、施工经验及研究成果的交流，合理地进行岩体工程的设计、施工，保证工程的安全和稳定，需要进行岩体分类。

岩体复杂，理论不完善，靠经验。从定性和定量两个方面来评价岩体的工程性质，根据工程类型及使用目的对岩体进行分类，这也是岩体力学中最基本的研究课题。

1. 分类的目的

① 进行岩体质量评价，为岩石工程建设的勘察、设计、施工和编制定额提供必要的基本依据和参数。

② 便于施工方法的总结、交流、推广。

③ 便于行业内技术改革和管理。

2. 分类原则

① 有明确的岩体工程背景和适用对象。

② 尽量采用定量参数或综合指标，以便于工程技术计算和制订定额时采用。

③ 分类的级数应合适，一般分五级为宜。

④ 分类方法与步骤应简单明了、分类参数容易获取、分类中的数字便于记忆和应用。

⑤ 根据适用对象，选择考虑因素。选择有明确物理意义、对岩体质量和危岩稳定性有显著影响的分类因素。

趋势："综合特征值"分类法。即，多因素综合考虑，以及定量与定性、动态与静态相结合进行分类。

3. 分类的控制因素

工程岩体分类方法虽然多达几十种，但通常在分类中起主导和控制作用的有如下几方面因素：

（1）岩石材料的质量（强度指标）

岩石强度是岩体固有的承载能力天然属性，是评价工程岩体稳定性的重要参数。

表示岩石强度的参数，通常由室内岩块试验获得，包括岩石的抗压强度、抗拉强度和抗剪强度等。

岩石的单轴抗压强度试验简单、参数直观、便于记忆、使用方便、符合工程岩体分类原则，因此几乎所有的工程岩体分类都用岩石的单轴抗压强度作为分类指标。

（2）岩体的完整性，结构面产状、密度、声波等

通过对岩体性质的学习可知，岩体的完整性取决于岩体内结构面的空间分布状态、分布密度、开度、充填状态及其充填物质的特性等因素。它直接影响岩体工程质量的优劣和工程围岩的整体稳定性，所以岩体完整性的定量指标是表征岩体工程性质的重要参数。

（3）水稳状态（软化、冲蚀、弱化）

水对岩体的影响在前面已提及，包括两个方面：一方面是岩石及结构面充填物的物理化学作用，使其物理力学性质劣化；另一方面是水与岩体在相互耦合作用下的力学效应，包括裂隙水压力与渗流动水压力等力学作用效应，直接影响岩体工程的稳定性。在工程岩体的分类中，通常根据岩体的单位出水量来修正分类指标，用软化系数来表示岩体强度的降低程度。

（4）地应力

岩体的变形、破坏、工程的稳定性均与地应力有关，所以，地应力应该是工程岩体分类中的重要因素之一。但因地应力测量困难，存在区域性，无法用统一指标描述，故通常没有作为独立因素考虑。

（5）其他因素（自稳时间、位移率）

围岩的稳定性是以上各因素的综合反映。分类中，通常用自稳时间（开挖至冒落或塌方的时间）反映工程的稳定性。或用工程顶部沉降（位移）量来反映工程的稳定性。两者是易测得的直观参数。其中，岩性是最重要因素。

4. 分类方法

按分类目的，可分为综合性分类和专题性分类两种。

按分类所涉及的因素多少，可分为单因素分类法和多因素分类法两种。

4.4.2 工程岩体的单因素分类

（1）按岩块的单轴抗压强度分类

这是最基本、最简单、应用最广泛的分类方法。而且常用的多因素综合分类中一般都将岩块的单轴抗压强度作为重要因素考虑。

比如普氏强度分类法。它是迪尔和米勒 1966 年提出的按干岩块单轴抗压强度分类方法（表 4-1）。

表 4-1 按岩块抗压强度分类

类别	岩块分类	σ_c（MPa）	岩石类型举例
A	极高强度	>200	石英岩、辉长岩、玄武岩
B	高强度	100～200	大理岩、花岗岩、片麻岩
C	中等强度	50～100	砂岩、板岩
D	低高度	25～50	煤、粉砂岩、片岩
E	极低强度	1～25	白垩、盐岩

我国《岩土工程勘察规范》（GB 50021）参考迪尔方法，以新鲜岩块饱和单轴抗压强度为指标，将岩块也分为五类（表 4-2）。

表 4-2 岩块饱和单轴抗压强度分类

岩石饱和单轴抗压强度 σ_c（MPa）	>60	30～60	15～30	5～15	<5
坚硬程度（级别）	坚硬岩（Ⅰ）	较坚硬岩（Ⅱ）	较软岩（Ⅲ）	软岩（Ⅳ）	极软岩（Ⅴ）

（2）按岩体波速分类

岩体波速（弹性波在岩体中的传播速度）与岩体的均匀性和完整性密切相关。

一般来说，岩体越致密、完整，波速越大；岩体中结构面越多波速越小。因此，可按波速将岩体进行完整性分类。

岩体中传播的弹性波分为纵波（P）和横波（S），P 波为压缩波，S 波为剪切波，P波速度较快，便于测试，因此岩体分类时一般用 P 波。

将同一岩性的岩体波速和岩块波速值的平方定义为岩体完整性系数 K，又称为裂隙系数。

$$K = \left(\frac{v_{pm}}{v_{pr}} \right)^2 \tag{4-1}$$

式中，v_{pm} 为弹性波在岩体内的传播速度；v_{pr} 为弹性波在岩块内的传播速度。

在我国《岩土工程勘察规范》（GB 50021）中，按岩体完整性系数 K，将岩体的完整程度分为五类（表 4-3）。

77

表 4-3　按岩体完整程度分类

岩体完整性系数 K	>0.75	0.55~0.75	0.35~0.55	0.15~0.35	<0.15
完整程度	完整	较完整	较破碎	破碎	极破碎

（3）按岩石体质量指标（RQD）分类

1963 年美国学者迪尔提出了岩石质量指标分类方法，后来又逐步完善。

RQD（Rock Quality Designation）——对钻孔取出的岩芯进行统计，将坚硬完整的、长度等于或大于 10cm 的岩芯总长度与钻孔长度之比，并用百分数表示，即：

$$RQD = \frac{\sum h}{L} \times 100\% \tag{4-2}$$

式中，h 为单节长度大于或等于 10mm 的岩芯长度（cm）；L 为取芯钻孔总长度（cm）；RQD 为反映岩体完整性和岩石质量的有效指标，获取方便，概念简单明确，因此得到了广泛应用。

通常按 RQD 可将岩体分为五类，见表 4-4。

表 4-4　按 RQD 大小的工程岩体分类

类别	RQD（%）	工程分类
I	90~100	极好
II	75~90	好
III	50~75	中等
IV	25~50	差
V	0~25	极差

（4）按巷道围岩稳定性分类

1950 年，斯梯尼提出了根据巷道围岩的稳定性的分类方法，见表 4-5。

表 4-5　斯梯尼分类

分　类	岩石荷载 H_p（m）	说　　明
稳定	0.05	很少松脱
接近稳定	0.05~1.0	随时间增长有少量岩石从松脱岩石中脱落
轻度破碎	1~2	随时间增长而发生松脱
中度破碎	2~4	暂时稳定，约一个月后即破碎
破碎	4~10	瞬时稳定，然后很快塌落
非常破碎	10~15	开挖时松脱，并有局部冒顶
轻度挤入	15~25	压力大
中度挤入	25~40	压力大
大量挤入	40~60	压力很大

注：①$H_p = H_{p(5m)}$（$0.5 + 0.1L$）；②$L =$ 巷道宽度；③$H_{p(5m)}$ 表示巷道宽度为 5m 的荷载。

（5）按岩体结构类型分类

中科院地质研究所的谷德振教授提出一种岩体结构类型分类方法，该法将岩体结构归纳为四类，见表 4-6。这类岩体分类方法的特点是：考虑到各类结构的地质成因，突出了岩体的工程地质体征。对重大的岩体工程地质评价，是一种较好的分类方法，因此在国内外影响很大。我国《岩土工程勘察规范》（GB 50021—2001）也采纳了这种分类方法。

表 4-6 中国科学院地质研究所岩体分类法

岩体结构类型				岩体完整性		主要结构面及其抗剪特征			岩块湿抗压强度（10Pa）
类		亚类		结构面间距（cm）	完整性系数 K	级别	类型	主要结构面摩擦系数 f	
代号	名称	代号	名称						
I	整体块状结构	I 1	整体结构	＞100	＞0.75	存在Ⅳ、Ⅴ级	刚性结构面	＞0.65	＞600
		I 2	块状结构	100～50	0.75～0.35	以Ⅳ、Ⅴ级为主	刚性结构面、局部为破碎结构面	0.4～0.6	＞300，一般大于600
Ⅱ	层状结构	Ⅱ 1	层状结构	50～30	0.6～0.3	以Ⅲ、Ⅳ级为主	刚性结构面、柔性结构面	0.3～0.5	＞300
		Ⅱ 2	薄层状结构	＜30	＜0.4	以Ⅲ、Ⅳ级显著	柔性结构面	0.30～0.40	300～100
Ⅲ	破碎结构	Ⅲ 1	镶嵌结构	＜50	＜0.36	Ⅲ、Ⅳ密集	刚性结构面、破碎结构面	0.40～0.60	＞600
		Ⅲ 2	层状碎裂结构	＜50（骨架岩层中较大）	＜0.40	Ⅱ、Ⅲ、Ⅳ级均发育	泥化结构面	0.20～0.40	＜300，骨架岩层在300上下
		Ⅲ 3	碎裂结构	＜50	＜0.30	—	—	0.16～0.40	＜300
Ⅳ	散体结构			—	＜0.20	—	节理密集呈无序状分布，表现为泥包块或块夹泥	＜0.20	无实际意义

注：K 为岩块完整系数，$K = (V_{ml}/V_{cl})^2$，V_{ml} 为岩块纵波速度，V_{cl} 为岩石纵波速度；f 为岩体中起到控制作用的结构面摩擦系数 $f = \tan\varphi_w$。

4.4.3 工程岩体多因素综合分类

实际的工程岩体往往受到各种因素的影响，要想较准确、全面地评价工程岩体的质量，就应尽可能多地考虑这些因素进行综合分类。

多因素综合分类法——从影响工程岩体质量的多种参数中综合提取一种指标进行分类。

下面介绍几种典型的分类方法。

1. 岩体质量分级法

我国国家标准《工程岩体分级标准》（GB 50218）提出两步分级的方法。第一步，按岩体基本质量指标 BQ 初步分级（单轴抗压强度、完整性系数）；岩体的坚硬程度和岩体完整程度决定了岩体的基本质量，是岩体的固有属性，是有别于工程因素的共性。基本质量好，则稳定性好，反之亦然。所以有必要进行基本质量分级。第二步，考虑其他影响因素对 BQ 指标进行修正（天然应力、地下水、结构面方位等），并按修正后的 BQ 进行详细分级。

（1）岩体基本质量指标（BQ）计算与基本质量分级

① 岩体基本质量指标（BQ）的计算。

以 103 个典型的岩体工程为抽样总体，采用多元逐步回归和判别分析的方法，建立了岩体基本质量指标表达式：

$$BQ = 90 + 3\sigma_{cw} + 250K_v \qquad (4\text{-}3)$$

式中，BQ 为岩体基本质量指标；σ_{cw} 为岩石单轴饱和抗压强度（MPa）；K_v 为岩体完整性系数。

当 $\sigma_{cw} > 90K_v + 30$ 时，以 $\sigma_{cw} = 90K_v + 30$ 代入该式，求 BQ 值；当 $K_v > 0.04\sigma_{cw} + 0.4$ 时，以 $K_v = 0.04\sigma_{cw} + 0.4$ 代入式（4-3），求 BQ 值。

② 岩体基本质量分级。

按 BQ 值和岩体质量的定性特征将岩体划分为 5 级，并查《工程岩体分级标准》（GB 50218）确定岩体分级。

（2）岩体基本质量指标的修正

岩体基本质量指标确定时只考虑了两个重要因素（σ_{cw}、K_v）。工程岩体的稳定性，还与地应力、地下水、结构面有关，应结合工程特点，考虑各影响因素来修正质量指标，作为工程岩体分级的依据。

$$[BQ] = BQ - 100(K_1 + K_2 + K_3) \qquad (4\text{-}4)$$

式中，$[BQ]$ 为岩体基本质量指标修正值；BQ 为岩体基本质量指标；K_1 为地下水影响修正系数；K_2 为主要软弱结构面产状影响修正系数；K_3 为原岩应力影响修正系数。

K_1、K_2、K_3 可查《工程岩体分级标准》（GB 50218）确定。

通过对 BQ 进行修正，得到修正后的 $[BQ]$ 值，查《工程岩体分级标准》（GB 50218）确定岩体质量分级。从而可以根据岩体质量分级可估计岩体的物理力学性质和自稳能力。

2. 岩体地质力学分类（CSIR 分类）

南非科学与工业委员会（CSIR）提出。分类指标：RMR（Rock Mass Rating），由岩块强度 R_1、RQD 值 R_2、节理间距 R_3、节理状态 R_4、地下水 R_5 等 5 种指标组成，见式（4-5）。

$$RMR = R_1 + R_2 + R_3 + R_4 + R_5 \qquad (4\text{-}5)$$

① 考虑到结构面产状与工程相对位置的关系，对总分中的节理方向评分作适当的修正。

② 用修正的总分，确定岩体级别。

方法特点：RMR 分类综合考虑了影响岩体稳定的主要因素，参数概念明确，取值方便，因此得到了较广泛的应用。

注意：该方法主要适用于坚硬岩体的浅埋洞室，对于软弱岩体不适用。

3. 巴顿隧道岩体质量（Q）分类

巴顿等人总结了两百多个隧道工程的岩体力学规律，1974 年提出了隧道围岩 Q 分类方法。六个参数：RQD、岩体裂度（节理组数）影响系数 J_n、结构面岩壁强度降低系数 J_a、应力折减系数 SRF、结构面粗糙度系数 J_r 和地下水的影响系数 J_w。

经过统计分析后，提出了一个表示岩体质量好坏的 Q 值：

$$Q = \frac{RQD}{J_n} \times \frac{J_r}{J_a} \times \frac{J_w}{SRF} \qquad (4\text{-}6)$$

反映了岩体质量的三个方面：岩体的完整性；结构面的形态、充填物特征及其次生变化程度；水及其他应力存在时对岩体质量的影响。

方法特点：考虑的地质因素较全面；定性定量相结合；软硬岩体均适用；尤其是及其软弱的岩体推荐使用。

4. 我国不同行业的多因素综合性围岩分类

多因素综合性工程围岩分类研究工作在我国开展较早，发展较快。20 世纪 80 年代前后，国内地质、煤炭、铁路、水电、公路、军工等行业和部门，参考了国际先进的围岩分类方法，陆续提出了比较适合本部门特点的工程围岩分类方法。如：公路隧道围岩分类（由好到坏分为Ⅰ～Ⅵ级）。

4.5　岩体稳定性评价

4.5.1　边坡岩体稳定性评价

1. 边坡岩体中的应力分布特征

假定岩体为连续、均质、各向同性的介质，且不考虑时间效应的情况下。

① 边坡面附近的主应力迹线明显偏转，大主应力 σ_1 与坡面趋于平行，小主应力 σ_3 与坡面趋于正交，而向坡体内逐渐恢复初始应力状态。

② 坡面附近出现应力集中现象。

③ 坡面处的径向应力为零，故坡面岩体仅处于双向应力状态，向坡内逐渐转为三向应力状态。

④ 因主应力偏转，坡体内的最大剪应力迹线由直线变为凹向坡面的弧线。

2. 影响边坡应力分布的因素

① 天然应力：天然应力加大，坡体内拉应力范围加大。

② 坡形、坡高、坡角及坡底宽度等，对边坡应力分布有一定的影响。坡高加大，大主应力、小主应力也大。坡角加大，拉应力范围加大，坡角剪应力加大。

③ 岩体性质及结构特征：变形模量对边坡影响不大，孔隙水压力对边坡应力影响明显。

3. 影响岩体边坡变形破坏的因素

① 岩性：岩体越坚硬，边坡不易破坏，反之，容易破坏（一般情况）。

② 岩体结构：岩体结构控制着边坡的破坏形式及稳定程度。

③ 水的作用：水的渗入，滑动力增大；软化作用；产生动水压力和静水压力，不利于边坡稳定。

④ 风化作用：风化作用降低岩体的抗剪强度。

⑤ 地形地貌：影响坡内的应力分布特征，进而影响边坡的变形破坏形成及稳定性。

⑥ 地震：加速边坡破坏。

⑦ 天然应力：影响边坡拉应力及剪应力分布范围及大小。

⑧ 人为因素：不合理设计、爆破、开挖或加载等。

4. 边坡岩体稳定性分析的步骤

边坡岩体稳定性预测，定性分析与定量评价的方法相结合。

1）定性分析

在工程地质勘察工作的基础上，对边坡岩体变形破坏的可能性以及破坏形式进行初步判断，常用极射赤平投影法分析边坡的稳定性。

（1）极射赤平投影法原理

① 作球体 O，过球心 O 作一赤平面 NESW，从球的下极点 F 向上半球面发出射线 FH，则 FH 与 NESW 必交于一点 M，则点 M 即为 H 点的极射赤平投影（图4-1）。

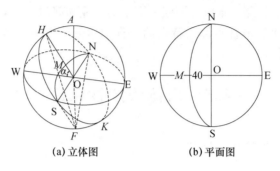

（a）立体图   （b）平面图

图 4-1 极射赤平投影示意图

② $\overset{\frown}{SMN}$ 即为结构面 SHN 的赤平极射投影。

③ 将赤平面 NWSE 拿出来，弧 $\overset{\frown}{NMS}$ 两端点连线的方位代表结构面的走向（此图为南北向）。MO 的方向代表结构面的倾向，MW 的长度代表结构面的倾角。

④ 当 α 从 0°变化到 90°时，WM 的长度也从 0°变化到半径。根据这一原理，可将其制成标有不同刻度的倾角和经度曲线的网格，称为吴氏网（吴尔福投影网），可简化结构面的投影工作。

（2）如何利用吴氏网作赤平极射投图

假设有一组结构面 J₁，走向 N30°E，倾向 SE，倾角 40°。

① 将吴氏网（图4-2）放在桌上，上盖一透明纸，找出吴氏网的中心 O，用大头针将透明纸钉在网上 O 点，在透明纸上划一个与吴氏网大小相同的圆，标上 N、S、W、E。

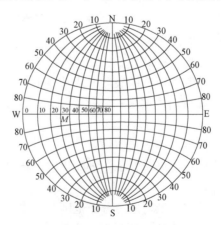

图 4-2 吴氏投影网

② 经过圆心 O 绘制 N30°E 的方向线 AC。

③ 转动透明纸，使 AC 线与吴氏网的 NS 线重合，在其水平方向（东西线上）找出倾角为 40°的点 K（倾向为 SE、NE 时在网的左边找；倾向为 NW，SW 时在网的右边找）。

经过 K 点绘出 40°的经度线 AKC，延长 $\overset{\frown}{OK}$ 交圆周为 G 点，即完成了结构面 J_1 的赤平投影（图 4-3）。

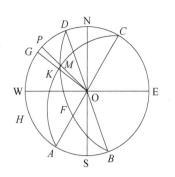

AC 代表 J_1 的走向，KO 的方向代表 J_1 的倾向，GK 即为倾角。

④ 同理可绘出其他结构面的赤平投影图（图 4-3）。

如 J_2：走向 N20°W，倾向 NE，倾角 60°。

⑤ 设 J_1、J_2 的投影弧 $\overset{\frown}{AKC}$、$\overset{\frown}{BFD}$ 的交点为 M，连 DM 并延长交圆周于 P，则 MO 线的方向即为 J_1、J_2 交线的倾向，PM 即为 J_1、J_2 交线的倾角。

图 4-3 J_1、J_2 的极射赤平投影

（3）岩体稳定性分析

① 一组结构面的分析

A. 当结构面走向与边坡走向一致时，其稳定性可直接通过赤平投影图判断。

a. 当结构面倾向与边坡倾向相反时，属稳定结构（图 4-4）。

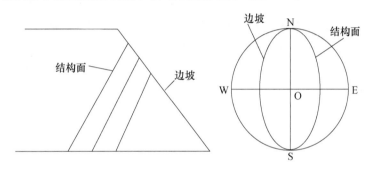

图 4-4 稳定结构

b. 当结构面倾向与边坡倾向相同时，分两种情况：

当结构面倾角大于坡角时，属基本稳定结构（图 4-5）。

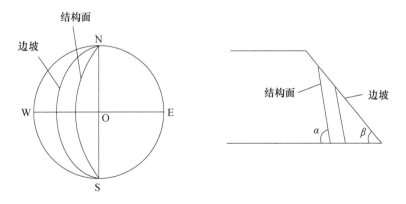

图 4-5 基本稳定结构

当结构面倾角小于坡角时，属不稳定结构（图 4-6）。

由此可见，对于反向边坡，结构面对边坡的稳定没有直接影响，对于顺向边坡，结构面的倾角可作为稳定坡角。

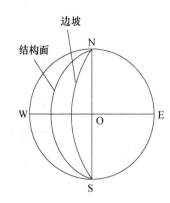
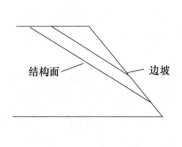

图 4-6　不稳定结构

B. 当单一结构面走向与边坡走向斜交时（图 4-7），边坡的稳定性破坏具两个条件：

第一，边坡稳定性的破坏一定是沿结构面发生的。

第二，必须有一个直立的并垂直于结构面的最小抗切面（$\tau=C$）DEK。

说明：最小抗切面是推断的，边坡破坏之前不存在，如果发生破坏，则首先沿着最小抗切面发生。这样，结构面与最小抗切面就组合成不稳定体 $ADEK$，将此不稳定体清除，即可得到稳定坡角 θ_v。这个稳定坡角是大于结构面倾角的，且不受边坡高度的控制。

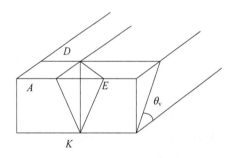

图 4-7　结构面走向与边坡走向斜交

已知结构面走向 N80°W，倾向 SW，倾角 50°，与边坡斜交。边坡走向 N50°W，倾向 SW，求稳定坡角（图 4-8）。

a. 绘测结构面赤平投影 J（A—A）。

b. 最小抗切面与结构面垂直并且直立，故其走向为 N10°E，倾角 90°（B—B）。

c. 设结构面 J 与 B—B 交于 M，MO 即为两者的组合交线。

d. 绘制边坡走向 N50°W 赤平投影图，边坡投影线因通过 M 点，利用吴氏网可绘出流线 $\overset{\frown}{DMD}$，并读取其倾角（54°）即为推断的稳定坡角 θ_v（KH）。

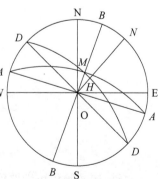

② 两组结构面的稳定分析

对这一类边坡，主要是分析结构面组合交线与边坡的关系。

图 4-8　极射赤平投影图

2）定量评价

在定性分析的基础上，应用一定的计算方法对边坡岩体进行稳定性计算及定量评价，主要有有限元方法和块体极限平衡法。

块体极限平衡法计算边坡岩体稳定性的步骤：

（1）可能滑动岩体几何边界条件的分析

包括滑动面、切割面和临空面分析，主要采用极射赤平投影、实体比例投影等图解法确定边坡中可能滑动岩体的位置、规模及形态，判断边坡岩体的破坏类型及主滑方向。

（2）受力条件分析

包括岩体重力、静水压力、动水压力、建筑物作用力和地震（动）力等。

（3）确定计算参数

滑动面的剪切强度参数（C、φ、E 等）。

滑动面上的剪切强度介于峰值强度（τ_p）与残余强度（τ_r）之间，从偏安全的角度出发，应取接近于残余强度。

$$\tau_r = (0.6 \sim 0.9)\tau_p \tag{4-7}$$

（4）稳定性系数的计算和稳定性评价。

5. 边坡岩体稳定性计算

在此仅讨论平面滑动和楔形体滑动，圆弧形滑动的计算参照《土力学》，倾倒破坏的计算参照 Hoke-Bray 的《岩石边坡工程》。

1）平面滑动

假定滑动面的强度服从 Mohr-Coulomb 准则。

（1）单平面滑动

边坡角为 α，坡度 H，ABC 为可能滑动体，AC 为可能滑动面，倾角为 β，如图 4-9 所示。

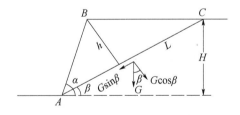

图 4-9　单平面滑动稳定性计算图

① 仅在重力作用下

抗滑力：

$$F_s = G\cos\beta \cdot \text{tg}\varphi + C \cdot L \tag{4-8}$$

滑动力：

$$F_r = G\sin\beta \tag{4-9}$$

稳定性系数：

$$\eta = \frac{F_s}{F_r} = \frac{G\cos\beta \cdot \text{tg}\varphi + CL}{G\sin\beta} \tag{4-10}$$

由三角关系：

$$AB = \frac{h}{\sin(\alpha-\beta)} = \frac{H}{\sin\alpha} \Rightarrow h = \frac{H}{\sin\alpha}\sin(\alpha-\beta) \tag{4-11}$$

$$L = \frac{H}{\sin\beta} \tag{4-12}$$

$$G = \frac{1}{2}\rho ghL = \frac{\rho gH^2\sin(\alpha-\beta)}{2\sin\alpha\sin\beta} \tag{4-13}$$

由式（4-11）～式（4-13）可以得到：

$$\eta = \frac{\operatorname{tg}\varphi}{\operatorname{tg}\beta} + \frac{2C\sin\alpha}{\rho gH\sin\beta\sin(\alpha-\beta)} \tag{4-14}$$

式中，C、φ 为 AC 面上的黏聚力和内摩擦角。

令 $\eta=1$ 可得到极限高度 H_{cr}。

② 当边坡后缘存在拉张裂隙时，地表水从裂隙渗入，沿滑动面渗流并在坡脚出露，形成静水压力，如图 4-10 所示。

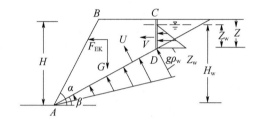

图 4-10　有地下水渗流时边坡稳定性计算图

静水压力：

$$V = \frac{1}{2}\gamma_w Z_w^2 \tag{4-15}$$

AD 面上的静水压力：

$$U = \frac{1}{2}\gamma_w z_w \cdot \frac{H_w - Z_w}{\sin\beta} \tag{4-16}$$

则：

$$\eta = \frac{(G\cos\beta - U - V\sin\beta)\operatorname{tg}\varphi + C\cdot\overline{AD}}{G\sin\beta + V\cos\beta} \tag{4-17}$$

G 为 $ABCD$ 的重量。

③ 在②的状态下，如考虑地震力，将产生水平地震力 F_{EK}。

$$\eta = \frac{(G\cos\beta - U - V\sin\beta - F_{EK}\sin\beta)\operatorname{tg}\varphi + C\cdot\overline{AD}}{G\sin\beta + V\cos\beta + F_{EK}\cos\beta}$$

$$F_{EK} = \alpha_1 G \tag{4-18}$$

式中，α_1 为水平地震影响系数。

（2）同向双平面滑动

滑动体为刚体的情况下，主要有等 K 法、刚体极限平衡法和非等 K 法。

a. 等 K 法

对非极限平衡等 K 法，如图 4-11 所示。

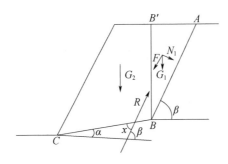

图 4-11　同向双平面滑动稳定性分析计算图

对 ABB' 滑动体：

$$抗滑力 = G_1\cos\beta \cdot \text{tg}\varphi_1 + C_1\,\overline{AB} + R$$
$$滑动力 = G_1\sin\beta$$

稳定性系数为：

$$K_1 = \frac{G_1\cos\beta \cdot \text{tg}\varphi_1 + C_1\,\overline{AB} + R}{G_1\sin\beta} \tag{4-19}$$

对 $B'BC$ 滑动体：

$$K_2 = \frac{[G_1\cos\beta + R\sin(\beta-\alpha)]\text{tg}\varphi_2 + C_2\,\overline{BC}}{G_2\sin\alpha + R\cos(\beta-\alpha)} \tag{4-20}$$

令 $K_1 = K_2 = K$，联立求解可得 K。

b. 刚体极限平衡法，将 AB、BC 两滑面的抗剪强度参数 C、$\text{tg}\varphi$ 除以斜坡稳定性系数 K，此时两滑面将处于极限平衡状态。两边同除以 $K_1 = K_2 = K$，那么式（4-19）变为：

$$1 = \frac{\frac{1}{K}(G_1\cos\beta \cdot \text{tg}\varphi + C_1\,\overline{AB}) + R}{G_1\sin\beta} \Rightarrow R = G\sin\beta - \frac{G_1\cos\beta}{K}\text{tg}\varphi - \frac{C}{K}\overline{AB} \tag{4-21}$$

式（4-20）变为：

$$1 = \frac{[G_2\cos\alpha + R\sin(\beta-\alpha)]\text{tg}\varphi_2/K + C_2 \cdot \overline{BC}/K}{G_2\sin\alpha + R\cos(\beta-\alpha)}$$
$$\Rightarrow K = \frac{C_2\,\overline{BC} + \text{tg}\varphi_2[G_2\cos\alpha + R\sin(\beta-\alpha)]}{G_2\sin\alpha + R\cos(\beta-\alpha)} \tag{4-22}$$

式（4-21）代入式（4-22）可得 K。

c. 非等 K 法

实际上是等 K 法的一种特例，认为 ABB' 和 $B'BC$ 两块体的稳定性系数不相等，并假定 $K_{ABB'} = 1$（即 $K_1 = 1$），此时，$B'BC$ 的 K_2 即代表整个斜坡的稳定性。

由式（4-19）令 $K_1 = 1$，得：

$$R = G_1\sin\beta - (G_1\cos\beta \cdot \text{tg}\varphi_1 + C_1\,\overline{AB})$$

上式代入式（4-20）可得：

$$K = K_2 = \frac{\{G_2\cos\alpha + \sin(\beta-\alpha)[G_1\sin\beta - (G_1\cos\beta \cdot \text{tg}\varphi_1 + C_1\,\overline{AB})]\}\,\text{tg}\varphi_2 + C_2\,\overline{BC}}{G_2\sin\alpha + \cos(\beta-\alpha)[G_1\sin\beta - (G_1\cos\beta \cdot \text{tg}\varphi_1 + C_1\,\overline{AB})]} \tag{4-23}$$

注意：非等 K 法主要是令次要的那块滑动体的稳定性系数为 1，即 $K_1 = 1$，否则很不合理。

2）楔形体滑动

如图 4-12 所示，ABC 为刚性危岩体，滑动面为结构面 AB、BC，作用于危岩体 ABC 上的所有外力（包括重力、地震力及结构面 AB、BC 上的渗透压力等）的合力为 R，它在 x、y 方向的分量为 X 和 Y，那么：

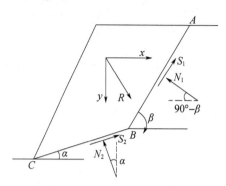

图 4-12　刚体极限平衡法分析双平面滑动的稳定性简图

静力平衡条件：

$\sum F_x = 0$，$\sum F_y = 0$，

得：

$$\begin{cases} X = N_1 \sin\beta + N_2 \sin\alpha - S_1 \cos\beta - S_2 \cos\alpha \\ Y = -N_1 \cos\beta - N_2 \cos\alpha - S_1 \sin\beta - S_2 \sin\alpha \end{cases} \tag{4-24}$$

假定危岩体不下滑的稳定性系数为 K。根据极限平衡条件，维持危岩体 ABC 不下滑；结构面 AB、BC 上的抗滑力 S_1 和 S_2 应满足：

$$\begin{aligned} S_1 &= \frac{N_1 \operatorname{tg}\varphi_1 + C_1 \overline{AB}}{K} \\ S_2 &= \frac{N_2 \operatorname{tg}\varphi_2 + C_2 \overline{BC}}{K} \end{aligned} \tag{4-25}$$

式（4-25）代入（4-24）式可得：

$$\begin{cases} -N_1\left(\cos\beta + \dfrac{\operatorname{tg}\varphi_1}{K}\sin\beta\right) - N_2\left(\cos\alpha + \dfrac{\operatorname{tg}\varphi_2}{K}\sin\alpha\right) = \dfrac{C_1\,\overline{AB}}{K}\sin\beta + \dfrac{C_2\,\overline{BC}}{K}\sin\alpha + Y \\ N_1\left(\sin\beta - \dfrac{\operatorname{tg}\varphi_1}{K}\cos\beta\right) - N_2\left(\sin\alpha - \dfrac{\operatorname{tg}\varphi_2}{K}\cos\alpha\right) = \dfrac{C_1\,\overline{AB}}{K}\cos\beta + \dfrac{C_2\,\overline{BC}}{K}\cos\alpha + X \end{cases} \tag{4-26}$$

式（4-26）中有 N_1、N_2 及 K 三个未知数，无法求解。

K 上升，由式（4-25）可知，S_1、S_2 下降，也即总抗滑力下降，当 K 上升到 K'（临界值）时，危岩体 ABC 处于临界状态，此时 $N_1 = 0$，（N_1 不能小于 0，滑动面不承受拉力，最小只能是 $N_1 = 0$），并由此求得 K 的上限值。

由式（4-26）消去 N_2 得：

$$N_1 = \frac{A_1 K^2 + B_1 K + C_1}{A_2 K^2 + B_2 K + C_2} \tag{4-27}$$

式中

$$\begin{cases} A_1 = X\cos\alpha + Y\sin\alpha \\ B_1 = -[C_1\overline{AB}\cos(\beta-\alpha)+C_2\overline{BC}+\mathrm{tg}\varphi_2(X\sin\alpha - Y\cos\alpha)] \\ C_1 = c_1\overline{AB}\mathrm{tg}\varphi_2\sin(\beta-\alpha) \\ A_2 = \sin(\beta-\alpha) \\ B_2 = (\mathrm{tg}\varphi_1 - \mathrm{tg}\varphi_2)\cos(\alpha-\beta) \\ C_2 = -\mathrm{tg}\varphi_1\mathrm{tg}\varphi_2\sin(\alpha-\beta) \end{cases}$$

$$A_1K^2 + B_1K + C_1 = 0$$

$N_1 = 0$ 得:

$$\Rightarrow K = \frac{-B_1 \pm \sqrt{B_1^2 - 4A_1C_1}}{2A_1} \tag{4-28}$$

只有 N_1 自正值降低至零时的 K 值为所求,即 K 的上限值。如 $K<0$,则斜坡危岩体不可能失稳。

4.5.2 地基岩体稳定性评价

1. 坝基岩体抗滑稳定性计算

（1）坝基岩体的破坏模式

坝体是水工构筑物的主要承载和传载构建,由于坝体承受较大的荷载,不仅包括水压力、渗透场压力等,对下部地基有较高的要求,因此,一般大型水工坝址都选在岩石地基上。水工岩石地基的特点是承受的荷载较大,且荷载涉及较大的岩体区域,因此,水工构筑物岩石地基的主要岩石力学问题是对坝基进行承载稳定性评价（图 4-13）。

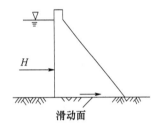

图 4-13 接触面滑动示意图

根据坝基失稳时滑动面的位置,分为接触面滑动、岩体内（软弱结构面）滑动和混合型滑动三种模型。

（2）接触面抗滑稳定性计算（图 4-14）

① 抗滑稳定性系数。

$$\eta = \frac{f(\sum V - u)}{\sum H} \tag{4-29}$$

也可采用式（4-30）进行获得:

$$\eta = \frac{f(\sum V - u) + CA}{\sum H} \tag{4-30}$$

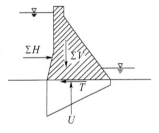

图 4-14 接触面滑动
受力示意图

式中,f 为坝体与基岩接触面的摩擦系数;C 为接触面的黏聚力。

② 为增大 η,将坝体和岩体接触面设计成向上游倾斜的平面,如图 4-8 所示,作用于接触面的正压力 N:

$$N = \sum H \cdot \sin\alpha + \sum V\cos\alpha - U \tag{4-31}$$

拉滑力:

$$F_s = f(\sum H \cdot \sin\alpha + \sum V \cdot \cos\alpha - U) + CA \tag{4-32}$$

滑动力：

$$F_r = \sum H \cdot \cos\alpha - \sum V \cdot \sin\alpha \qquad (4\text{-}33)$$

$$\eta = \frac{F_s}{F_r} = \frac{f(\sum H\sin\alpha + \sum V\cos\alpha - U) + CA}{\sum H\cos\alpha - \sum V\sin\alpha} \qquad (4\text{-}34)$$

③ 如果坝底面水平且嵌入岩基较深，如图 4-15 和图 4-16 所示，那么在计算 η 时，应考虑下游岩体的抗力（被动压力）。

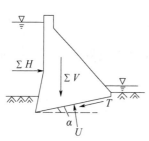

图 4-15　坝底面倾斜的情况及受力分析

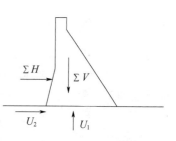

图 4-16　岩体抗力计算示意图

对楔体 abd，在 bd 面上：

$$P_{P'}\cos\alpha - G_r\sin\alpha - N\mathrm{tg}\varphi - CA = 0 \qquad (4\text{-}35)$$

在 bd 法线方向：

$$P_{P'}\sin\alpha + G_r\cos\alpha - N = 0 \qquad (4\text{-}36)$$

岩体的抗力 P_P：

$$P_P = P_{P'} = \frac{CA}{\cos\alpha\ (1 - \mathrm{tg}\varphi\mathrm{tg}\alpha)} + G_r\mathrm{tg}\ (\varphi + \alpha) \qquad (4\text{-}37)$$

$$\eta = \frac{f(\sum V - U) + CA + P_P}{\sum H} \qquad (4\text{-}38)$$

修正为：

$$\eta = \frac{f(\sum V - U) + CA + \xi P_P}{\sum H} \qquad (4\text{-}39)$$

式中，ξ 为抗力折减系数（0～1.0）。

（3）坝基岩体内滑动的稳定性计算

① 沿水平软弱结构面滑动的情况。

若滑动面埋深不大，一般不计入岩体抗力；如滑动面埋深较大则应考虑抗力的影响，如图 4-17 所示。

$$\eta = \frac{f_j(\sum V - U_1) + C_jA + \xi P_p}{\sum H + U_2} \qquad (4\text{-}40)$$

式中，$\sum V$、$\sum H$ 分别为坝基可能滑动面上总的法向压力和切向推力；U_1 为可能滑动面上作用的扬压力；U_2 为可能滑动面上游铅直边界上作用的水压力；f_j、C_j 分别为可能滑动面的摩擦系数和粘聚力；A 为可能滑动面的面积；ξ 为

图 4-17　倾向上游结构面滑动计算图

抗力折减系数；P_p 为坝基所承受的岩体抗力。

② 沿倾向上游软弱结构面滑动的稳定性计算（图 4-18）。

$$\eta = \frac{f_j\left[(\sum V + G_r)\cos\alpha + (\sum H + U_2)\sin\alpha - U_1\right] + C_j A}{(\sum H + U_2)\cos\alpha - (\sum V + G_r)\sin\alpha} \tag{4-41}$$

式中，G_r 为可能滑动岩体的重量；α 为可能沿之滑动的结构面倾角。

计算公式中仍没有考虑滑体两侧的抗滑力。

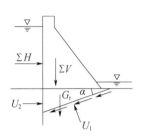

图 4-18　倾向上游结构
面滑动计算图

2. 建筑物岩石地基稳定性评价

岩石地基是山区建筑常见的一种地基形式。对完整岩石，岩石地基是较良好的地基，具有较高的承载能力。岩石地基在自然界中长期的风化及物理、化学作用下，形成较复杂的工程地质条件，如岩溶、断层裂隙等，这些不良物理地质现象的存在，对建筑物构成直接或间接的威胁。建筑物岩石地基的设计必须经过对建筑区域的地质进行综合评价，必要时，需进行合理的地基处理。

岩石地基的特点是整体性强、强度高、压缩性低，对工业与民用建筑来说是一种极为良好的地基，现有岩石地基的形式大都从土质地基的基础形式移植过来，一般在土质地基上采用的基础形式应用到岩石地基上，都能较好地满足使用要求。这里主要介绍适应于岩石高强度特点的地基形式。

（1）直接利用岩石地基（硬质岩）石作为建筑物基础

岩石饱和单轴受压强度大于 30MPa，且岩体裂隙不太发育的条件下，对于砖墙承重且上部结构传递给基础的荷载不太大的民用房屋，可在消除基岩表面强风化层后直接砌筑墙体，而无需制作基础的大放脚，对直接利用的岩石地基，具体构造要求如下：

对预制钢筋混凝土柱，可把岩石凿成杯口，将柱直接插入，然后用强度等级为 C20 的细石混凝土将柱周围空隙填实，使其与岩层连成整体。杯口深度要满足柱内钢筋的锚固要求。如岩层整体性较差，则一般仍要做混凝土基础，但杯口底部厚度可适当减少到 8～10cm。对荷载较小的现浇混凝土柱（墙），如为中心受压或小偏心受压，可将柱子钢筋直接插入基岩作锚桩，基岩钻孔孔深不小于 40d，孔径为 3～4d，将柱内主筋插入孔洞内，浇筑不低于 M30 水泥砂浆，锚固主筋。对大偏心受压柱，为了承受拉力，当岩层强度较低时，可做大放脚，以便布置较多的锚桩。对某些设备基础，也可将地脚锚栓之际埋设在岩石中，利用岩层作为设备的基础。

（2）岩石锚杆基础

当上部结构传递基础的荷载中有较大的弯矩时，可采用锚杆基础。岩石锚杆基础通过在基岩内凿孔，孔内放入螺纹钢筋，然后用强度等级不低于 M30 的水泥砂浆或 C30 细石混凝土将孔洞灌填密实，使锚杆基座与基岩连成整体。岩石锚杆基础可用于直接建筑在基岩上的柱基，以及承受拉力或水平力较大的建筑物基础。锚杆在基础中主要承受由于较大弯矩的存在而出现的拉应力，同时增强上部结构的稳定性，另外，对裂隙岩体和边坡有锁固的功能。锚杆基础的典型形式如图 4-19 所示。

锚杆的抗拔力 R 由下列 4 个因素决定：锚杆钢筋的强度；锚杆与砂浆的粘结力；砂

浆与岩石间的粘结力；砂浆周围岩石抗拔能力。

单根锚杆的抗拔力，对一级建筑物应通过现场抗拔静载荷试验确定，对于其他建筑物可按式（4-42）确定。

$$R_t \leqslant \pi d \cdot l \cdot f \qquad (4\text{-}42)$$

式中，R_t 为锚杆的抗拔力；d 为锚杆孔的直接；l 为锚杆的有效锚固段长度，必须大于 $40d$；f 为砂浆与岩石间的粘结强度设计值（MPa），当水泥砂浆强度为 M30 时，f 值可以按表 4-7 取用。

表 4-7　砂浆与岩石间的粘结强度设计值（MPa）

页岩	白云岩、石灰岩	砂岩、花岗岩
0.1~0.18	0.3	0.45

式（4-42）仅考虑了注浆体与岩石间的粘结力，在锚杆的设计中，应同时保证锚杆的抗拔力不超过锚杆钢筋的强度、锚杆与砂浆的粘结力。

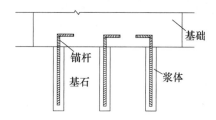

图 4-19　锚杆基础的典型形式

（3）嵌岩桩

嵌岩桩是指桩端嵌入基岩（或强风化岩）一定深度的桩时，在端承桩的基础上发展出来的一种新桩型，它将桩体嵌在基岩上，使桩与岩体连接成一个整体的受力结构，从而极大地提高了桩的承载力。对于一级建筑物，嵌岩桩的单桩承载力，必须通过现场原型桩的静载荷试验确定；对于二级建筑物的单桩承载力，可通过现场原型桩的静载荷试验确定，也可参考地质条件相同的试桩资料，进行类比分析后确定；对于三级建筑物的单桩承载力，可直接通过理论计算确定。

4.5.3　地下工程岩体稳定性评价

地下工程，是指在地面以下及山体内部的各类建筑物。地下工程具有隔热、恒温、密闭、防震、隐蔽及不占地面土地面积等许多优点。因此，在国民经济各个部门的工程建设中被广泛采用。如城市及交通建设中的地下铁道、地下仓库、地下商场、铁路隧道、公路隧道、过江隧道等，水电及矿山建设中的地下厂房、引水隧洞、地下水库、地下矿井巷道等，以及军工建设中的地下飞机场、地下试验室（站）、地下掩蔽部及各类军事设备器材仓库等。显然随着经济建设的高速发展及地下工程所具有的优越性，地下工程的应用将会越来越广泛，规模也将越来越大。

地下工程按成因分为人工洞室和天然洞室两大类。人工洞室指由人工开挖支护形成的地下工程。天然洞室一般指由地质作用形成的地下空间，如可溶岩的溶洞等。地下工程完全被周围的岩土体介质所包围。因此，这些介质的性质直接影响着地下工程的稳定与安全。

地下工程岩体是指地下工程周围的岩土介质，以往也称为地下洞室围岩。其稳定性的工程地质研究是工程地质研究的重要课题之一，主要包括地下工程岩体稳定性的影响因素分析，地下工程洞线及进、出口边坡位置的正确选择，地下工程岩体稳定性的合理评价，对不稳定地段的支护及施工方法的研究，施工过程中根据地质情况预测各种可能出现的工程地质问题等。

1. 洞室位置的选择

地下洞室按其用途分为有压洞室和无压洞室，按工程岩体性质分为岩体洞室和土体洞室。

（1）无压的岩体洞室位置选择

无压的岩体洞室位置应满足以下条件：

① 洞址宜选在山体完整雄厚、地质构造简单、地下水影响小、岩性均一的坚硬岩层且岩层厚度为厚层、中厚层的地段；要避开透水的宽大破碎带、断裂交汇带、岩溶发育带、强风化带及有害气体和高地温等地段。洞址选在稳定性好的围岩中，是保证地下工程施工安全和正常运行的关键。

② 洞口要选择在松散覆盖层薄、坡度较陡的反向坡，且有完整厚层岩层作顶板的地段；要避开冲沟或溪流源头，以及滑坡、崩塌、泥石流等不良地质现象发育或洪水可能淹没的地段。洞外还应该有相应规模的弃渣场地。大量工程实践表明，地下工程进出口位置选择十分重要，稍有不慎，将造成无法进洞或洞口岩体失稳等不良后果。

③ 洞轴线要选择与区域构造线、岩层及主要节理走向垂直或大角度相交的方向；要避免洞线从冲沟、山洼等地表水和地下水汇集的地段通过；在高地应力地区，洞轴线宜与水平方向的最大主应力平行。

水工隧洞多为有压隧洞，其工作条件比无压隧洞更为复杂。在洞址选择时，除考虑上述要求外，尚需对围岩的弹性抗力、高压隧洞围岩的承载力、洞室上覆岩体及间壁岩体厚度等进行专门研究，才能保证有压隧洞在内水压力作用下的正常运用。

（2）土体洞室位置的选择

土体洞室，包括明挖回填洞和暗挖衬砌洞室，在工业与民用建筑及道路建设中应用较普遍，其洞室位置选择应满足：

① 洞址应选择在滑坡、冲刷等不良地质现象不发育的地段。

② 洞口宜选在地下水位以上并高于洪水位的地段。

③ 洞轴线要选择在土性单一的黏性土体中，避免穿越含水的粉土层、砂层和砾石层以及软土、膨胀土等不稳定土。

显而易见，洞室选择除取决于工程要求外，主要受地形地貌、岩土性质、地质构造、地下水、地应力及物理地质现象等因素控制。在工程建设中一定要综合各方面因素，选择最佳位置。这是地下工程建设中最基本、最重要的一项工作，否则将后患无穷。

2. 地下工程岩体稳定性的影响因素

地下工程岩体稳定性的影响因素主要有岩土性质、岩体结构与地质构造、地下水、地应力及地形等。此外，还要考虑地下工程的规模等因素。

（1）岩土性质

岩土性质是控制地下洞室围岩稳定、隧洞掘进方式和支护类型及其工作量等的重要因素，也是影响工期和工程造价的一个重要因素。理想的岩体洞室围岩是岩体完整、厚度较大、岩性单一、成层稳定的沉积岩，或规模很大的侵入岩（花岗岩、闪长岩等），或区域变质的片麻岩，岩体内软弱夹层及岩脉不发育。岩石的饱和单轴抗压强度在70MPa以上。一般的坚硬完整岩体，由于岩体完整，洞壁围岩稳定性好，施工也较顺利，支护也简单快速。而破碎岩体或松散岩层，由于围岩自身稳定性差，施工过程容易产生变形破坏，因而施工速度较慢，文护工程量及其难度也较大，严重时还会产生较大规模的塌方，影响施工安全，延误工期。

（2）地质构造和岩体结构

地质构造和岩体结构是影响地下工程岩体稳定的控制性因素。首先表现在建洞山体必须区域构造稳定，第四纪以来无明显的构造活动，历史上无强烈地震。其次是在洞址洞线选择时一定要避开大规模的地质构造，并考虑构造线及主地应力方向而合理布置。断裂构造由于其有一定宽度，因此洞轴线穿越破碎岩体时一般都产生一定规模塌方。严重时产生地下泥石流或碎屑流，或者产生洞室涌水，威胁施工安全。岩体结构对地下工程岩体稳定性影响主要表现在岩体结构类型与结构面的性状等方面。同一类型岩体结构对不同规模地下工程其自稳能力不同。比如在某一层状结构岩体中掘一个2m直径的探洞和建一个几十米跨度的地下厂房，顶板岩体的自稳能力显然不一样，前者可能安全、稳定，后者稳定性可能很差。另外，结构面的相互组合，切割成的结构体很可能向洞心方向产生位移，轻者掉块，重者塌方，更严重者可能造成冒顶。因此，在地下工程岩体稳定分析中一定要注意各种结构面的分布及其组合，尤其是一些大规模断层破碎带。

（3）地下水因素

地下水对洞室围岩稳定性的影响是很不利的。其影响主要表现在使岩石软化、泥化、溶解、膨胀等，使其完整性和强度降低。另外，当地下水位较高时，地下水以静水压力形式作用于衬砌上，形成一个较高的外水压力，对洞室稳定不利。地下水对地下工程最大的危害莫过于洞室涌水。地下岩溶、导水构造等，往往是地下水富集的场所，一旦在洞室中出露，往往形成一定规模的涌水、涌砂或者形成碎屑流涌入，轻者影响施工，严重者造成人身伤亡事故。因此，地下工程宜选在不穿越地下水涌水及富水区，地下水影响较小的非含水岩层中。

（4）地应力

岩体中的初始应力状态对洞室围岩的稳定性影响很大。地下洞室开挖后，岩体中的地应力状态要重新调整，调整后的地应力称为重分布应力或二次应力。应力的重新分布往往造成洞周应力集中。当集中后的应力值超过岩体的强度极限或屈服极限时，洞周岩石首先破坏或出现大的塑性变形，并向深部扩展形成一定范围的松动圈。在松动圈形成过程中，原来洞室周边应力集中向松动圈外的岩体内部转移，形成新的应力升高区，称为承载圈（图4-20）。重分布应力一般与初始应力状态及洞室断面的形状等有关。在静水压力状态下的圆形洞室，开挖后应力重分布的主要特征是径向应力（σ_r）向洞壁方向逐渐减小至洞壁处为0，切向应力在洞壁处增大为原本初始应力的两倍。重分布应力的范围一般为洞室半径r的5～6倍（图4-21）。

另外，地应力因素的影响还表现在洞线选择时一定要注意与最大水平主应力方向平行。特别在高地应力地区修建地下工程，一定要认真研究地应力的分布及对工程建筑的影响。如规划中的南水北调西线引水隧洞等高地应力区的地下工程建设中，地应力对围岩稳定性的影响就成为一个重要的研究课题。

此外，影响地下工程岩土稳定性还有地形、地下工程的施工技术和施工方法等。地形上要求洞室区山体雄厚，地形完整，山体工程施工技术和施工方法是影响岩体稳定的一个重要方面。未受沟谷切割，没有滑坡、崩塌等地质现象破坏地形；大量工程实践表明，良好的地下施工技术和科学的施工方法将有效地保护围岩稳定，不良的施工技术和不合理的施工方法将严重破坏岩体的稳定性，降低岩体的基本质量。因此，应根据实际地质条件，合理确定施工方案，尽量保护围岩不被扰动。

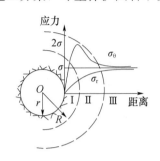 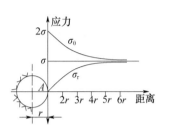

图 4-20　围岩的松动圈和承载圈　　　　图 4-21　隧道开挖后洞周应力状态

Ⅰ—松动圈；Ⅱ—承载圈；Ⅲ—原始应力区

3. 地下工程岩体稳定分析方法

地下工程岩体稳定分析评价，应采用工程地质分析与理论计算相结合的综合评价方法。

1）工程地质分析法

工程地质分析法也称为工程地质类比法。其主要在工程地质勘察的基础上，把拟建工程与工程地质条件、工程特点及施工方法与类似的已建工程相比较，对其稳定性进行评价。为了便于对比，一般在大量实际资料的基础上，对地下工程岩体进行分级评价。

2）力学计算方法

力学计算方法是根据不同的岩体结构、不同的力学属性，简化成不同的力学模型，应用相应的力学方法，研究围岩的变形破坏过程，对围岩稳定性进行定量计算的评价方法。它可以弥补以往工程地质分析法只侧重定性而缺乏定量评价的不足。应用中，应将两者结合使用，以起到相互验证的作用。力学计算法可分为解析计算法和数值计算法，其重点是计算围岩压力等。

围岩压力是指围岩由于松动、变形而作用在支护（衬砌）上的压力，是确定衬砌设计荷载大小的依据。围岩压力也称为山岩压力或地压。围岩压力有松动压力、变形压力和膨胀压力之分。

松动压力是指由于开挖造成围岩松动而可能塌落的岩体，以重力形式直接作用在支护上的压力。松动压力有因不良地质条件造成的，如岩体破碎程度、软弱结构面与临空面的组合关系等，也有因施工方面的因素造成的，如爆破、支护时间和回填密实程度等。

变形压力指围岩变形受到支护限制后，围岩对支护形成的压力。其大小决定于岩体的初始地应力、岩体的力学性质、洞室形状、支护结构的刚度和支护时间等。

膨胀压力是指围岩吸水后，岩体中的矿物产生膨胀崩解引起围岩体积膨胀变形作用在支护上的压力。膨胀压力也是一种变形压力，但它与变形压力的性质有所不同，它严格地受地下水的控制，其定量难度更大，目前尚无完善的计算方法。

严格地区分松动压力与变形压力是不容易的，在实际进行围岩压力计算时一般不予区分。围岩压力计算有经验计算法与理论计算法两种。经验计算法如铁道部经验公式及黄土洞围压估算公式等。理论公式计算法如传统的普氏理论、Terzaghi 松散体理论、Fenner 公式、常士骠公式等。本节主要介绍国家标准《岩土工程勘察规范》(GB 50021—2001) 关于围岩压力计算的几种方法。

(1) 用弹性理论计算围岩压力

① 圆形、椭圆形及矩形深埋洞周边的切向应力 σ_t，可按式 (4-43) 计算：

$$\sigma_t = CP_0 \tag{4-43}$$

式中，C 为应力集中系数；P_0 为岩体的初始垂直应力 (kPa)。

② 当洞壁围岩的切向应力满足下列条件时，可认为围岩稳定，不考虑围岩压力：

$$\sigma_c \leqslant f_r/F_s, \ \sigma_t \leqslant f_{tR}/F_s \tag{4-44}$$

式中，σ_c 为洞壁围岩切向压应力 (kPa)；σ_t 为洞壁围岩切向拉应力 (kPa)；f_r 为岩石饱和单轴抗压强度 (kPa)；f_{tR} 为岩石饱和抗拉强度 (kPa)；F_s 为安全系数，一般取 2。

(2) 岩体洞室分离体的稳定计算

① 洞壁块体的稳定性。

计算简图如图 4-22 所示。

$$F_s = (W_2 \cos\alpha\tan\varphi_4 + C_4 L_4)/(W_2 \sin\alpha) \tag{4-45}$$

式中，φ_4 为结构面 L_4 的内摩擦角 (°)；C_4 为结构面 L_4 的黏聚力 (kPa)；α 为结构面 L_4 的倾角 (°)。

② 洞顶块体的稳定性。

$$F_s = [2 (C_1 L_1 + C_2 L_2) (\cos\alpha + \cos\beta)] / \gamma L_3^2 \tag{4-46}$$

式中，C_1 为结构面 L_1 的黏聚力 (kPa)；C_2 为结构面 L_2 的黏聚力 (kPa)；α 为结构面 L_1 的倾角 (°)；β 为结构面 L_2 的倾角 (°)；γ 为岩体的重度 (kN/m³)。

根据计算得到的 F_s 值，即可判断洞顶和洞壁分离块体的稳定性；当 $F_s \geqslant 2$ 时，块体稳定；当 $F_s < 2$ 时，块体不稳定。

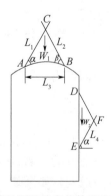

图 4-22　洞顶及洞壁分离块体稳定性计算示意图

(3) 破碎岩体中深埋洞室松动压力的弹塑性理论计算

计算公式为：

$$P = K_1 \gamma r - K_2 C_g \tag{4-47}$$

式中，P 为松动围岩压力（kPa）；γ 为岩体的重度（kN/m³）；r 为洞室半径（m）；C_g 为岩石黏聚力（kPa）；K_1、K_2 为松动压力系数，由图 4-23 和图 4-24 查得。

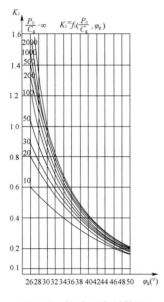

图 4-23　松动压力系数 K_1

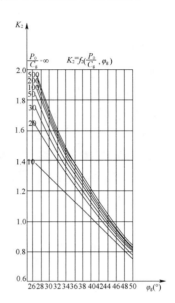

图 4-24　松动压力系数 K_2

图 4-24、图 4-25 及式（4-47）中的 C_g、φ_g 是室内或现场试验得到的黏聚力和内摩擦角经折减后得到的值，折减方法如下：

① 岩体裂隙中充泥较多，地下水丰富，施工爆破震动大，爆破裂隙多，衬砌不及时时，按式（4-48）计算：

$$\begin{cases} C_g \approx 0 \\ \tan\varphi_g = (0.70-0.67)\tan\varphi \end{cases} \tag{4-48}$$

② 岩体中裂隙呈闭合型，不夹泥，地下水不多，施工爆破震动小，能及时衬砌时，按式（4-49）计算：

$$\begin{cases} C_g = (0.20-0.25)C \\ \tan\varphi_g = (0.67-0.8)\tan\varphi \end{cases} \tag{4-49}$$

对受多组结构面切割的层状、碎裂状的硬质岩，或整体状块状的软质岩，宜采用式（4-49）计算松动山岩压力。

（4）土体洞室松动土体压力计算

① 对粉细砂、淤泥或新回填土中的浅埋洞室，可按下列公式计算：

$$q_v = \gamma h \tag{4-50}$$

$$q_h = (\gamma H/2)(2H+h)\tan^2(45°-\varphi/2) \tag{4-51}$$

式中，q_v 为垂直均布土压力（kPa）；q_h 为水平均布土压力（kPa）；H 为洞室埋设（m）；h 为洞室高度（m）；φ 为土的内摩擦角（°）；γ 为土的重度（kN/m³）。

② 对上覆土层性质较好的浅埋洞室，按图 4-25 和下列公式计算：

$$q_v = \gamma H[1-(h/2b)K_1-(C/b_1\gamma)(1-2K_2)] \tag{4-52}$$

$$q_h = (\gamma H/2)(2H+h)\tan^2(45°-\varphi/2) \tag{4-53}$$

$$b_1 = b + h\tan\ (45°-\varphi/2) \tag{4-54}$$

$$K_1 = \tan\varphi\ \tan^2\ (45°-\varphi/2) \tag{4-55}$$

$$K_2 = \tan\varphi\ \tan^2\ (45°+\varphi/2) \tag{4-56}$$

式中，C 为土的黏聚力(kPa)；b_1 为土柱宽度的 $\frac{1}{2}$(m)；b 为洞室宽度的 $\frac{1}{2}$(m)；K_1、K_2 为与土的内摩擦角有关的系数。

③ 除饱和软黏土、淤泥及粉砂等软弱土外，深埋洞室的土体压力，也可按压力拱理论计算，计算时需对坚固系数进行修正。

④ 黄土洞的土压力，可按弹塑性理论公式计算。

此外，对受强烈构造作用、强烈风化的围岩，宜采用松散理论计算松动压力；对跨度小于 15m 的地下工程，可采用工程类别法确定松动压力；当有可能产生膨胀压力及岩爆时，应进行专门研究。

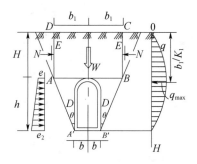

图 4-25　土质较好的浅埋洞室土压力计算示意图

对有压水工隧洞，地下工程岩体的弹性抗力也是一个重要指标。围岩的弹性抗力是指围岩对衬砌的反力。它是从围岩与衬砌共同变形的角度，按围岩抗变形能力来考虑岩体的承载力，因此，仅限于围岩在弹性阶段产生的反力，故称为围岩的弹性抗力。围岩的弹性抗力能够限制衬砌的进一步变形，也就是说围岩也承受了一部分内水压力。实践表面，坚硬完整的地下工程岩体往往能够承担较高的内水压力。

弹性抗力系数（K）是指在内水压力作用下，使围岩产生单位径向变形所需要的压力，即

$$K = \frac{p}{Y} \tag{4-57}$$

式中，p 为围岩所承受的压力（$\times10^5$ kPa）；Y 为洞壁的径向变形（cm）。

对理想的弹性介质，圆形隧道的 K 值与弹性模量 E 的关系为：

$$K = \frac{E}{(1+\mu)r} \tag{4-58}$$

显然围岩的弹性抗力与洞径成反比。即对同一地层，洞径越大其弹性抗力越小。为了便于比较，工程上常采用单位弹性抗力系数 K_0，其物理意义是指隧道半径为 100cm 时的围岩弹性抗力系数。K_0 与 K 的关系是：

$$K_0 = K \cdot \frac{r}{100} \tag{4-59}$$

式中，r 为设计隧道半径；K 为是水工隧洞支护设计的一个基本参数。K_0 通常与围岩的

岩石性质、地质构造、内水压力大小及加荷方式等有关。确定 K 的方法一般有现场试验方法、计算方法和经验数据法等。对大型地下工程通常采用现场试验方法；对中小型工程，则可采用计算法和经验数据方法求得。

4. 改善地下工程岩体稳定性条件的措施

大量工程实例表明，各种不良的工程地质条件是导致地下工程岩体失稳的主要原因。为了保证各种地下工程的安全施工和正常运行，就需要采取一定的工程技术措施去改善围岩的稳定条件。

（1）选择良好的施工方法，尽量少扰动围岩

地下工程岩体在地下处于一定的应力场之中，洞室开挖造成岩体内部应力重新分布，洞壁产生应力集中，不良的施工方法将会促使岩体破坏，松动圈向外扩展。因此，施工中应尽量采用先进掘进技术，如用光面爆破和掘进机开挖代替传统的钻爆法，并且尽可能全断面掘进，以避免爆破及多次开挖对围岩的扰动。有关工程实例表明，不合理的施工方法将会降低岩体基本质量，可能使好岩体变为坏岩体。因此，应该根据实际地质条件，选择最佳施工方案和合理的施工方法。

（2）支护与衬砌

根据围岩压力的大小选择相应的支护与衬砌方法，是维护和改善地下工程岩体稳定条件的最常用方法。支护是地下工程开挖过程中为防止围岩坍塌和掉块采取的支撑防护措施。支护有构架支护及喷锚支护两种方式。除特殊地段（如严重破碎的岩体和松散地层）仍采用构架支撑外，一般情况下应首先选用喷锚支护。喷锚支护是采用锚杆与喷射混凝土支护围岩的工程措施。它把地下工程岩体视为承受应力的结构体，加强岩体本身的整体性和力学强度，充分发挥岩体的作用，以便承受各种荷载，是一种积极的措施。喷锚结构具有支护速度快，节省时间和原材料以及降低工程造价等方面的优点。常用的锚杆有楔缝式金属锚杆、钢丝绳砂浆锚杆、预应力锚杆、预应力锚索等。锚杆和锚索的作用主要有三个方面，即悬吊作用、组合作用、加固作用。喷混凝土支护是用喷射机把拌合均匀的混凝土高速喷射在围岩表面，形成一个与围岩粘结在一起的混凝土层，起支护作用。其特点是快速、及时，而且达到限制围岩变形的目的，因此目前被广泛采用。衬砌在地下工程中应用很普遍，其作用是承受围岩压力、内水压力和封闭岩体中的裂隙，防止渗漏。常用的衬砌形式有平整衬砌、整体混凝土衬砌、混凝土衬砌、双层和联合衬砌、钢板衬砌、预应力衬砌等。

习   题

4-1 结构面可综合分成哪几类？

4-2 影响边坡应力分布的因素有哪些？

4-3 影响岩体边坡变形破坏的因素有哪些？

4-4 土体洞室位置的选择应考虑哪些因素？

4-5 地下工程岩体稳定性的影响因素有哪些？

第5章 水的地质作用

5.1 概 述

在自然界中，水以气态、液态和固态三种相态存在。按水存在的部位，水又可分为大气水、地表水和地下水。

这三部分水之间既有区别，又有着密切的联系，在一定的条件下可以相互转化。大气水、地表水和地下水之间这种不间断的运动和相互转化，称为水的循环。

水循环按其循环范围，又分为大循环和小循环：

大循环是指整个地球范围内，在海洋和陆地之间的循环。

小循环是指地球局部范围内的循环。

5.2 地表流水的地质作用

5.2.1 概述

陆地上除了干旱地区和寒冷地区以外，地表流水的地质作用是在广泛地进行着的。地表流水可分为暂时性流水和经常性流水。

5.2.2 暂时流水的地质作用

暂时流水是大气降水后，短暂时间内形成的地表的流水，因此雨季是它发挥作用的主要时间，特别是在强烈的集中暴雨后，它的作用特别显著，往往造成较大危害。

1. 淋滤作用及残积层

大气降水渗入地下时，将地表附近的细小颗粒带走，同时也将周围易溶成分溶解带走，而残留在原地的则是一些未被带走，不易溶解的松散物质，这个过程称为淋滤作用。残留在原地的松散破碎物质称为残积物。

淋滤作用的结果是使地表附近的岩石逐渐失去其完整性和致密性。残积物有如下特征：

① 位于地表以下，基岩风化带以上，从地表至地下，破碎程度逐渐减弱。

② 残积物的物质成分与下伏基岩成分基本一致。

③ 残积层的厚度与地形、降水量、水是化学成分等多种因素有关。

④ 残积层具有较大的孔隙率，较高的含水量，但其力学性质较差。

2. 洗刷作用与坡积层

大气降水在汇集之前，沿山坡坡面形成漫流，将覆盖在坡面上的风化破碎物质洗刷到山坡坡脚处，这个过程称为洗刷作用。在坡脚处形成的新的沉积层称为坡积层。

坡积层的特征：

① 坡积物的厚度变化较大，一般在坡脚处最厚，向山坡上部及远离山脚方向均逐渐变薄尖灭。

② 坡积层多由碎石和黏性土组成，其成分与下伏基岩无关。

③ 搬运距离较短，坡积层层理不明显，碎石棱角清楚。

④ 坡积层松散、富水、力学性质差。

3. 冲刷作用与洪积层

地表流水汇集后，水量增大，侵蚀能力加强，携带的泥砂石块也渐多，使沟槽不断下切，同时沟槽也不断加宽，这个过程称为冲刷作用。

集中暴雨或积雪骤然大量融化，都会在短时间内形成巨大的地表暂时流水，一般称为洪流，也就是通常意义上的洪水。洪流所携带的大量泥砂、石块被搬运到一定距离后沉积下来，形成洪积层。

（1）冲沟

洪流的水流速度快，携带大量泥砂、石块，可对地面产生强烈的剥蚀作用，它可使小沟加长、加宽和加深，逐渐发展扩大，结果在斜坡上开凿出的长沟称为冲沟。

（2）冲沟形成的条件

① 地表岩石或土比较疏松。

② 裂隙发育。

③ 地面坡降大，角度陡。

④ 地面植被稀少。

⑤ 降水较集中。

在冲沟附近修筑工程建筑，必须查明冲沟的形成条件、原因，特别是冲沟的活动程度，提出合理的治理方案和措施。

（3）洪积层的特征

① 洪积层多位于沟谷进入山前平原、山间盆地、流入河流处。从外貌上看，洪积层多呈扇形，称为洪积扇。

② 洪积物成分复杂，主要是由上游汇水区岩石种类决定。

③ 在平面上，山口处的洪积物颗粒粗大，多为砾石、块石，甚至巨砾；向扇缘方向，洪积物颗粒渐细，由砂、黏土等组成；在断面上，底部较地表颗粒为大。

④ 洪积物初具分选性和不明显的层理，洪积物颗粒有一定磨圆度。

⑤ 具有一定的活动性。

5.2.3 河流的地质作用

河流是在河谷内流动着的常年流水。一条河流从河源到河口一般可分为三个区段：上游、中游和下游。上游一般多位于高山峡谷，急流险滩多，河道较直，流量不大但流速很高。河谷横断面多呈 V 字形，如：金沙江峡谷。中游河谷较宽广，河漫滩和河流阶地发育，横断面多呈 U 字形。下游多位于平原地区，流量大而流速较低，河谷宽广，河曲发育，在河口处易形成三角洲。

河流的侵蚀作用、搬运作用和沉积作用在整条河流上同时进行，相互影响。

1. 河流的侵蚀、搬运和沉积作用

（1）侵蚀作用

河流的侵蚀作用，一方面可以产生垂直向直切割河床的下蚀作用，另一方面还可产生向旁冲刷河床、谷坡的侧蚀作用。下蚀和侧蚀是同时进行的，但河流上游以下蚀为主，下游以侧蚀为主。

① 下蚀作用（纵向侵蚀）。

河流下蚀切割河底，使河床变深。如：金沙江的下切速度为 60cm/a，现其河床深度为三千多米。下蚀的强弱取决于流速、流量的大小，也与组成河床的物质有关。流速、流量越大，下蚀作用越强；组成河床的物质越坚硬，裂隙越少，下蚀作用越弱。河流下蚀不能无休止地进行，而是以其侵蚀基准面为下限。

侵蚀基准面——以河口水面为标高的水平面称为该河流的侵蚀基准面。

河流的下蚀作用受岩性、地质构造、植被、气候及人类工程建设活动等多种复杂因素的影响。通常，一条大河的下游段基本已达到平衡剖面状态，不再下蚀；中游段则接近平衡剖面状态，洪水期能进行下蚀，枯水期则只能搬运甚至沉积；下游段多高出平衡剖面之上，下蚀作用强烈。

瀑布：溯源侵蚀，黄河壶口瀑布平均每年后退 5cm。

② 侧蚀作用（横向侵蚀）。

河流侧蚀冲刷河岸，使河床变弯、变宽。河流产生侧蚀的原因，一是因为原始河床不可能完全笔直，一处微波的弯曲都将使河水主流线不再平行河岸而引起冲刷，致使弯曲程度越大；二是河流中的各种障碍物也能使主流线改变方向冲刷河岸。

河曲——侧蚀不断进行，受冲刷的河岸逐渐变陡、坍塌，使河岸向外凸出，相对一岸向内凹进，使河流形成连续的左右交替的弯曲，称为河曲。如：九曲回肠的嘉陵江。

牛轭湖——残余的河曲两端逐渐淤塞，脱离河床而形成的特殊形状。

我国长江中下游自宜昌以下发育有很好的自由河曲和牛轭湖，如从湖北石首至湖南岳阳之间直线距离仅 87km，但河道长度竟达 240km，沿线有许多牛轭湖。在这一线上，1970 年 7 月 19 日发生的一次截变取直，使得河水冲决了六合垸河弯颈使原来 20km 长的河道缩短为不到 1km。

（2）搬运作用

河水流动具有强大的动能，因此能将漂浮于河水中的以及堆积在河床上的泥、砂、石块等物质搬走，这就是搬运作用。

河流的搬运作用与侵蚀作用往往是密切相连，相伴出现的；搬运作用和沉积作用也是反复交替的。

河流的搬运方式有物理搬运和化学搬运两大类。河流的物理搬运按流速、流量和泥砂石块的大小不同，可分为悬浮式、跳跃式和流动式三种方式。悬浮式搬运的主要是颗粒细小的砂、黏性土等，跳跃式搬运的物质一般是块石、卵石和粗砂，它们有时被急流、涡流卷入水中向前搬运，有时则被缓流推着沿河底流动；滚动式搬运的主要是巨大的砾石、块石，它们只能在水流强烈冲击下，沿河底缓慢向下游滚动。

河流搬运的碎屑物质，每年只能把其中的一部分搬运到河口以外的海或湖里，而大部分仍然停留在河谷里。而河流搬运的化学物质，大部分甚至全部被搬运到海或湖里，中途停积在河谷中的数量极小，这主要根据元素的化学活动性、季节及气候环境而定。

（3）河流的沉积作用和冲积层

当河流流速减缓，动能变得很小时，在水流携带物质前进的浮力与重力共同作用时，重力若居主要地位，使进入以沉积作用为主的阶段。河流的沉积物称为冲积层。

沉积作用发生的主要场所有：

① 河流流入其他水体处，如海湖、入干流处、河口、山口。

② 河床坡降变缓处，由山区进入平原时。

③ 河曲的凸岸。

碎屑良好的分选性和磨圆度是河流沉积物区别于其他沉积物的重要特征。

冲积层的特征：

① 冲积物分布在河床、冲积扇、冲积平原或三角洲，其物质成分复杂。相对于前面已讲过的残积、坡积、洪积物来说，其分选性好，层理明显，磨圆度好。

② 分布广，表面坡度较缓。在工程设计时，应注意冲积层上的软弱夹层（如：淤泥、粉砂层等）和流砂现象。

③ 冲积物中的砂砾卵石层不仅是理想的持力层，同时也是重要的建筑材料；对于层厚稳定，延伸好的砂砾卵石层还是良好的含水层，如果有充足的补水来源和良好的储水条件，水体未受污染，将是很好的供水水源地。

2. 河谷横断面及河流阶地

1）河谷横断面

河床——经常被流水占据的部位。

河漫滩——洪水期被淹没，枯水期露出水面的部分。

河漫滩以上顺次为Ⅰ、Ⅱ、Ⅲ级阶地，编号越大，阶地位置越高，生成年代也越早。由于河流阶地的发育在很大程度上受地壳运动的影响，可以讲，一级阶地代表着一次升降运动。

在河流上游地段或幼年期河谷，下蚀作用强烈，坡陡流急，河床中的沉积物较少，河谷横断面多呈Ⅴ字形；在河流中游地段或壮年期河谷，河谷开阔，下蚀作用较弱，以侧蚀为主，河曲较发育，多有河流阶地；在河流下游地段或老年期河谷，河流的侵蚀作用很微弱，主要进行沉积作用。

地上河——个别地段沉积作用强烈，河床越淤越高，以致河水面高出两侧平原地面，便形成了地上河。

2）河流阶地

河谷内河流侵蚀或沉积作用形成的阶梯状地形称为河流阶地或台地。若阶地延伸方向与河流方向垂直，称为横向阶地（瀑布）；若阶地延伸方向与河流方向平行，称为纵向阶地。

（1）河流阶地基本类型

根据河流阶地组成物质的不同，可以把阶地分为三种基本类型：

① 侵蚀阶地：又称为基岩阶地。阶地表面由河流侵蚀而成，冲积物少，且主要由被侵蚀的岩石组成。这种阶地多见于基岩山区，是在地壳强烈上升、河流急剧下切形成的。

② 基座阶地：冲积层较厚，但河流切穿冲积层，并切入下部基岩的一定速度。从阶地的斜坡上可看出，阶地由上部冲积层和下部基岩两部分构成。

③ 冲积阶地：有时又称为堆积阶地或沉积阶地。阶地斜坡出露的均为冲积物，未见基岩，河流未能切穿冲积层。

（2）河流阶地的形态特征

河流阶地表面一般较平缓。在纵向上，略向下游倾斜；在横向上，略向河心倾斜。在河床两侧的同一标高的阶地，属于同一级阶地，但在有些地段上，其中一侧的阶地可能不发育，甚至缺乏。在野外辨认时，要特别注意人造梯田、台坎与河流阶地的区分。

3. 河流的地质作用

在河流低级阶地修建工程时，应注意河流侵蚀（主要是侧蚀）作用带来的坍塌等问题，还要注意当地的最高洪水位等技术参数；由于阶地顶面一般较平坦，有时很宽，大河流的阶地可宽达数公里乃至数十公里，是建立居民点，建设铁路、公路和发展工农业的良好场所，应特别加强对阶地工程地质条件的勘察，注意在基础持力层（一般为砾卵石层）中注意发现软弱层（如：粉砂、亚黏土等），对高层建筑的地基勘察深度应根据具体情况相应增加。同时，河流冲积物水文地质条件一般较好，在工程建设中除考虑工农业及生活供水外，还需加强地下水对工程建设影响的评价等。

道路一般沿河前进，线路在河谷横断面上所处位置的选择，河谷斜坡和河流阶地上路基的稳定，都与河流地质作用相关。

① 道路跨过河流必须架桥。桥梁墩台基础、桥渡位置选择都应充分考虑河流的地质作用。

② 对于桥渡，首先应当在河流顺直地段过河，其次墩台基础位置应当选择在强度足够、安全稳定的岩层上。

③ 对于沿河线路来说，一段线路位置的选择和路基在河谷横断面上的选择，主要包含边坡和基底稳定两方面，线路沿狭谷行进，路基多置于高陡的河谷斜坡上。

5.3 地下水的地质作用

5.3.1 地下水的基本知识

地下水是指存在于地面以下，松散堆积物和岩石空隙（孔隙、裂隙、岩隙）中的水。

地下水是工农业及生活饮用水的重要水源，又对工程建设造成了不同程度的影响，许多工程病害、地质灾害等都与地下水活动有着密切的关系，如：基坑、隧道涌水、地面沉降、滑坡活动、路基沉陷和冻胀变形等。

1. 水在岩土中的存在状态

根据岩土中水的物理力学性质及水与岩土颗粒间的相互关系，可分为：

（1）气态水

也就是水蒸气，它可以是由湿空气带入的，也可以是岩石中其他水蒸发而成的。气态水可因温度、湿度和压力的变化而迁移。当温度降低，湿度达到饱和时，气态水便凝结为液态水。

（2）吸着水（强结合水）

所谓吸着水就是最靠近颗粒表面的那些水分子。这些水分子与颗粒结合得非常紧密，结合力可超过10000个大气压，因此也称为强结合水。由于强大的结合力，使吸着水的密度都较大。它不受重力的影响，一般不能移动，不溶解盐类，因此吸着水不能被植物根系所吸收。

（3）薄膜水（弱结合水）

在紧密的吸着水层的外面，还存在着吸附力的作用，吸附着水分子，随着水层的加厚，吸附力逐渐减弱，这一层水又称为弱结合水。薄膜水可以移动，这种运动主要与颗粒吸附的位能有关，而与重力无关。

有人将吸着水和薄膜水统称为结合水。结合水主要受分子力作用而吸附于岩土颗粒表面，它的含量取决于岩土的比表面积和表面的活性。

（4）毛细水

岩土细小孔隙和毛细裂隙中的水称为毛细水。它是由于表面张力的作用而存在于孔隙或裂隙中的。

毛细水是直接影响农作物生长的因素。它供给农作物水分，也是可能造成土壤盐碱化的主要因素。道路和某些建筑物的地基基础以及其他设施也往往必须考虑毛细水的上升。

（5）重力水（自由水）

岩土孔隙中不受颗粒表面引力影响，只在重力作用下运动的水称为重力水，重力水可以自由流动，所以有时又可称为自由水。重力水是构成地下水的主要部分，通常所说的地下水就指重力水。

（6）固态水

当岩土的温度低于0℃时，岩土中的水就结成冰——固态水。因为水结成冰时体积要膨胀，所以冬季许多高寒地区地表会有"冻胀"的现象，在高寒地区还有"多年冻土"，这些都是工程地质工作需要研究的问题。

由上述可见，岩土中存在着各种不同形态的水，它们是相互关系，可以相互转化的。如果存在地下水，那么地下水面以下自由流动的重力水，称为饱水带。地下水面以上直到地表统称为包气带，包气带下部是毛细水带，是岩土饱和度的过渡带。

2. 岩土的主要水理性质

岩土与水作用时表现出来的性质称为岩土的水理性质，包括容水性、持水性、给水性和透水性等。

（1）容水性

是指岩土能容纳一定水量的性能。容水性在数量上用容水度表示。

$$容水度 = \frac{岩土容纳水的体积}{岩土的总体积}$$

显然，当孔隙完全被水饱和时，容水度在数值上等于孔隙度。

（2）持水性

依靠分子引力或毛细力，在岩土孔隙、裂隙中能保持一定数量水体的性能称为持水性。持水性在数量上以持水度表示。

$$持水度 = \frac{靠分子引力和毛细力保持的水的体积}{岩土的总体积}$$

根据持水的形式不同，持水度可分为分子持水度和毛细持水度。

（3）给水性

在重力作用下，饱水岩土能够流出一定水量的性能称为岩土的给水性。给水性在数量上用给水度表示。

$$给水度 = \frac{能自由流出的水的体积}{岩土的总体积} = 容水度 - 持水度$$

不同岩土的给水度很不相同。松散沉积物中颗粒越粗，给水度越大，颗粒非常细的岩土，持水度很大，因而给水度很小，甚至为零。

（4）透水性

岩土允许水透过的性能称为透水性。岩土可以透水的根本原因在于它具有相连通的空隙。透水性的大小用渗透系数 k 来表示，单位为 mm/s。

松散岩土的透水性主要取决于土的粒径、级配，而与孔隙度关系不大。在通常情况下，砾石层具有较大的透水性；细砂层透水性较弱；黏土层几乎是不透水的。在坚硬岩石中透水性主要取决于裂隙和溶隙的数量、规模和填充性，因而裂隙率和岩溶率是影响透水性大小的主要因素。

根据透水性的大小可分为透水的、半透水的和不透水的。

3. 地下水的物理性质与化学性质

1）地下水的物理性质

地下水的物理性质包括温度、颜色、透明度、嗅味、口味、相对密度、导电性及放射性等。

① 温度。

地下水的温度与其埋藏深度、地下补给条件及地质条件有关，分为 7 类：过冷水（＜0℃）、极冷水（0～4℃）、冷水（4～20℃）、温水（20～37℃）、热水（37～42℃）、极热水（42～100℃）、过热水（＞100℃）。

② 颜色。

地下水的颜色决定于水中的化学成分及悬浮物，而纯水是无色的，地下水颜色与水中所含成分有关（表 5-1）。

表 5-1　地下水颜色与水中所含成分的关系

所含成分	含低价铁	含高价铁	硫细菌	腐植酸	含黏土	锰的化合物
水色	浅绿灰色	黄褐色	红色	暗或黑黄、灰色（带萤光）	无萤光的淡黄色	暗红色

③ 透明度。

纯水是透明的，然而天然水中因含有泥砂、腐殖质及浮游藻类等能使水体产生浑浊。如浑浊来自生活污水或工业废水的排泄，则往往是有害的。由于固体与胶体悬浮物的含量不同，其透明度就不同。

根据透明程度可将地下水分为 4 级：透明的、微浊的、混浊的和极浊的。

④ 嗅味。

纯水无嗅味，含一般矿物质时也无味。水中的气味取决于它所含的某些气体或有机物质。如：H_2S 气体使水具有臭鸡蛋味，腐殖质使水有霉味，Fe^{2+} 使水具有铁腥味。水的气味与水温有很大关系，往往在煮沸时气味更为显著。我国饮用水标准规定需在 20℃ 及 60℃ 时无异臭和异味。

⑤ 口味。

纯水淡而无味，地下水的味道取决于水中溶解的盐类和有机质。

⑥ 相对密度。

地下水的相对密度决定于其中所溶解的盐类的含量，溶解得越多，地下水的相对密度就越大，一般地下水的相对密度接近于是 1.0，最大时可达到 1.2～1.3。

⑦ 导电性。

地下水的导电性取决于其中所含电解质的数量与性质。离子含量越多，离子价越高，则水的导电性越强。根据地下水的导电性，可以划分含水层和非含水层，区别矿化水和淡水，圈定富水地段，寻找含水断裂破碎带等。

⑧ 放射性。

地下水的放射性取决于其中放射性物质的含量，一般来说，地下水在一定程度上都具有放射性。

2）地下水的化学性质

地下水是由各种无机物质和有机物质组成的天然溶液。从化学成分来看，它是溶解的气体、离子以及来源于矿物和生物胶体物质的复杂的综合体。

（1）H^+ 浓度（pH 值）

地下水的 pH 值多在 6.5～8.5 之间，北方地区多为 7～8。

（2）总矿化度：水中离子、分子和各种化合物的总量，称为总矿化度。以 g/L 表示（表 5-2）。

表 5-2　水的总矿化度特征

水的类别	矿化度（g/L）	主要成分
淡水	<1	HCO_3^-（碳酸盐水）
微咸水（低矿化水）	1～3	
咸水（中等矿化水）	3～10	SO_4^{2-}（硫酸盐）
盐水（高矿化水）	10～50	Cl^-（氯化物水）
卤水	>50	

（3）水的硬度

① 总硬度：水中 Ca^{2+}、Mg^{2+} 的总含量。

② 暂时硬度：水煮沸后，部分 Ca^{2+}、Mg^{2+} 的重碳酸盐因失去 CO_2 而生成碳酸盐沉淀，这部分减少的 Ca^{2+}、Mg^{2+} 数量称为暂时硬度。

③ 永久硬度：总硬度与暂时硬度之差。

④ 水的硬度分类。

硬度的表示方法尚未统一，我国使用较多的表示方法有两种：一种是将所测得的钙、镁折算成 CaO 的质量，即每升水中含有 CaO 的毫克数表示，单位为 mg·L；另一种以度计，1 硬度单位表示 10 万份水中含 1 份 CaO（即每升水中含 10mgCaO），$1° = 10ppmCaO$。这种硬度的表示方法称为德国度。

以下为不同国家的表示方法：

德国度（$°dH$）：1L 水中含有相当于 10mg 的 CaO，其硬度即为 1 个德国度（$1°dH$）。这是我国目前最普遍使用的一种水的硬度表示方法。

美国度（mg/L）：1L 水中含有相当于 1mg 的 $CaCO_3$，其硬度即为 1 个美国度。

mmol/L：1L 水中含有相当于 100mg 的 $CaCO_3$，称其为 1mmol/L 的硬度。

法国度（$°fH$）：1L 水中含有相当于 10mg 的 $CaCO_3$，其硬度即为 1 个法国度（$1°fH$）。

英国度（$°eH$）：1L 水中含有相当于 14.28mg 的 $CaCO_3$，其硬度即为 1 个英国度（$1°eH$）。

水的硬度通用单位为 mmol/L，也可用德国度（$°dH$）表示。其换算关系为：1mmol/L = 5.6 德国度（$°dH$）

国家《生活饮用水卫生标准》规定，总硬度（以 $CaCO_3$ 计）限值为 450mg/L。

以碳酸钙浓度表示的硬度大致分为：

0～75mg/L 极软水；75～150mg/L 软水；150～300mg/L 中硬水；300～450mg/L 硬水；450～700mg/L 高硬水；700～1000mg/L 超高硬水；大于 1000mg/L 特硬水。

4. 地下水对混凝土的侵蚀性

当建筑物基础长期与地下水接触后，地下水中的各种化学成分与混凝土产生化学反应，使混凝土中的某些物质被溶蚀，强度降低，结构遭到破坏；或者在混凝土中生成某些新的化合物，这些新化合物生成时体积膨胀，使混凝土开裂破坏。当然，地下水对混凝土的侵蚀性除与水中各种化学成分的单独作用与相互影响有密切关系外，还与建筑物所处环境，使用的水泥品种等因素有关，必须加以综合考虑。

地下水对混凝土的侵蚀主要有以下几种类型：

（1）溶出侵蚀

硅酸盐水泥遇水硬化，生成 $Ca(OH)_2$、水化硅酸钙（$2CaO·SiO_2·12H_2O$）、水化铝酸钙（$2CaO·Al_2O_3·6H_2O$）等。地下水在其流动过程中对上述生成的 $Ca(OH)_2$ 和 CaO 成分不断溶解带走，结果使混凝土强度下降。这种溶解作用不仅和混凝土的密度、厚度有关，而且与水中的 HCO_3^- 含量有很大的关系。由于 HCO_3^- 与混凝土中 $Ca(OH)_2$ 的化合生成沉淀：

$$Ca(OH)_2 + Ca(HCO_3)_2 \rightarrow 2CaCO_3 \downarrow + 2H_2O \qquad (5-1)$$

$CaCO_3$ 相对不溶于水，既可填充混凝土空隙，又可在混凝土表面形成一个保护层，防止 $Ca(OH)_2$ 溶出，因此 HCO_3^- 含量越高，生成的 $CaCO_3$ 越多越厚，水对混凝土的侵蚀性就会越弱。当水中的 HCO_3^- 含量 < 2.0mg/L 或暂时硬度 > 3 时，地下水对混凝土具有溶出侵蚀性。

（2）碳酸侵蚀

几乎所有的水中都含有以分子形式存在的 CO_2，常称为游离 CO_2。水中的 CO_2 与混凝土的 $CaCO_3$ 化学反应是一种可逆反应：

$$CaCO_3 + CO_2 + H_2O \rightleftharpoons Ca(HCO_3)_2 \rightleftharpoons Ca^{2+} + 2HCO_3^- \qquad (5-2)$$

当 CO_2 含量过多时，反应向右进行，使 $CaCO_3$ 不断被溶解，当 CO_2 含量过少，或水

中 HCO_3^- 含量过高时，反应向左进行，析出固体 $CaCO_3$。只有当 CO_2 与 HCO_3^- 的含量达到平衡时，化学反应停止进行，此时所需的 CO_2 含量称为平衡 CO_2。若游离 CO_2 含量超过平衡 CO_2 所需的量，则为了达到新的平衡状态，混凝土中的 $CaCO_3$ 就会不断地被溶解，直到形成新的平衡为止。这种侵蚀性 CO_2 越多，对混凝土的侵蚀就越强。当地下水在流量、流速都较大时，CO_2 容易不断地得到补充，平衡也就不易建立，侵蚀作用就会不断地进行。

（3）硫酸盐侵蚀

当水中的 SO_4^{2-} 含量超过一定数值时，对混凝土就会造成侵蚀性破坏。一般含量＞250mg/L 时，就能与混凝土中的 $Ca(OH)_2$ 作用生成石膏。在石膏吸收 2 分子结晶水生成二水石膏（$CaSO_4 \cdot 2H_2O$）过程中，体积会膨胀到原来的 1.5 倍。SO_4^{2-}、石膏还可以与混凝土中的水化铝酸钙作用，生成水化硫铝酸钙结晶，其中可含有多达 31 分子的结晶水，又使新生成物增大到原体积的 2.2 倍。

$$3（CaSO_4 \cdot 2H_2O）+3CaO \cdot Al_2O_3 \cdot 6H_2O+19H_2O \longrightarrow 3CaO \cdot Al_2O_3 \cdot 3C \quad (5-3)$$

水化硫酸钙的形成使混凝土严重溃裂，现场称为"水泥细菌"。当使用含水化铝酸钙极少的抗酸水泥时，可大大提高抗硫酸盐侵蚀的能力。当 SO_4^{2-} 含量低于 3000mg/L 时，都不具有硫酸盐侵蚀性。

（4）一般酸性侵蚀

当地下水的 pH 值较小时，酸性增强，这种水与混凝土中的 $Ca(OH)_2$ 作用生成各种钙盐：$CaCl_2$、$CaSO_4$、$Ca(NO_3)_2$ 等，若生成物易溶于水，则混凝土易被侵蚀。一般认为，pH＞5.2 时，地下水就具有侵蚀性。

（5）镁盐侵蚀

地下水中的镁盐（$MgCl_2$、$MgSO_4$）等与混凝土中 $Ca(OH)_2$ 的作用生成易溶于水的 $CaCl_2$ 及易产生硫酸盐侵蚀的 $CaSO_4$，使 $Ca(OH)_2$ 含量降低，引起混凝土中的其他水化物的分解破坏。一般认为当 Mg^{2+} 含量＞1000mg/L 时，地下水才具有侵蚀性，通常地下水 Mg^{2+} 含量均低于此值。

5.3.2 地下水的基本类型

由于利用地下水和研究地下水的目的及要求不同，地下水有许多不同的分类方法。我们这里主要是按照其埋藏条件和含水层性质来讨论地下水的分类。

1. 地下水按埋藏条件分类及特征

按地下水的埋藏条件，可将其划分为三大类：包气带水、潜水、承压水。

1）包气带水

包气带水是指存在于地面以下包气带中的水，位于饱水带之上（图 5-1）。当包气带存在局部隔水层（弱透水层）时，局部隔水层（弱透水层）上会积聚具有自由水面的重力水，这便是上层滞水。

包气带水的主要特征：

① 包气带水水量不大，且季节性变化强烈。由于最接近地表，故水量随季节而变化，一般在雨季水量大，而到干旱季节水量减小，甚至干枯。

② 包气带水的补给区和分布区是一致的。自当地接受大气降水或地表水的补给，以

蒸发或逐渐向下渗透（决定于相对不透水层的透水性）的形式排泄。

③ 包气带水一般矿化度低，但由于直接与地表相通，水质量最易受污染。所含的上层滞水水量不大，且季节变化强烈的特点，上层滞水只能用于农村少量人口的供水及小型灌溉用水。

④ 从工程地质角度看，上层滞水常引起土质边坡滑塌，是地基、路基沉陷、冻胀等病害的重要因素。

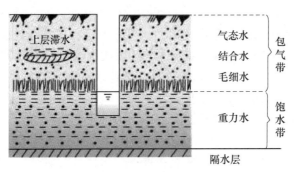

图 5-1 包气带及饱水带

2）潜水

埋藏于地表以下，第一个稳定隔水层之上具有自由水面的饱水带中的重力水被称为潜水（图 5-2）。

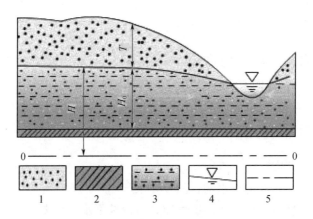

图 5-2 潜水埋藏示意图

1—渗水砂层；2—隔水层；3—含水层；4—潜水面；5—基准面
T—潜水位埋藏深度；H_0—含水层厚度；H—潜水位

潜水的自由水面称为潜水面，如以高程表示则称为潜水位。自地表至潜水面间的垂直距离为潜水的埋藏深度。潜水面至下伏隔水层之间地带均充满重力水，称为含水层。其间的距离即为含水层的厚度。下伏的隔水层称为此含水层的底板。

（1）潜水面的特征

① 潜水面通常不是延伸很广的平面，潜水面的形状与当地的地貌形态、隔水底板的坡度、含水层岩性、厚度变化以及水文网发育状况有密切关系，基于这些因素，潜水面一般呈倾斜的各种形态的曲面。但在特定的条件下，潜水面以近似平面呈水平产出，不流

动，此时形成潜水湖。

② 潜水面的起伏经常与地形一致，只是比地形起伏平缓。

③ 当含水层厚度变大时，潜水面坡度变缓。

④ 当岩层透水性变好，潜水面坡度变缓。

了解潜水面的形状与变化规律对开采利用潜水、工程设计与施工具有重要意义。通过潜水面的形状可以掌握该面各点的潜水位，而潜水位是决定于开采井深度和取水方式以及工程设计、施工的重要依据。同时还可确定潜水流向和运动速度等。

（2）潜水等水位线图

在平面上潜水面的形状，可以用潜水等水位线图来表示。潜水等水位线图即潜水面等高线图，它是根据所在地区各水文地质点（井、钻孔、试坑和泉等），在大致相同的时间内，潜水面各点的水位标高编制成的。它的绘制方法与绘制地形等高线相同，一般在地形图上绘制。因为潜水面随时都在变化，所以等水位线图应注明测定水位的日期。

① 潜水等水位线图的用途。

a. 可以确定潜水的流向及潜水面的水力坡度

潜水是沿着潜水面坡度最大的方向流动的，因此垂直等水位线的方向就是潜水的流向。

潜水面的水力坡度即在流向上取两点水位高差除以水平距离。

b. 反映潜水与地表水的相互关系。

c. 确定潜水的埋藏深度

$$某点的潜水埋深＝该点的地面标高－该点的水位标高$$

d. 如有隔水层顶板标高，可以确定含水层的厚度。

$$含水层的厚度＝该点水位－该点隔水层顶板的标高$$

② 潜水的补给。

含水层中的地下水从外部（如大气降水、地表水等）获得大量补充的过程称为地下水的补给。

所谓补给条件就是指地下水的补给来源、补给方式、补给区的位置、补给量大小和影响补给的因素。

潜水的补给来源，一般有以下几种形式：

a. 大气降水：大气降水的渗入，是潜水的主要补给来源。补给的数量取决于降水的性质和强度、地面坡度、包气带厚度、植被覆盖情况、岩石透水性等因素。

b. 地表水：地表水下渗是潜水重要的补给来源，有时地表水与地下水的补给关系并不固定，随季节变化，必须根据该时期的水位、流量或等水位线图的资料，才能确定。

灌溉与渠道水的渗入，对补给潜水也起一定的作用。大多数情况下，河水补给潜水是侧向（水平）补给的，其他地表水，与河水补给潜水的情况类似。

c. 含水层之间的补给：水层之间的补给有以下两种方式。

越流补给：若相邻的含水层之间存在一定的水位差，那么就可以通过弱含水层渗透到另一含水层，这种地下水的补给方式称为越流补给。

直接补给：潜水含水层的隔水底板，由于受到断裂活动、地震、人工开挖河道、打井和钻探等因素的影响，当下部承压水的水头高于潜水位时，便会发生承压水补给潜水的情况；也可由承压水透水"天窗"补给潜水。

d. 凝结水补给：在降水和地表水稀少，昼夜温差大，同时含水层上伏包气带透水性好的风成沙地区和高山分水岭地区，有一定量的凝结水补给潜水。

e. 人工补给：为了防止地下水位下降、水源枯竭、水质恶化以及地面沉降等，常用人工回灌的方法，使含水层的地下水量增加。

③ 潜水的排泄。

潜水的排泄有以下几种方式：

a. 蒸发：干旱、半干旱地区，潜水埋藏较浅，蒸发作用强烈，潜水通过蒸发消耗，不但水量减小，同时水受到浓缩，矿化度增高，甚至引起含盐成分的变化。

b. 泉的排泄：潜水在重力作用下，总是由高水位处向低水位处流动，当水流受阻或地形适宜就会流出地表，形成泉水。泉是地下水的天然露头，是地下水排泄的一种重要方式（图 5-3）。

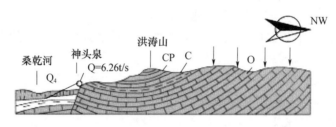

图 5-3　山西朔州的神头泉

Q—近代沉积物；CP—石灰二叠系矿页岩；O—奥陶系石灰岩

c. 人为排泄：由于人类对地下水资源需求的日益增长，地下水的合理开发利用问题就越加重要，我们在打井（民井、机井、大口井）和修建其他的集水建筑时，造成了大量排泄地下水的人为措施。

3）承压水

埋藏并充满在两个隔水层之间的透水层中的重力水称为层间水。层间水有传递静水压力的性质，当水量充足时，其深处的水体就受到上部水柱的压力而具有承压性；当水体压力较大时，沿着地下水通道能喷出地表形成自流，这时的层间水又称为自流水。

（1）承压水的形成及特征

承压水形成首先决定于地质构造（图 5-4），在适当的地质构造条件下，无论孔隙水、裂隙水、岩溶水都可形成承压水。最适宜形成承压水的地质构造大体可分为向斜构造和单斜构造。有承压水分布的向斜构造称为自流盆地，有承压水分布的单斜构造称为自流斜地。

（2）自流盆地

自流盆地按水文地质特征可分为三个组成部分：补给区、承压区和排泄区。

承压含水层在盆地边缘出露于地表，高程较高的一边，称为承压水的补给区，高程较低处称为排泄区。

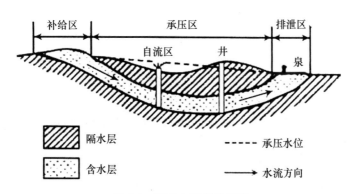

图 5-4　地下水埋藏示意图

在补给区上面由于没有隔水层存在而不具有承压性质，实际上已成为潜水，它直接受大气降水及地表水的补给。它的水位受到气候及地形的控制，往往具有较好的径流条件。

承压含水层之上有不透水层覆盖的地段称为承压区，这里的地下水受静水压力，当钻孔打穿隔水顶板后，就可发现水位上升到隔水顶板以上的某一高度，此高程即为承压水在该点的静止水位或测压水位。从静止水头到含水层顶板的底面的垂直距离称为压力水头。此压力水头的大小各处不同，取决于含水层各处的隔水顶板与静止水位间的距离。当测压水位高于地形高程时，如钻孔穿过隔水顶板，水就可以涌出地表，否则不会。

在自流盆地边缘，地形较低的地段内，承压水可以通过泉等各种形式排出含水层之外，该处即为排泄区。

（3）自流斜地

单斜承压水含水层在水文地质学中称为承压斜地，其形成有两种不同的情况：一是断裂构造所形成的自流斜地，含水岩层一端出露于地表，成为接受大气降水或地表水下渗的补给区，另一端在地下某一深度被断层切断，并与断层另一侧隔水层接触。当断层带岩性破碎能够透水时，含水层中的承压水沿断层带上升，若断层带出露地表处低于含水层出露地表处，则承压水可以通过断层以泉水的形式排泄，断层带就成为这种自流斜地的排泄区。

倘若断层不导水时，那么自流斜地的补给区与排泄区位于相邻地段而承压区位于另一地段。

另一种是含水层岩性发生相变，上部出露地表，下部在某一深度处尖灭，即岩相发生变化，由透水层变为不透水层。在补给区承受来自地表水或大气降水的补给，当补给量超过含水层可能容纳的水量时，由于下部无排泄出路，形成回水，因此在含水层出露地表的地势较低处有泉出现，形成排泄区，可见补给区与排泄区是相邻的，而承压区位于另一端。此时水从补给区流到排泄区并非经过承压区，这与上面所述自流盆地中水的循环显然有极大的区别。在第一种情况下，如断层带不导水时，则情况相同。

承压含水层的埋藏条件与潜水相比显然有独特之处。无论自流盆地或自流斜地，承压含水层在同一区域内均可在不同深度有着若干层同时存在的情况，它们之间的水头高度与地形和构造二者有关。

（4）承压水的补给、径流和排泄

① 承压水的补给。

a. 承压水的补给区直接出露于地表时，补给多半来自大气降水。

114

b. 只有当补给区位于河床地带，地表水才可以成为补给来源。

c. 当承压含水层补给区位于潜水之下，潜水可以泄入承压含水层中构成其补给源。

② 承压水的排泄。

a. 当排泄区上有潜水存在时，则可以排泄入潜水中。

b. 当侵蚀面下切达到承压含水层时，就以泉水形式排泄。

c. 如导水断层切断含水层时，沿断层带的承压水也可以以泉的形式排泄。有时断层导致含水层间相互连通，构成水力联系。

在地形合适的条件下，即补给区与排泄区地形高差大时，可以有较好的地下径流，使水的补给及排泄都很畅通。径流条件的好坏除了与地形有关外，还必须考虑到含水层的透水性、补给区与排泄区的水位差和承压含水层的挠曲程度。若透水性越好，水位差越大则径流条件越好；而当其他条件一致时，含水层的挠曲程度越小，则径流条件越差，地下水的交替作用也越慢，这不仅对整个承压盆地如此，而且对每一个承压含水层也是如此。

承压含水层的涌水量，主要与含水层的分布范围、厚度、透水性、构造破坏程度、水的补给来源等因素有关，在一般的情况下，在含水层分布面积广、厚度大、透水性好，水的补给充足等良好条件下，一定会有较丰富的水量及较为稳定的动态。

由于承压水的形成条件是不同的，所以承压水的水质变化也是比较复杂的，在同一大型构造盆地或在同一个含水层内，可以出现总矿化度小于 0.5g/L 的淡水和总矿化度达数百克/升的卤水，以及含有某些具有医疗价值的元素或高温热水，以使承压水具有各方面不同的利用价值。

2. 地下水按含水层性质分类及特征

① 孔隙水：是指储存和运移在松散沉积物孔隙中的地下水。

② 裂隙水：在裂隙含水层中储存和运移的地下水。

a. 风化裂隙水：裂隙是由风化作用形成的。

b. 成岩裂隙水：成岩裂隙是在岩石的形成过程中由于冷凝、固结、干缩而形成的。

c. 构造裂隙水：由于地壳的构造运动在岩石中形成和各种断层和节理，统称为构造裂隙。

③ 岩溶水：埋藏在可溶岩裂隙、溶洞及地下暗河中的地下水。

5.3.3 地下水对土木工程的影响

（1）地面沉降

在含水层中进行地下洞室、地铁或深基础施工时，往往需要采用抽水的办法人工降低地下水位。由于抽水引起含水层水位下降，导致土层中的孔隙水压力降低，颗粒间有效应力增加，地层压密超过一定限度，即表现出地面沉降。

当抽水时，在抽水井周围形成降水漏斗范围内的土层将发生沉降。由于土层的不均匀性和边界条件的复杂性，降水漏斗往往是不对称的，会使周围建筑物或地下管线产生不均匀沉降，造成地面建筑物和地下管线不同程度的损坏。

（2）流砂和潜蚀

① 流砂。

在饱和的砂性土层中施工，由于地下水力学状态的改变，使土颗粒之间的有效应力等于零，土颗粒悬浮于水中，随水一起流出的现象称为流砂。

②潜蚀。

如果地下水渗流水力坡度小于临界水力坡度，那么虽然不会发生流砂现象，但是土中的细小颗粒仍有可能穿过粗颗粒之间的孔隙被渗流带走。时间过长，在土层中将形成管状空洞，使土体结构破坏，强度降低，压缩性增加，我们将这种现象称为机械潜蚀。

习　题

5-1　残积层的特征有哪些？

5-2　坡积层的特征有哪些？

5-3　洪积层的特征有哪些？

5-4　简述河流的地质作用。

5-5　简述地下水对混凝土的侵蚀性。

5-6　简述地下水对土木工程的影响。

第6章 特殊土

6.1 概　述

土是由岩石经过长期的风化、搬运、沉积作用而形成的未胶结的、覆盖在地球表面的沉积物。在常规的土质条件下进行工程活动，需保证土体满足规范要求的含水量、强度、稳定性等各方面性能。然而对于一些特殊的土体，除了满足常规指标符合规范要求外，还需根据特殊土的性质对其进行处理，从而使其达到工程建设的标准。特殊土种类较多，主要包括填土、软土、湿陷性黄土、膨胀土、盐渍土、红黏土和冻土等。

6.2 填　土

填土是指由人类活动而堆填的土。填土根据其物理组成和堆填方式可分为素填土、杂填土和冲填土。

6.2.1 填土分类

（1）素填土

由天然土经人工扰动和搬运堆填而成，不含杂质或杂质很少，一般由碎石、砂或粉土、黏性土等一种或几种材料组成。在碾压、夯拍或振捣等外加荷载作用下分层压实的称为压实填土。未经压实的素填土在自重作用下压密稳定需要较长时间，并容易产生不均匀变形，它的承载能力除与填料的种类、性质、均匀程度等有关外，还与填土的龄期有很大关系。素填土的工程性能较差，不宜直接作为路基持力层，一般采取换填的方法。素填土属于一种人工填土。

（2）填土

杂填土是由人类活动而任意堆填产生的建筑垃圾、工业废物和生活垃圾。由于是任意堆填而成，其必然存在结构松散、密实度低的缺陷。其工程性质表现为强度低、压缩性高，往往均匀性也差。尤其是含生活垃圾或有机质废料的填土，成分复杂。常见其内含腐殖质以及亲水性和水溶性物质，将导致地基产生大的沉降及浸水湿陷性，故这类填土未经处理不宜作为建筑物地基。遇有面广层厚、性能稳定的工业废料堆积物，也包括部分堆积年代久远的建筑垃圾，宜先对其进行详尽的勘察，然后研究其处理的技术可能性和利用的经济合理性。同时应该注意的是，工业废料中可能包含某些对人体、建筑材料或环境有害的成分。如果加以利用，应通过研究确定可靠的防治措施。

（3）冲填土

冲填土是指将江河中的泥沙吹填到江河两岸而形成的沉积土，其成分是黏土和粉砂，在水力分选作用下，土颗粒具有明显的粗细沉积之分，形成的冲积土在纵横方向上呈不均匀性分布。土的含水量也是不均匀的，土的颗粒越细，排水固结越慢，含水量也越大。当冲填土以黏性土为主时，水分难以排出，土体在形成初期常处于流动状态，强度要经过一定固结时间才能逐渐提高，这类土属于强度低和压缩性大的欠固结土；当冲填土经自然蒸发后，表面常形成龟裂，但下部土体仍然处于流动状态，稍经扰动，即出现触变现象。当冲填土以砂或其他粗颗粒土为主时，排水固结较快，这类土就不属于软弱土。因此，冲填土的工程性质主要取决于颗粒组成、均匀性和排水固结条件。评估冲填土地基的压缩变形和容许承载力时，应考虑欠固结的影响，对于桩基工程应考虑桩侧负摩擦力的影响。

6.2.2 填土工程性质

一般来说，填土具有不均匀性、湿陷性、自重压密性及低强度、高压缩性。

（1）素填土的工程性质

素填土的工程性质取决于它的均匀性质和密实度。在堆填过程中，未经人工压实者，一般密实度较差，但堆积时间较长，由于自重压密作用，也能达到一定的密实度。如堆积超过10年的黏性土，超过5年的砂性素填土，均具有一定的密实度和强度，可以作为一般建筑物的天然地基。

（2）杂填土的工程性质

① 性质不均、厚度变化大。由于杂填土的堆积条件、堆积时间，特别是物质来源和组成成分的复杂和差异，造成杂填土的性质很不均匀，分布范围及厚度的变化均缺乏规律性，带有极大的人为随意性，往往在很小范围内，就有很大的变化。当杂填土的堆积时间越长，物质组成越均匀、颗粒越粗，有机物含量越少，则作为天然地基的可能性越大。

② 变形大并有湿陷性。就其变形特性而言，杂填土往往是一种欠压密土，一般具有较高的压缩性。对部分新的杂填土，除正常荷载作用下的沉降外，还存在自重压力下沉降及湿陷变形的特点；对生活垃圾土还存在因进一步分解腐殖质而引起的变形。在干旱和半干旱地区，干或稍湿的杂填土，往往具有浸水湿陷性。堆积时间短、结构疏松，这是杂填土浸水湿陷和变形大的主要原因。

③ 压缩性大、强度低。杂填土的物质成分异常复杂，不同物质成分，直接影响土的工程性质。当建筑垃圾土的组成物以砖块为主时，则优于以瓦片为主的土。建筑垃圾土和工业废料土，在一般情况下优于生活垃圾土。因生活垃圾土物质成分杂乱，含大量有机质和未分解的植物质，具有很大的压缩性和很低的强度。即使堆积时间较长，仍较松软。

（3）冲填土的工程性质

冲填土有别于素土回填，它具有一定的规律性。其工程性质与冲填土料、冲填方法、冲填过程及冲填完成后的排水固结条件、冲填区的原始地貌和冲填龄期等因素有关。

① 冲填土有的以砂粒为主，也有以黏粒或粉粒为主。在冲填土的入口处沉积的土粒较粗，甚至有石块，顺着出口处逐渐变细，除出口处及接近围堰的局部范围外，一般尚属均匀，但在冲填过程中间歇时间过长，或土料有变化则将造成冲填土纵横向的不均匀性。

117

② 冲填土料粗颗粒比细颗粒排水固结快，在其下层土质具有良好的排水固结条件下所形成的冲填土地基的强度和密实度随着龄期增长而加大。

③ 冲填土料很细时，水分难以排出。土体形成初期呈流动状态，当其表面经自然蒸发后，常呈龟裂，下面水分不易排出，处于未固结状态，较长时间内可能仍处于流动状态，稍加扰动，即呈触变现象。

④ 如原始地貌高低不平或局部低洼，冲填后水分更不易排出，固结极为缓慢，压缩性高。而冲填在斜坡地段上，则其排水固结条件就较好。

⑤ 冲填土与自然沉积的同类土相比，强度低，压缩性高，常产生触变现象。在勘探钻孔时应防止涌土塌孔。土样运输时应避免受振动而水土分离，使试验成果不佳，必要时可进行现场十字板及载荷试验。

6.2.3 填土地基的利用和处理

（1）填土地基的利用

利用填土作为地基时，宜采取一定的建筑和结构措施，以提高和改善建筑物对填土地基不均匀沉降的适应能力。具体来说可采取如下建筑和结构措施：

① 建筑体形尽量简单，以适应不均匀沉降。

② 因填土地基的表层往往都有一层硬壳层，应浅埋基础充分利用硬壳层。

③ 基础应选择面积大、整体性刚度好的基础形式。

④ 适当加强上部结构的刚度和强度。

（2）填土地基的处理

其方法的选择，应从加固效果、经济费用、工程周期、环境影响以及地区经验等方面综合比较，并参照下列条件确定：

① 换土-垫层适用于地下水位以上，可减少和调整地基不均匀沉降。

② 机械碾压、重锤夯实和强夯主要适用于加固浅埋的松散低塑性和无黏性填土。

③ 挤密土桩、灰土桩适用于地下水位以上，砂、碎石桩适用于地下水位以下，处理深度可达 6～8m。

另外，还可采用 CFG 桩法、柱锤冲扩桩法等地基处理方法，以提高填土的地基承载力。

6.3 湿陷性黄土

地基施工中黄土属于最常见的土质之一。而黄土在自重或外力的作用下，被水浸润后结构改变而引发的显著下沉现象，称为湿陷。湿陷性黄土的特点为空隙比较大，湿陷性强；天然含水量高，湿陷性低。湿陷性黄土受水浸湿后会产生显著的附加下沉，对于建筑在其上的工程具有特殊的危害作用，因此客观评价黄土的湿陷性是湿陷性黄土区工程勘察的主要任务之一。广泛分布于我国东北、西北、华中和华东部分地区的黄土多具湿陷性。在湿陷性黄土地基上进行工程建设时，必须考虑因地基湿陷引起附加沉降对工程可能造成的危害，选择适宜的地基处理方法，避免或消除地基的湿陷或因少量湿陷所造成的危害。

黄土是干旱或半干旱气候条件下的沉积物，在生成初期，土中水分不断蒸发，土孔隙中的毛细作用，使水分逐渐集聚到较粗颗粒的接触点处。同时，细粉粒、黏粒和一些水溶盐类也不同程度地集聚到粗颗粒的接触点形成胶结。黏粒以及土体中所含的各种化学物质如铝、铁物质和一些无定型的盐类等，多集聚在较大颗粒的接触点起胶结和半胶结作用，作为黄土骨架的砂粒和粗粉粒，在天然状态下，由于上述胶结物的凝聚结晶作用被牢固地粘结着，故使湿陷性黄土具有较高的强度，而遇水时，水对各种胶结物具有软化作用，使土的强度突然下降便产生湿陷。

6.3.1 湿陷性黄土分类

湿陷性黄土又分为自重湿陷性黄土和非自重湿陷性黄土。

自重湿陷性黄土是指在上覆土的自重压力下受水浸湿发生湿陷的湿陷性黄土。

非自重湿陷性黄土是指黄土浸水后在饱和自重压力下不发生湿陷，只有在附加一定压力后浸水才发生湿陷的湿陷性黄土。

划分自重湿陷性和非自重湿陷性黄土，可按室内或现场浸水压缩试验，在土的饱和自重压力下测定的自重湿陷系数判定。当自重湿陷系数小于 0.015 时，定为非自重湿陷性黄土；自重湿陷系数大于等于 0.015 时，应定为自重湿陷性黄土。

6.3.2 湿陷性黄土的工程特性

湿陷性黄土是一种特殊性质的土，其土质较均匀、结构疏松、孔隙发育。在未受水浸湿时，一般强度较高，压缩性较小。当在一定压力下受水浸湿，土结构会迅速破坏，产生较大附加下沉，强度迅速降低。故在湿陷性黄土场地上进行建设，应根据建筑物的重要性、地基受水浸湿可能性的大小和在使用期间对不均匀沉降限制的严格程度，采取以地基处理为主的综合措施，防止地基湿陷对建筑产生危害。

我国湿陷性黄土的颗粒主要为粉土颗粒，占总重量约 50%～70%，而粉土颗粒中又以 0.05～0.01mm 的粗粉土颗粒为多，占总重约 40.60%，小于 0.005mm 的黏土颗粒较少，占总重约 14.28%，大于 0.1mm 的细砂颗粒占总重在 5% 以内，基本上无大于 0.25mm 的中砂颗粒。粗颗粒中主要是石英和长石，黏粒中主要是中等亲水性的伊利石。此外，在湿陷性黄土中又含有较多的水溶盐，呈固态或半固态分布在各种颗粒的表面。

6.3.3 湿陷机理

（1）湿陷性黄土成因

黄土是在干旱条件下风尘堆积物经黄土化过程形成的，是在一定地质时期受干冷气候作用形成的土壤。研究表明，土壤的湿陷性与气候有关，干旱造就湿陷性强的土壤，半干旱与半湿润造就湿陷性弱的土壤，温和气候造就的土壤不显示湿陷性。

（2）造成黄土湿陷原因

造成黄土湿陷的原因主要有三种：①黄土的力学性质从内部改变了黄土在浸水及外部荷载因素下，使剪应力超过抗剪强度，从而发生湿陷。②土质里面受水浸润，土壤自身摩擦力降低，外力作用导致湿陷。③黄土内部结构发生崩解，使黄土颗粒间的胶结强度弱化，颗粒间相对迁移，并伴随小颗粒进入大间隙。同时由于颗粒间胶结被水溶解，在外部扰动作用下强度已不堪平衡，造成土质结构损坏。

黄土湿陷系数是随着压力的增加而增大。当压力增加到一定数值时，湿陷达到最大值，其后随压力的增加开始逐渐减小，只有压力刚好等于峰值湿陷系数的压力时，土壤的湿陷作用才发挥得最充分，湿陷系数才最大。只有当压力超过湿陷初始压力且不大于湿陷最高压力时，饱和浸水才可能会产生相当的湿陷变形。在工程建设中，应计算出合适的地基压力，尽量使压力小于湿陷初始压应力或者大于湿陷最高压力才可能减少湿陷对工程的影响。研究表明，黄土湿陷性是随着土壤深度的增加而湿陷性逐渐降低，深度越大，湿陷性反应越小，其建设工程的性质也就越好；黄土间孔隙比例越大，其湿陷性越严重，且初始孔隙比和湿陷等级有随着深度增加而湿陷减少的趋势。一般情况下，在黄土湿陷数值初始阶段，黄土结构间的压缩量随压力增加而增大，但达到某一程度时，随压力的增大而土质结构压缩量逐渐减小，同时在相同荷载作用下，湿陷性黄土的压缩量随深度增加而减小。多数实验还表明黄土的湿陷性与浸水有直接关联。湿陷程度随含水量增加而减弱，致密饱水黄土的湿陷性很弱或基本不具有湿陷性。黄土只有在含水率达到一定值时才会发生湿陷，使黄土发生湿陷时的最低含水率称为湿陷起始含水率。当含水量相等时，湿陷程度随浸湿程度增加而加强，且当压力达到某一数值，湿陷性黄土的含水量在湿陷起始含水量与饱和含水量之间变化时，湿陷系数与含水量之间呈线性关系。致密饱水黄土的湿陷性很弱或基本不具有湿陷性。

6.3.4　黄土湿陷性评价

1. 湿陷性的判定

当湿陷系数 δ_s 值小于 0.015 时，应定为非湿陷性黄土；当湿陷系数 δ_s 值等于或大于 0.015 时，应定为湿陷性黄土。

以湿陷系数是否大于或等于 0.015 作为判定黄土湿陷性的界限值，是根据我国黄土地区的工程实践经验确定的。

2. 湿陷程度

湿陷性黄土的湿陷程度，可根据湿陷系数 δ_s 值的大小分为下列三种：

当 $0.015 \leqslant \delta_s \leqslant 0.03$ 时，湿陷性轻微。

当 $0.003 \leqslant \delta_s \leqslant 0.07$ 时，湿陷性中等。

当 $\delta_s \geqslant 0.07$ 时，湿陷性强烈。

3. 场地湿陷类型

（1）自重湿陷系数 δ_{zs}

单位厚度的土样在该试样深度处上覆土层饱和自重压力作用下所产生的湿陷变形，以小数表示，并按式（6-1）计算：

$$\delta_{zs} = \frac{h_z - h_z'}{h_0} \tag{6-1}$$

式中，h_z 为保持天然湿度和结构的试样，加压至该试样上覆土的饱和自重压力时，下沉稳定后的高度（mm）；h_z' 为上述加压稳定后的试样，在浸水作用下，附加下沉稳定后的高度（mm）；h_0 为试样的原始高度（mm）。

自重湿陷系数主要用于计算自重湿陷量，它本身并不作为判定黄土湿陷性的定量指标。

（2）自重湿陷量

① 实测自重湿陷 V'_{zs}（mm）根据现场试坑浸水试验确定。

② 自重湿陷量 V_{zs}（mm），应按式（6-2）计算：

$$V_{zs} = \beta_0 \sum_{i=1}^{n} \delta_{zsi} h_i \tag{6-2}$$

式中，h_i 为第 i 层土的厚度（mm）；δ_{zsi} 为第 i 层土的自重湿陷系数；β_0 为因地区土质而异的修正系数，在缺乏实测资料时，可按下列规定取值：陇西地区取 1.5；陇东-陕北-晋西地区取 1.2；关中地区取 0.9；其他地区取 0.5。

自重湿陷量的计算 V_{zs} 应自天然地面（当挖、填方的厚度和面积较大时，应自设计地面）起算，至其下全部湿陷性土层的底面止，其中自重湿陷系数 δ_{zs} 值小于 0.015 的土层不累计入。

4. 场地湿陷类型判定

① 当自重湿陷量的实测值 V'_{zs} 或计算值 V_{zs} 小于等于 70mm 时，应定为非自重湿陷性黄土。

② 当自重湿陷量的实测值 V'_{zs} 或计算值 V_{zs} 大于 70mm 时，应定为自重湿陷性黄土场地。

5. 地基湿陷等级

① 湿陷量的计算值 V_s，应按式（6-3）计算：

$$V_s = \sum_{i=1}^{n} \beta \delta_{si} h_i \tag{6-3}$$

式中，h_i 为第 i 层土的厚度（mm）；δ_{si} 为第 i 层土的湿陷系数；β 为考虑基底下地基土受水浸湿可能性和侧向挤出等因素的修正系数。

在缺乏实测资料时，β 可按下列规定取值：基底下 0～5m 深度内，取 $\beta=1.5$；基底下 5～10m 深度内，取 $\beta=1$；基底下 10m 以下至非湿陷黄土层顶面，在自重湿陷性黄土场地，可取工程所在地区的 β_0 值。

② 湿陷量 V_s 的计算深度应自基础底面（如基底标高不确定是，自地面以下 1.5m）算起，在非自重湿陷性黄土场地，累计至基底下 10m（或地基主要压缩层）深度为止，在自重湿陷性黄土场地，累计至非湿陷性土层顶面为止。其中湿陷系数 δ_s（10m 以下为 δ_{zs}）小于 0.015 的土不累计。

湿陷性黄土地基的湿陷等级，应根据湿陷量的计算值和自重湿陷量的计算值等因素按表 6-1 判定。

表 6-1 湿陷性黄土地基的湿陷等级表

湿陷类型 V_{zs}（mm） / V_s（mm）	非自重湿陷性场地 $V_{zs}\leqslant70$	自重湿陷性场地	
		$70<V_{zs}\leqslant350$	$V_{zs}>350$
$V_s\leqslant300$	Ⅰ（轻微）	Ⅱ（中等）	—
$300<V_s\leqslant700$	—	Ⅱ（中等）或Ⅲ（严重）	Ⅲ（严重）
$V_s>700$	Ⅱ（中等）	Ⅲ（严重）	Ⅳ（很严重）

6.3.5 常用处理措施

（1）垫层法

垫层法是先将基础下的湿陷性黄土一部分或全部挖除，然后用素土或灰土分层夯实做成垫层，以便消除地基的部分或全部湿陷量，并可减小地基的压缩变形，提高地基承载力，可将其分为局部垫层和整片垫层。当仅要求消除基底下1～3m湿陷性黄土的湿陷量时，宜采用局部或整片土垫层进行处理；当同时要求提高垫层土的承载力或增强水稳性时，宜采用局部或整片灰土垫层进行处理。

（2）夯实法

表层夯实适用于处理饱和度不大的湿陷性黄土地基。一般采用重锤，适当的落距，可达到消除基底以下1.2～1.8m黄土层的湿陷性。在夯实层的范围内，土的物理、力学性质获得显著改善，平均干密度明显增大，压缩性降低，湿陷性消除，透水性减弱，承载力提高。非自重湿陷性黄土地基，其湿陷起始压力较大，当用重锤处理部分湿陷性黄土层后，可减少甚至消除黄土地基的湿陷变形，采用重锤夯实的优点得以体现。强夯法加固地基机理一般认为，是将一定重量的重锤以一定落距给予地基以冲击和振动，从而达到增大压实度，改善土的振动液化条件，消除湿陷性黄土的湿陷性等目的。强夯加固过程是瞬时对地基土体施加一个巨大的冲击能量，使土体发生一系列的物理变化，如土体结构的破坏或排水固结、压密以及触变恢复等过程。其目的是使地基的紧密度、强度提高，整体承载力得到加强。

（3）挤密桩法

挤密桩法适用于处理地下水位以上的湿陷性黄土地基，处理深度可达5～10m。施工时先按设计方案在基础平面位置布置桩孔，利用锤击打入或振动沉管的方法在土中形成桩孔，然后将备好的素土（粉质黏土或粉土）或灰土在最优含水量下分层填入桩孔内，并分层夯（捣）实至设计标高止。通过成孔或桩体夯实过程中的横向挤压作用，使桩间土得以挤密，从而彻底改变土层的湿陷性质并提高其承载力。值得注意的是，不得用粗颗粒的砂、石或其他透水性材料填入桩孔内。

（4）桩基础

桩基础是将上部荷载传递给桩侧和桩底端以下的土（或岩）层，采用挖、钻孔等非挤土方法而成的桩。在成孔过程中将土排出孔外，桩孔周围土的性质并无改善。但设置在湿陷性黄土场地上的桩基础，桩周土受水浸湿后，桩侧阻力大幅度减小甚至消失，当桩周土产生自重湿陷时，桩侧的正摩阻力迅速转化为负摩阻力。因此在湿陷性黄土场地上，不允许采用摩擦型桩，设计桩基础除桩身强度必须满足要求外，还应根据场地工程地质条件，采用穿透湿陷性黄土层的端承型桩，其桩底端以下的受力层：在非自重湿陷性黄土场地，必须是压缩性较低的非湿陷性土（岩）层；在自重湿陷性黄土场地，必须是可靠的持力层。这样当桩周土受水浸湿，桩侧的正摩阻力一旦转化为负摩阻力时，便可由端承型桩的下部非湿陷性土（岩）层所承受，并可满足设计要求，以保证建筑物的安全与正常使用。

（5）化学加固法

化学加固法包括硅化加固法和碱液加固法。硅化加固湿陷性黄土的物理化学过程，一方面基于浓度不大的、黏滞度很小的硅酸钠溶液顺利地渗入黄土孔隙中，另一方面溶液与土的相互凝结，土起着凝结剂的作用。

6.4 软 土

软土一般是指天然含水量大、压缩性高、承载力低和抗剪强度很低的呈软塑~流塑状态的黏性土。软土是一类土的总称，并非指某一种特定的土，工程上常将软土细分为软黏性土、淤泥质土、淤泥、泥炭质上和泥炭等。软土具有天然含水量高、天然孔隙比大、压缩性高、抗剪强度低、固结系数小、固结时间长、灵敏度高、扰动性大、透水性差、土层层状分布复杂、各层之间的物理力学性质相差较大等特点。

这类土的物理特性大部分是饱和的，含有机质，天然含水量大于液限，孔隙比大于1。当天然孔隙比大于1.5时，称为淤泥；天然孔隙比大于1而小于1.5时，则称为淤泥质土。软土是第四纪后期地表流水所形成的沉积物质，多数分布于海滨、湖滨、河流沿岸等地势比较低洼地带，地表终年潮湿或积水。所以地表往往生长有大量芦苇、塔头草、小叶樟等喜水性植物，由于这些植物的生长和死亡，使软土中含有较多的腐殖质和有机物。

6.4.1 软土的分布和特征

1. 软土的特征

① 软土颜色多为灰绿、灰黑色，手摸有滑腻感，能染指，有机质含量高时，有腥臭味。

② 软土的粒度成分主要为黏粒及粉粒，黏粒含量高达 $60\%\sim70\%$。

③ 软土的矿物成分，除粉粒中的石英、长石、云母外，黏粒中的黏土矿物主要是伊利石，高岭石次之，此外，软土中常有一定量的有机质，可高达 $8\%\sim9\%$。

④ 软土具有典型的海绵状或蜂窝状结构，这是造成软土孔隙比大、含水率高、透水性小、压缩性大、强度低的主要原因之一。

⑤ 软土常具有层理构造，软土和薄层的粉砂、泥炭层等相互交替沉积，或透镜体相间形成性质复杂的土体。

⑥ 松软土由于形成于长期饱水作用而有别于典型软土。其特征与软土较为接近，但其含水量、力学性质明显低于软土。

2. 软土的分布

我国软土分布广泛，主要位于沿海、平原地带、内陆湖盆、洼地及河流两岸地带：沿海、平原地带，软土多位于大河下游入海三角洲或冲积平原处，如长江、珠江三角洲地带、塘沽、温州、闽江口平原等地带；内陆湖盆、洼地则以洞庭湖、洪泽湖、滇池等地为代表；山间盆地及河流中下游两岸漫滩、阶地、废弃河道等处也常有软土分布；沼泽地带则分布着富含有机质的软土和泥炭。

3. 软土的成因

（1）沿海沉积型

我国东南沿海自连云港至广州湾几乎都有软土分布，其厚度大体自北向南变薄，由 40m 至 5~10m，沿海沉积的软土又可按沉积部位分为四种：

① 滨海相。受波浪、岸流影响，软土中常含砂粒，有机质较少，结构疏松，透水性稍强，如天津塘沽、浙江温州软土。

② 泻湖相。软土颗粒微细、孔隙比大，强度低，分布广泛，常形成海滨平原，如宁

波软土。

③ 溺谷相。呈窄带状分布，范围小于泻湖相，结构疏松，孔隙比大，强度很低，如闽江口软土。

④ 三角洲相。在河流与海潮复杂交替作用下，软土层常与薄层的中、细砂交错沉积。

（2）内陆湖盆沉积型

软土多为灰蓝至绿蓝色，颜色较深，厚度一般在 10m 左右，常含粉砂层、黏土层及透镜体状泥炭层。

（3）河滩沉积型

软土一般呈带状分布于河流中、下游漫滩及阶地上，这些地带常是漫滩宽阔、河岔较多、河曲发育，软土沉积交错复杂，透镜体较多，厚度不大，一般小于 10m。

（4）沼泽沉积型

沼泽软土颜色深，多为黄褐色、褐色至黑色。其主要成分为泥炭，并含有一定数量的机械沉积物和化学沉积物。

（5）山间沟谷盆地型

山间沟谷盆地型是松软土的主要成因分布类型。此类型软土主要分布在水量充沛的内陆山间盆地和沟谷平缓区域，由原有泥质岩风化的黏土物质长期饱水浸泡软化而形成，分布因受地形影响较分散。

6.4.2 软土的工程特性

软土地基的物质结构、物理力学性质等具有以下基本特点：

① 高压缩性。软土由于孔隙比大于 1，含水量大，表观密度较小，且土中含大量微生物、腐植质和可燃气体，故压缩性高，且长期不易达到稳定。在其他相同条件下，软土的塑限值越大，压缩性也越高。

② 抗剪强度低。因此软土的抗剪强度最好在现场做原位试验。

③ 透水性低。软土的透水性能很低，垂直层面几乎是不透水的，对排水固结不利，反映在建筑物沉降延续时间长。同时，在加荷初期，常出现较高的孔隙水压力，影响地基的强度。

④ 触变性。软土是絮凝状的结构性沉积物，当原状土未受破坏时常具一定的结构强度，但一经扰动，结构破坏，强度迅速降低或很快变成稀释状态。软土的这一性质称为触变性。所以软土地基受振动荷载后，易产生侧向滑动、沉降及其底面两侧挤出等现象。

⑤ 流变性。是指在一定的荷载持续作用下，土的变形随时间而增长的特性，使其长期强度远小于瞬时强度。这对边坡、堤岸、码头等稳定性很不利。因此，用一般剪切试验求得抗剪强度值，应加适当的安全系数。

⑥ 均匀性。软土层中因夹粉细砂透镜体，在平面及垂直方向上呈明显差异性，易产生建筑物地基的不均匀沉降。

6.4.3 危害后果

软土地基的性质因地而异，因层而异，不可预见性大。在设计、施工过程中，稍有疏忽就会出现质量事故，常见的事故有：

① 勘察设计不详细或不准确，导致对应该做软基处理的地段未做处理设计，此类工例不少，在施工中经常会出现这种现象。

② 已知是软土地基，但是未做好软土地基处理，造成路堤失稳或危及线外建筑物。工例有：汕头磊口大桥引道，由于高填土引起线外土地隆起，民房受损，路基难以稳定，只好增加桥梁长度，建成后一段时间，仍然出现锥坡不均匀下沉，又做了处理，现已改建新桥；中山县附近的狮窖口桥，原设计是拱式桥跨，台背填土较高，由于高填土的推力作用和地基严重下沉，使桥台被推坏，拱体损伤，新路旁的老公路被挤移，将一条近10m宽的水沟填塞，路外厂房和民房受损，迫不得已改变桥型（原拱桥拆掉重建梁桥），增大桥长，降低路堤。

③ 虽然做了软土地基处理，但是措施不力、施工不当造成路堤失稳。珠海南屏桥引道，虽然软土采用砂井结合分级加载预压处理，路堤填土高度7m，南岸砂井施工完成后，仅填土到2.5m高（第一级加载）时就发生破坏，北岸在第三级填土完成时发生破坏。填土完成也发生破坏。经开挖分析，原因是地质资料不准确，填土速度过快，后加的反压护道又阻塞了砂垫层的排水通道。最后采取了挖深边沟排水（挖边沟时，原路堤底有大量的水流出），用袋装砂井（原先的砂井是无袋砂井）和铺土工布进行修复。

④ 堆料不当，未按规定分层填筑，填土过快，碾压不当，造成路堤失稳。新会虎坑、大洞桥的引道，原设计对软基都做了袋装砂井结合砂垫层加固处理，由于投资限制，大部分路段的处理被取消。在施工过程中，有几处路堤发生滑塌现象，通车后整个路段不均匀沉降明显。其主要原因是堆料不当，未按规定分层填筑，也未作施工观测，填土过快，碾压不当。其填料采用开山石渣土，其中含有大块石，运料没有做到均匀卸土，合理分层，而是堆成厚层用强振碾压，使强度很低、灵敏度很高的软土地基受到破坏。未做加固处理，但按规定施工的路段，虽然后来沉降较大，但没有发生破坏。

⑤ 扰动"硬壳层"或填筑不当，使"硬壳层"遭受破坏，导致路堤失稳。软土地基上往往有一层强度比软土高的土层，被称为"硬壳层"。"硬壳层"可以起到承重和扩散应力的作用，利用好"硬壳层"对于减少工程投资是有意义的。有的地区甚至认为，有"硬壳层"存在的软土地基，宁可不做软土地基特殊处理，充分利用"硬壳层"的扩散应力作用，采取预压措施，以保持填筑路堤的稳定。但若对"硬壳层"的勘察、利用工作做得不好，则达不到预想的效果。

⑥ 由于台背填土使地基对结构物产生负摩阻力和纵向推挤作用，引起桥台发生变位以至损坏。在软土地基上的桥台，基础不论是用支承桩或是摩擦桩，由于台背填土引起软土层发生较大的沉降，对桥台及桩基础产生纵向推挤向河中方向和负摩擦力作用，轻则使桥台发生位移或下沉，重则损坏桥台危及桥墩，这种现象尤以轻型桥台为甚。此类现象出现不少，给工程的进展和完工后的使用带来不利影响。主要问题是：台背填土引起桥台向桥跨方向发生水平变位；先做桥台，后做锥坡及台背填土；锥坡没有按设计图纸做足，台背填土时把轻型桥台推坏；由于负摩擦力作用，引起桥台下沉。

6.4.4 处理方法

（1）堆载预压法

该法是在工程建设之前用大于或等于设计荷载的填土荷载，促使地基提前固结沉降以提高地基的强度，减少工后沉降。当强度指标达到设计要求数值后，卸去荷载，修筑道路路面。经过堆压预处理后，地基一般不会再产生大的固结沉降。利用路堤填土作为堆载，成本较低。施工填筑时宜采用分层分级施加荷载，以控制加荷速率，避免地基发生剪切破坏，达到地基强度慢慢提高的效果。该法原理较成熟，施工简单，不需要特殊的施工机械和材料。由于该地区软土固结系数小，故软土的排水固结时间较长，因此工期较长。如施工时间允许，可单独使用；如工期紧，可结合其他方法一起使用。

（2）真空预压法

真空预压法是在需要加固的软土地基内设置砂井或塑料排水板，然后在地面铺设砂垫层，其上覆盖不透气的密封膜使其与大气隔绝，通过埋设于砂垫层中的吸水管道，用真空装置进行抽气，将膜内空气排出，因而在膜内外产生气压差，气压差即转变成作用于地基上的荷载，地基不会产生剪切破坏，这对软土地基是有利的。该方法不需要堆载，省去了加载和卸荷工序，缩短了预压时间，省去了大量堆载材料，所使用的设备及施工工艺均比较简单，无需大量的大型设备，便于大面积施工。

（3）反压护道法

该法是指在道路主路堤两侧，填筑一定宽度和高度的护道，以期达到路堤稳定的一种方法，它主要是起抗滑的平衡作用，使得抗滑力矩能克服滑动力矩。其高度一般为路堤填土高度的1/3～1/2。这种方法处理软土地基，对解决路基稳定是有效的。该法不需控制填土速率，可以机械化快速完成路基填筑，但利用该法处理地基，土方量大、占用土地多。

（4）搅拌桩法

水泥土搅拌桩是胶结法处理软土地基的一种，它利用水泥或石灰等材料作为固化剂的主剂，通过特制的深层搅拌机械，在地基深处将软土和固化剂（浆液或粉体）强制搅拌，利用固化剂与软土之间所产生的一系列物理、化学反应，使软土固结成具有整体性、水稳定性和一定强度的地基，以达到提高地基承载力、减少地基沉降量的目的。其地基应视为复合地基，桩土共同承担荷载。它具有施工速度快，设备轻便，便于移动，方法容易掌握，处理深度较大等优点。

（5）换填垫层法

当软弱土层厚度不很大时，可将路基面以下处理范围内的软弱土层部分或全部挖除，然后换填强度较大的土或其他稳定性能好、无侵蚀性的材料（通常是渗水性好的砾料）称为换填或垫层法。此法处理的经济实用高度一般为2～3m，如果软弱土层厚度过大，则采用换填法会增加弃方与取土方量而增大工程成本。

（6）强夯法

对于孔隙较大的地基及含水量在一定范围内的软弱黏性土地基，可采用重锤夯实或强夯。它的基本原理是：土层在巨大的冲击能作用下，土中产生很大的压力和冲击波，致使土体孔隙压缩，夯击点周围一定深度内产生裂隙良好的排水通道，使土中的孔隙水（气）顺利排出，土体迅速固结。强夯后地基承载力可得到一定的提高，压缩性可降低200%～1000%。

（7）加筋路基法

对于沉降量不大的路堤，高路堤填土适当采用土工布垫隔，限制了软基和路基的侧向位移，增加了侧向约束，从而降低应力水平，加强了路基刚度与稳定性，提高了路基的水平横向排水，使荷载均布。采用土工布覆盖摊铺，既提高路基刚度，也使边坡受到维护，有利于排水，增加地基稳定性。

此外，在确定地基处理方法时，还要注意节约能源。注意环境保护，避免因为地基处理对地面水和地下水产生污染，避免振动噪声对周围环境产生不良影响等。

（8）化学加固法

通过在软土地基中加入水泥或其他化学材料，进行软土地基处理的方法称为化学加固法。适用于处理砂土、粉土、淤泥质黏土、粉质黏土、黏土和一般人工填土，也可以在处理裂隙岩体及已有构筑物地基加强中。水泥或其他化学材料注入土体后，与土体发生化学反应，吸收和挤出土中部分水与空气形成具有较高承载力的复合地基。主要加固方法：硅化法、粉喷桩、旋喷桩、注浆、水泥土搅拌法。

硅化法：用水玻璃为主的混合溶液对软土进行化学加固的方法称为硅化法，借助于电的作用进行加固称为电硅化法。它的特点是加固作用快，工期短，但造价较高，不适用于渗透系数太小的土。

旋喷桩：旋喷桩可分为粉体喷射桩、高压喷射注浆法等。对于强度低、压缩性高、排水性能较差的软土，采用灰土桩（水泥土桩、石灰土桩、二灰土桩等）与地基组成复合地基，大部分荷载由桩体承受，从而提高地基承载力，减少工后沉降。它的施工工艺比较复杂，需要配置专门的旋喷设备。利用粉喷桩施工造价较高，处理效果可靠，适用土层范围广。

6.5　冻　　土

冻土是指零摄氏度以下，并含有冰的各种岩石和土壤，一般可分为短时冻土（数小时/数日以至半月）、季节冻土（半月至数月）以及多年冻土（又称永久冻土，指的是持续两年或两年以上的冻结不融的土层）。

冻土具有流变性，其长期强度远低于瞬时强度特征。正由于这些特征，在冻土区修筑工程构筑物就必须面临两大危险：冻胀和融沉。随着气候变暖，冻土在不断退化。

中国的冻土可分为季节冻土和多年冻土。季节冻土占中国领土面积一半以上，其南界西从云南章凤，向东经昆明、贵阳，绕四川盆地北缘，到长沙、安庆、杭州一带。季节冻结深度在黑龙江省南部、内蒙古东北部、吉林省西北部可超过3m，往南随纬度降低而减少。多年冻土分布在东北大、小兴安岭，西部阿尔泰山、天山、祁连山及青藏高原等地，总面积为全国领土面积的1/5。

中国的青藏铁路就有一段路段需要通过冻土层。工程师需要通过多种方法使冻土层的温度稳定，以避免因为冻土层的转变而使铁路的路基不平，防止意外的发生。

分布中国的多年冻土又可分为高纬度多年冻土和高海拔多年冻土，前者分布在东北地区，后者分布在西部高山高原及东部一些较高山地（如大兴安岭南端的黄岗梁山地、长白山、五台山、太白山）。

东北冻土区为欧亚大陆冻土区的南部地带，冻土分布具有明显的纬度地带性规律，自北而南，分布的面积减少。

在西部高山高原和东部一些山地，一定的海拔高度以上（即多年冻土分布下界）方有多年冻土出现。冻土分布具有垂直分带规律，如祁连山热水地区海拔3480m出现岛状冻土带，3780m以上出现连续冻土带；前者在青藏公路上的昆仑山上分布于海拔4200m左右，后者则分布于 4350m 左右。青藏高原冻土区是世界中、低纬度地带海拔最高（平均4000m 以上）、面积最大（超过 100 万 km²）的冻土区，其分布范围北起昆仑山，南至喜马拉雅山，西抵国界，东缘至横断山脉西部、巴颜喀拉山和阿尼马卿山东南部。在上述范围内有大片连续的多年冻土和岛状多年冻土。在青藏高原地势西北高、东南低，年均温度和降水分布西、北低，东、南高的总格局影响下，冻土分布面积由北和西北向南和东南方向减少。高原冻土最发育的地区在昆仑山至唐古拉山南区间，本区除大河湖融区和构造地热融区外，多年冻土基本呈连续分布。往南到喜马拉雅山为岛状冻土区，仅藏南谷地出现季节冻土区。中国高海拔多年冻土分布也表现出一定的纬向和经向的变化规律。冻土分布下界值随纬度降低而升高，两者呈直线相关。冻土分布下界值中国境内南北最大相差达3000m，除阿尔泰山和天山西部积雪很厚的地区外，下界处年均气温由北而南逐渐降低（由 $-3 \sim -2 ℃$ 以下）。西部冻土下界比雪线低 $1000 \sim 1100m$，其差值随纬度降低而减小。东部山地冻土下界比同纬度的西部高山一般低 $1150 \sim 1300m$。

冻土形成以物理风化为主，而且进行得很缓慢，只有冻融交替时稍为显著，生物、化学风化作用也非常微弱，元素迁移不明显，黏粒含量少，普遍存在着粗骨性。高山冻漠土黏粒的 K_2O 含量很高，可达 50g/kg，说明脱钾不深，矿物处于初期风化阶段。

冻土区普遍存在不同深度的永冻层。在湿冻土分布区，夏季，永冻层以上解冻，由于永冻层阻隔，融水渗透不深，致使永冻层以上土层水分呈过饱和状态，而形成活动层，活动层厚度为 $0.6 \sim 4m$，若永冻层倾斜，则形成泥流；冬季地表先冻，对下面未冻泥流产生压力，使泥流在地表薄弱处喷出而成泥喷泉，泥流积于地表成为沼泽，因其下渗较弱，泥流、泥喷泉又混和上下层物质，使土壤剖面分化不明显，而在南缘永冻层处于较深部位，水分下渗较强处，剖面层次分化较好。

在干旱冻土分布区，白天由于太阳辐射强烈，地面迅速增温，表土融化，水分蒸发；夜间表土冻结，下层的水汽向表面移动并凝结，增加了表土含水量，反复进行着融冻和湿干交替作用，促进了表土海绵状多孔结皮层的形成。此外，暖季，白天表土融化，夜间冻结，都是由于由地表开始逐渐向下增温或减温总是大致平行于地表水平层次变化着的，所以，在干旱的表土上，强烈的冻结作用往往形成表土的龟裂。

6.6 红 黏 土

红黏土是指亚热带暖湿地区的碳酸盐类岩石强烈风化后残积、坡积形成的红褐色（或棕红、褐黄等色）高塑性黏土，其液限等于或大于 50%。红黏土经搬运、沉积后仍保留其基本特征，且液限大于 45% 的土称为次生红黏土。红黏土黏粒含量很高，矿物成分则以石英和伊利石或高岭石为主，塑性指数一般为 $20 \sim 40$，天然含水量接近塑限，故虽孔隙比大于 1.0，饱和度大于 85%，但强度仍然较高，压塑性低。随深度增加含水量通常增加，因而土质由硬变软。有些地区红黏土具有胀缩性，厚度分布不均，岩溶现象较发育。

6.6.1 红黏土的形成条件

（1）岩性条件

在碳酸盐类岩石分布区内，经常夹杂着一些非碳酸盐类岩石，它们的风化物与碳酸盐类岩石的风化物混杂在一起，构成了这些地段红黏土成土的物质来源。故红黏土的母岩是包括夹在其间的非碳酸盐类岩石的碳酸盐岩系。

（2）气候条件

红黏土是红土的一个亚类。红土化作用是在炎热湿润气候条件下进行的一种特定的化学风化成土作用。在这种气候条件下，年降水量大于蒸发量，形成酸性介质环境。红土化过程是一系列由岩变土和成土之后新生黏土矿物再演变的过程。

6.6.2 红黏土的形成过程

红黏土是指在湿热气候条件下，经历了一定红黏土化作用而形成的一种含较多黏粒，富含铁、铝氧化物胶结的红色黏性土。红黏土在形成过程中依次经历了风化作用，微团粒化作用后期对微团粒改造的成土作用，当母岩经历了这一完整的成土过程之后，现代意义上的红黏土便形成了，并具有了特殊的工程地质特性。红黏土形成过程叙述如下：

（1）风化作用

在风化过程中，岩石中暗色矿物（黑云母、辉石、橄榄石等）不稳定，容易被氧化分解，形成高岭石、三水铝石及游离铁质等；浅色矿物（石英、长石、白云母等）也因风化作用形成了相应的风化产物，如高岭石簇矿物、伊利石、蒙脱石、碱的真溶液及硅胶等；岩石中含铁的硫化物、氧化物、碳酸盐等经氧化、碳酸化及水解作用后将形成游离铁质及酸性水溶液。在酸性水介质中，游离铁、铝胶质、高岭石等在静电力作用下，联结成多孔含水并为铁（铝）质所包裹，表面粗糙不平，呈不规则形状的结构单元体。并且在酸性水溶液中，游离铁、铝质与硅胶会吸附在一起形成双电层，通过结合水联结成胶团，这种胶团便将结构单元体胶结成较大的集合体。另外，一些结晶矿物也因结晶作用而使结构单元体之间出现结晶联结。由此便可逐级形成更大的集合体，从而形成高分散呈整体胶结状态的块状红黏土。

（2）微团粒化作用

上述呈整体胶结状态的红黏土当遇高温干燥的气候条件时，其内部因失水收缩出现裂缝。降雨时，水沿裂缝渗透，并借薄膜水的传递楔入，使胶结联结减弱。当然也不排除由于长期雨水浸泡，淋溶出的游离铁、铝、硅胶等又凝聚成新的胶结联结，但若又遇干燥天气，这种新的胶结因土体的再次干裂收缩很快便被破坏。随着这种干燥—降雨—干燥气候的循环往复，势必使红黏土向其结构单元体方向发展，而结构单元体因干燥失水逐渐硬化，且这种硬化趋势是不可逆的，于是这种作用的最终结果是使呈整体胶结的红黏土块体变成了由微细团粒与结构单元体组成的散粒红黏土。

（3）成土作用

在中更新世至晚更新世，由微团粒化作用形成的散粒红黏土，不具备湿热气候条件，淋溶作用较弱，结构单元体经一定的固结压密及少量的游离铁、铝、硅质等重新胶结，便形成现代意义上典型的以结构单元体为骨架通过结合水及接触式胶结物联结的蜂窝状红黏土，具有天然密度小，含水量高，孔隙比大，液、塑限高，压缩性中至低，强度中至高的特性。相应地，把这种形成典型红黏土的作用称为红黏土成土作用。如果这一成土时间较长，即在早更新世至中更新世形成的散粒红黏土，因经历了湿热天气而受到较强的淋溶作用，并在长期的固结压密作用下，形成结构单元体粒径较小、密度大、连接力强的超固结红黏土及网纹状红黏土。而对于晚更新世后期形成的残积红黏土来说，或红黏土化作用还未结束，或被不断剥蚀出露地表成为新红黏土，结构单元体棱角分明，其间基本无联结，具有干燥疏松、易散落，工程性质易变化的特点。

6.6.3 红黏土的成分

红黏土是热带、亚热带湿热气候条件下的产物，风化程度高，矿物、化学成分变化强烈。碎屑矿物主要是石英和少量未风化长石；黏粒含量较多，黏土矿物以高岭石类为主，伊利石含量较少；含一定量的针铁矿和赤铁矿，部分含有三水铝石。化学成分以 SiO_2、Al_2O_3、Fe_2O_3 为主，其他 RO、R_2O_2 含量很少，硅铝比小，pH 值低，有机质和可溶盐含量极少，比表面积及阳离子交换容量较低，游离氧化物含量较高，尤其是游离氧化铁含量（质量分数）占全铁的 50%～80%。总之，红黏土是以亲水性较弱的高岭石和石英为主，活动性较低，有铁质胶结的红色黏性土。红黏土的粒度成分与母岩关系密切，砂岩、砾岩、花岗岩残积红粘土的粒度粗，砂砾含量多，黏粒含量较少（20%～40%）；碳酸盐类岩石和玄武岩残积红黏土，粒度细，黏粒含量多（40%～80%）。

6.6.4 红黏土的分布规律

（1）分布的地域性

我国红黏土主要分布在南方，以贵州、云南和广西最为典型和广泛；其次，在四川盆地南缘和东部、鄂南、湘西、湘南、粤北、皖南和浙西等地也有分布。在西部，主要分布在较低的溶蚀夷平面及岩溶洼地、谷地；在中部，主要分布在峰林谷地、孤峰准平原及丘陵洼地；在东部，主要分布在高阶地以上的丘陵区。我国北方红黏土零星分布在一些较温湿的岩溶盆地，如陕南、鲁南和辽东等地，多为受到后期应力的侵蚀和其他沉积物覆盖的早期红黏土。

（2）红黏土土性的变化规律

各地区红黏土一般具有自西向东塑性和黏粒含量逐渐降低、土中粉粒和砂粒含量逐渐增高的趋势。

（3）红黏土厚度变化规律

各地区红黏土厚度不尽相同，贵州地区为 3～6m；云南地区一般为 7～8m；湘西、鄂西和广西等地为 10m 左右。

红黏土的厚度变化与原始地形和下伏基岩面的起伏变化关系密切。分布在盆地或洼地中的红黏土大多是边缘较薄、中间增厚；分布在基岩面或风化面上的红黏土厚度取决于基岩面起伏和风化层深度。当下伏基岩的溶沟、溶槽、石芽等发育时，上覆红黏土的厚度变化极大，常出现咫尺之隔厚度相差 10m 之多的现象。

（4）红黏土工程特性

红黏土的黏粒组分（粒径小于 0.005mm）含量高，一般可达 55%～70%，粒度较均匀，高分散性。黏土颗粒主要是多水高岭石和伊利石类黏土矿物为主，主要化学成分为：SiO_2（33.5%～68.9%）、Al_2O_3（9.6%～12.7%）、Fe_2O_3（13.4%～36.4%），硅铝率一般均小于 2，常呈蜂窝状结构，常有很多裂隙（网状裂隙）、结核和土洞。

① 物理性质指标：天然含水量高、高分散性、表观密度大、孔隙比大、饱和度高、高液限、高塑限、高塑性，一般处于硬塑或坚硬状态。

② 力学性质指标：强度较高、密实度低、压缩性低、黏聚力高和内摩擦角低，有较高的地基承载力。

③ 不具湿陷性，但收缩性明显且膨胀性轻微，原状土的收缩率可达 25％，膨胀率均小于 2％。

6.6.5　红黏土的物性指标特征

① 高塑性、高液限、高孔隙比。其中含水率、塑限、液限和孔隙比等物性指标都明显大于其他土类，相当于软土。红黏土中，黏土矿物虽然缺乏强亲水性的蒙脱石，但因其粒度组成的高分散性，因而反映在表征其塑性的塑性指数以及表征密度的孔隙比的值都很高。以致有的公路部门将高含水率、高塑性、高孔隙比合称为"三高土"。而且研究表明，风干脱水对红黏土的液限、塑限没有明显影响，因此，对含水量较高的红黏土作为路基填料，翻晒后虽然含水量降低了，但是并不能改变其塑性的大小。此外，作为路基填料，红黏土在达到压实度时的最佳含水量也远远高于一般黏性土。

② 物性指标变化幅度大。如含水率、塑限、液限和孔隙比等及其对应的力学指标变化均较大。

③ 天然红黏土的饱和度多在 90％以上，使红黏土成为两相分散系，含水量和孔隙比呈现出良好的线性关系。红黏土的含水量较高、饱和度大显然与其较强的滞水性有关，由于其黏粒含量高、孔隙比较高、孔隙多而小，因而黏粒表面形成了较多的吸附水。

④ 渗透性差，可视为不透水层。在无压条件下充分浸水，胀限含水量只比天然含水量增加了 1％～3％，足见其渗透性之差。

⑤ 胀缩性能特征。一般黏土在浸水和失水后，由于其黏土片间的水膜厚度和减薄，都会表现出一定的胀缩性。阳离子交换的结果会使黏土矿物周围结合水的扩散层水膜厚度发生改变，使黏土表现出胀缩性，这种特性对红黏土也不例外。其胀缩性仅次于膨胀土，而比一般黏土显著。

6.6.6　红黏土的力学性质

红黏土虽然内摩擦角小，但黏聚力大，无侧限抗压强度（200～400kPa）比软土高数倍至十多倍，因而具有较高的抗剪强度，承载力也较高；其空隙比大，但压缩系数却甚小，说明红黏土的力学指标不同于一般黏土和其他特殊土，而具有独自的特点和相关规律。红黏土的高孔隙、低压缩、高塑性、高承载力的工程特性是由红黏土较为独特的结构所决定的。研究表明，红黏土的强度主要由游离氧化铁所形成的铁质胶结作用产生的，红黏土中的游离氧化铁以胶态和微晶两种形式赋存。研究表明，红黏土的结构联接强度不仅取决于土中所含游离氧化铁的多少，更重要的是游离氧化铁存在的物态形式，红黏土中的游离氧化铁含量越高，其力学指标越高，土中晶质的氧化铁对胶态的氧化铁比值越高，其力学指标也越高。

6.7　膨　胀　土

　　膨胀土也称为"胀缩性土"，浸水后体积剧烈膨胀，失水后体积显著收缩的黏性土。由于土中含有较多的蒙脱石、伊利石等黏土矿物，故亲水性很强。当天然含水率较高时，浸水后的膨胀量与膨胀力均较小，而失水后的收缩量与收缩力则很大；天然孔隙比越大时，膨胀量与膨胀力越小，收缩量与收缩力则大些。这类土对建筑物会造成严重危害，但在天然状态下强度一般较高，压缩性低，易被误认为是较好的地基。中国云南、贵州、四川、广西、河北、河南、湖北、陕西、安徽和江苏等地，膨胀土均有不同范围的分布。对膨胀土地基，应做好地表的防渗与排水措施，也可适当加大基础荷载与基础深度以及提高建筑物的刚度并设沉降缝；或将持力层范围内的膨胀土挖除，用砂或其他非膨胀土回填。

　　膨胀土是种高塑性黏土，一般承载力较高，具有吸水膨胀、失水收缩和反复胀缩变形、浸水承载力衰减、干缩裂隙发育等特性，性质极不稳定，常使建筑物产生不均匀的竖向或水平的胀缩变形，造成位移、开裂、倾斜甚至破坏，且往往成群出现，尤以低层平房严重，危害性很大其裂缝特征有外墙垂直裂缝，端部斜向裂缝和窗台下水平裂缝，内、外山墙对称或不对称的倒八字形裂缝等。地坪则出现纵向长条和网格状的裂缝，一般于建筑物完工后半年到五年出现。

6.7.1　膨胀土的主要性质

1. 膨胀土的物理性质

　　主要成分由亲水性矿物组成，有较强的胀缩性，一般呈棕色、黄色、褐色及灰白等色，常呈斑状，多含有钙质或铁锰质结构。土中裂隙较发育，有竖向、斜交和水平三种。距地表 $1\sim2m$ 内，常有竖向张开裂隙。裂隙面呈油脂或蜡状光泽，时有擦痕或水渍，以及铁锰氧化物薄膜。

　　（1）含水率

　　膨胀土具有很高的膨胀潜势，这与它含水率的大小及变化有关。如果其含水率保持不变，则不会有体积变化。在工程施工中，建造在含水率保持不变的黏土上的构造物不会遭受由膨胀而引起的破坏。当黏土的含水率发生变化，立即就会产生垂直和水平两个方向的体积膨胀。含水量的轻微变化，仅 $1\%\sim2\%$ 的量值，就足以引起有害的膨胀。在安康地区，膨胀土对人们的危害较大，建造在膨胀土上的地板，在雨季来临时，土中含水量增加引起的地板翘起开裂屡见不鲜。

　　很干的黏土能吸收大量的水，引起结构物发生破坏性膨胀；比较潮湿的黏土，由于大部分膨胀已经完成，进一步膨胀将不会很大。但应注意的是，潮湿的黏土，在水位下降或其他的条件变化时，可能变干，显示的收缩性也不可低估。

　　（2）干表观密度

　　黏土的干表观密度与其天然含水量是息息相关的，干表观密度是膨胀土的另一重要指标。不管膨胀土（岩）的密度大小如何，随着上覆荷载的加大，线膨胀量以指数形式减小。而且在同一压力下，干表观密度越大的土，膨胀量越小。这说明干体积密度越大的土，土颗粒联结越强，结构强度越大。在三种不同状态（天然状态、重塑状态和粉碎击试状态）下的压缩膨胀试验表明，在相同压应力和相同密度下，由于结构状态不同而使得膨胀量不同，天然状态土（岩）体膨胀量最小；部分保持原状结构的重塑土次之；粉碎击试样膨胀量最大。说明结构遭到破坏的土的膨胀量比原状土大。要保持边坡稳定，首先要保持原始结构不遭破坏或少遭破坏。

2. 膨胀土的力学性质

通过土工试验，得出黏土的力学指标，以供土质力学上的计算。通常对膨胀土的力学分析，主要是对其膨胀潜势和膨胀压力的研究后得出的。

（1）膨胀潜势

在室内按标准压密实验，把试样在最佳含水量时压密到最大表观密度后，使有侧限的试样在一定的附加荷载下，浸水后测定的膨胀百分率。膨胀率可以用来预测结构物的最大潜在的膨胀量。膨胀量的大小主要取决于环境条件，如润湿程度、润湿的持续时间和水分的转移方式等。因此，在工程施工中，改造膨胀土周围的环境条件，是解决膨胀土工程问题的一个出发点。

（2）膨胀力

膨胀力，也就是膨胀压力。通俗地讲，就是试样膨胀到最大限度以后，再加荷载直到回复到其初始体积为止所需的压力。对某种给定的黏土来说，其膨胀压力是常数，它仅随干表观密度而变化。

（3）膨胀土的胀缩性试验

① 扰动土的自由膨胀率试验。

取粒径小于 0.5mm 的烘干试样 10cm³ 倒入已经加水 30cm³ 的量筒中。加入 5cm³ 浓度为 5％的分析纯氯化钠溶液。用搅拌器搅拌悬液，加纯水冲洗搅拌器和量筒壁使悬液体积达到 50cm³。待悬液澄清后，测读土面读数，直到读数稳定。用式（6-4）计算自由膨胀率：

$$\delta_{ef} = \frac{V_{we} - V_0}{V_0} \times 100\% \tag{6-4}$$

式中，δ_{ef} 为自由膨胀率（％）；V_{we} 为试样在水中膨胀稳定后的体积（mL）；V_0 为试样初始体积（mL）。

② 原状土的自由膨胀率试验。

将制好的标准土（岩）样（高径比为 2:1），放入烘箱控制在（107±2）℃的温度条件下烘干 24h。然后，装入塑料袋内，用抽气机排尽气体，使塑料袋与土样紧密接触，用排水法测体积。用塑料膜包裹后，将试样放到支架上（图 6-1），按比例加入不同的水量，同时测量土样轴向变形量，得到膨胀稳定后的轴向变形量。膨胀完成后，同样用抽气法测膨胀稳定后的体积。

$$\delta_{ef} = \frac{V_w - V_0}{V_0} \times 100\% \tag{6-5}$$

式中，V_w 为土样在水中膨胀稳定后的体积（mL）；V_0 为土样原有体积（mL）；自由膨胀率 δ_{ef} 表示膨胀土在无结构力影响下和无压力作用下的膨胀特性。可反映土的矿物成分及含量，可用来初步判定是否是膨胀土。

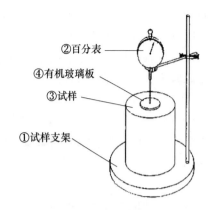

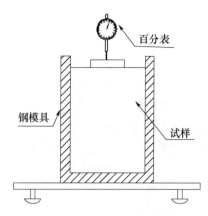

图 6-1　自由膨胀率试验装置图　　　　　图 6-2　有侧限膨胀试验装置图

③ 原状土有侧限膨胀率试验。

将制好的标准土样（高径比为 2:1），放入烘箱控制在（107±2）℃的温度条件下烘干 24h。然后，装入塑料袋内，用抽气机排尽气体，使塑料袋与土样紧密接触，用排水法测体积 V_0。用塑料膜包裹，按比例加入不同的水量，同时将土样放入有侧限的钢模具中（图 6-2），测量土（岩）样轴向变形量，得到膨胀稳定后的轴向变形量。由式（6-3）计算轴向膨胀应变：

$$\varepsilon_{ax} = \frac{\delta_{ax}}{h_0} \tag{6-6}$$

式中，δ_{ax} 为轴向位移（mm）；h_0 为土（岩）样的初始高度（mm）。

④ 膨胀力试验。

膨胀力是原土在体积不变，含水率改变的情况下的一个力学指标。试验时，将试样放到特制的壁厚为 5mm 的钢环中，置于可施加反力的装置上（图 6-3）。按不同含水率（3%、6%、9%、12%、饱和）向试样加水。试样发生膨胀后，不断增加铁砂，使试样始终不发生轴向膨胀。在某级荷载作用下，若试样高度在 2h 内不发生变化，这时作用在试样上的压力即为膨胀力。

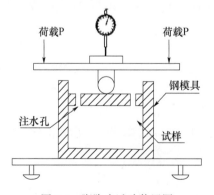

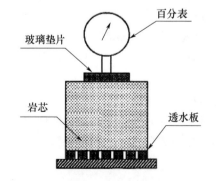

图 6-3　膨胀力试验装置图　　　　　图 6-4　收缩试验装置图

⑤ 收缩试验。

将土样制成直径 70mm、高度 70mm 的试件，加水至饱和后，放到可测读轴向变形量的支架上（图6-4），测出不同时刻的轴向变形量，同时称量出质量的变化。收缩率计算公式：

$$\delta_{ep}=\frac{z_p+\lambda-z_0}{h_0}\times100\%$$ (6-7)

式中，δ_{ep} 为收缩率（%）；z_p 为某时刻读数；z_0 为试验前初始读数；λ 为仪器变形量；h_0 为试样初始高度（mm）。

含水率计算公式：

$$w=\frac{m_t-m_0}{m_0}\times100\%$$ (6-8)

式中，w 为含水率（%）；m_t 为某时刻试样的质量（g）；m_0 为试样烘干后质量（g）。

某一含水率状态下的失水率，用式（6-9）计算：

$$\delta_{lost}=\frac{\Delta\delta_{ep}}{\Delta w}\times100\%$$ (6-9)

式中，δ_{lost} 为失水率（%）；$\Delta\delta_{ep}$ 为单位收缩率（%）；Δw 为单位含水率（%）。

6.7.2 膨胀土胀缩性的影响因素

（1）内在因素

主要是指矿物成分及微观结构两方面。

矿物成分：膨胀土含大量的活性黏土矿物，如蒙脱石和伊利石，尤其是蒙脱石，比表面积大，在低含水量时对水有巨大的吸力，土中蒙脱石含量的多寡直接决定着土的胀缩性质的大小。

微观结构：这些矿物成分在空间上的联结状态也影响其胀缩性质。经对大量不同地点的膨胀土扫描电镜分析得知，面-面连接的叠聚体是膨胀土的一种普遍的结构形式，这种结构比团粒结构具有更大的吸水膨胀和失水吸缩的能力。

（2）外界因素

水分的迁移是控制土胀缩特性的关键外在因素。因为只有土中存在着可能产生水分迁移的梯度和进行水分迁移的途径，才有可能引起土的膨胀或收缩。尽管某一种黏土具有潜在的较高的膨胀势，但如果它的含水量保持不变，则不会有体积变化发生；相反，含水量的轻微变化，哪怕只是1%～2%的量值，实践证明就足以引起有害的膨胀。因此，判断膨胀土的胀缩性指标都是反映含水量变化时膨胀土的胀缩量及膨胀力大小的。

6.7.3 膨胀土地基的评价

（1）膨胀土的判别

根据我国大多数膨胀土地区工程经验，判别膨胀土的主要依据是工程地质特征与自由膨胀率 δ_{ef}。《膨胀土地区建筑技术规范》（GB 50112—2013）（简称《膨胀土规范》）规定，凡 $\delta_{ef}\geqslant40\%$，一般具有上述膨胀土野外特征和建筑物开裂破坏特征，且为胀缩性能较大的黏性土和泥质岩石，则应判别为膨胀土。

（2）膨胀土的膨胀潜势

通过上述判别膨胀土以后，要进一步确定膨胀土胀缩性能的强弱程度。调查表明：自由膨胀率较小的膨胀土，膨胀潜势较弱，建筑物损坏轻微；自由膨胀率高的土，具有强的膨胀潜势，则较多建筑物将遭到严重破坏。我国《膨胀土规范》按自由膨胀率 δ_{ef} 大小划分膨胀潜势强弱，即反映 δ_{ef} 土体内部积储的膨胀势能大小，来判别土的胀缩性高低。膨胀土的膨胀潜势按自由膨胀率分为三类，见表 6-2。

表 6-2　膨胀土的膨胀潜势分类

自由膨胀率（%）	$40 \leq \delta_{ef} < 65$	$65 \leq \delta_{ef} < 90$	$\delta_{ef} \geq 90$
膨胀潜势	弱	中	强

6.7.4　膨胀土对工程的危害

（1）对建筑物的影响

膨胀土一般强度较高，压缩性低，易被误认为是建筑性能较好的地基土。但由于具有膨胀和收缩的特性，当利用这种土作为建筑物地基时，如果对这种特性缺乏认识，或在设计和施工中没有采取必要的措施，结果会给建筑物造成危害。

膨胀土的胀缩具有可逆性，其膨胀—收缩—再膨胀的往复变形特性非常显著。建造在膨胀土地基上的建筑物，随季节气候变化会反复不断地产生不均匀的抬升和下沉。

（2）对道路交通工程的影响

膨胀土地区的道路，由于路幅内土基含水率的不均匀变化，从而引起不均匀收缩，并产生幅度很大的横向波浪形变形。雨季路面渗水，路基受水浸软化，在行车荷载下形成泥浆，并沿路面的裂缝和伸缩缝溅浆冒泥。

（3）对边坡稳定的影响

膨胀土地区的边坡坡面最易受大气风化的作用。在干旱季节蒸发强烈，坡面剥落；雨季坡面冲蚀，坡面变得支离破碎。膨胀土的吸水膨胀将直接降低土颗粒间的吸附强度和结构面的连接强度，膨胀量越大，这种强度的衰减性也越大，而膨胀土的强度软化无论是对边坡表层还是整体的稳定性影响都是很显著的。膨胀土地区的滑坡，一般呈浅层的牵引式滑坡，滑体厚度一般在 1～3m 之间。

6.7.5　膨胀土地基的工程措施

在膨胀土地基上进行工程建设，应根据当地的气候条件、地基胀缩等级、场地工程地质和水文地质条件，结合当地建筑施工经验，因地制宜采取综合措施，一般可从下面几个方面考虑：

（1）设计措施

① 总平面设计：场址应选择在排水通畅、地形条件简单、土质较均匀、胀缩性较弱以及坡度小于 14° 并有可能采用分级低挡土墙治理的地段，避开地裂、冲沟发育、地下水变化剧烈和可能发生浅层滑坡等地段。

② 建筑设计：建筑体型力求简单，在地基土显著不均匀处、建筑平面转折处和高差较大处以及建筑结构类型不同部位，应设置沉降缝。

膨胀土地区的民用建筑层数宜多于 1～2 层，以加大基底压力，防止膨胀变形。

加强隔水、排水措施。采用宽散水为主要防治措施，其宽度不小于 1.2m。

③ 结构设计：加强建筑物的整体刚度。基础顶部和房屋顶层宜设置圈梁，其他层隔

层设置或层层设置。

基础埋深应增大，且不应小于1m。当以基础埋深为主要防治措施时，基础埋深宜超过大气影响深度或通过变形验算确定。

④ 地基处理：膨胀土地基处理可采用换土、砂石垫层、土性改良等方法，也可改变基础形式，采用桩基、墩基等。

换土可采用非膨胀性的黏土、砂石或灰土等材料，换土厚度应通过变形计算确定，垫层宽度应大于基础宽度。土性改良可通过在膨胀土中掺入一定量的石灰来提高土的强度。当大气影响深度较深，膨胀土层较厚，选用地基加固或墩式基础施工有困难时，可选用桩基础穿越。

（2）施工措施

施工时宜采用分段快速作业法。进行开挖工程时，应在达到设计开挖标高以上1.0m处采取严格保护措施。防止长时间曝晒或浸泡。基坑（槽）挖土接近基底设计标高时，宜在上部预留150～300mm土层，待下一步工序开始前挖除。验槽后，应及时浇混凝土垫层或采取措施封闭坑底。封闭方法可选用喷（抹）1:3（质量比）水泥砂浆或土工塑料膜覆盖。基础施工出地面后，基坑（槽）应及时分层回填并夯实。

6.8 盐渍土

盐渍土是盐土和碱土以及各种盐化、碱化土壤的总称。盐土是指土壤中可溶性盐含量达到对作物生长有显著危害的土类。盐分含量指标因不同盐分组成而异。碱土是指土壤中含有危害植物生长和改变土壤性质的多量交换性钠。盐渍土主要分布在内陆干旱、半干旱地区，滨海地区也有分布。全世界盐渍土面积计约897.0万 km²，约占世界陆地总面积的6.5%，占干旱区总面积的39%。中国盐渍土面积约有二十多万平方公里，约占国土总面积的2.1%。

盐渍土的特性对工程建筑的危害：盐渍土是指平均易溶盐含量超过0.5%的表层土。根据盐渍土的区域分布和形成条件，分为滨海盐渍土、冲积平原盐渍土、内陆盐渍土；根据所含盐分，分为氯盐渍土（又称湿盐土）、硫酸盐渍土（又称松胀盐渍土）、碳酸盐渍土；根据含盐量高低，分为弱盐渍土、中盐渍土、强盐渍土、超盐渍土。

6.8.1 成土条件

（1）气候

除海滨地区以外，盐渍土分布区的气候多为干旱或半干旱气候，降水量小，蒸发量大，年降水量不足以淋洗掉土壤表层累积的盐分。在中国，受季风气候影响，盐渍土的盐分状况具有季节性变化，夏季降雨集中，土壤产生季节性脱盐，而春、秋干旱季节，蒸发量大于降水量，又引起土壤积盐。各地土壤脱盐和积盐的程度随气候干燥度的不同有很大差异。此外，在东北和西北的严寒冬季，由于冰冻而在土壤中产生温度与水分的梯度差，也可引起土壤心土积盐。

（2）地形

盐渍土所处地形多为低平地、内陆盆地、局部洼地以及沿海低地，这是由于盐分随地面、地下径流而由高处向低处汇集，使洼地成为水盐汇集中心。但从小地形看，积盐中心则是在积水区的边缘或局部高处，这是由于高处蒸发较快，盐分随毛管水由低处往高处迁移，使高处积盐较重。此外，由于各种盐分的溶解度不同，在不同地形区表现出土壤盐分组成的地球化学分异，即由山麓平原、冲积平原到滨海平原，土壤和地下水的盐分一般是由重碳酸盐、硫酸盐逐渐过渡到氯化物。

（3）水文地质

水文地质条件也是影响土壤盐渍化的重要因素。地下水埋深越浅和矿化度越高，土壤积盐越强。在一年中蒸发最强烈的季节，不致引起土壤表层积盐的最浅地下水埋藏深度，称为地下水临界深度。临界深度不是常数，一般地说，气候越干旱，蒸降比越大，地下水矿化度越高，临界深度越大，此外，土壤质地、结构以及人为措施对临界深度也有影响。土壤开始发生盐渍时地下水的含盐量称为临界矿化度，其大小取决于地下水中盐类的成分。以氯化物、硫酸盐为主的水质，临界矿化度为 $2\sim3g/L$；以苏打为主的水质，临界矿化度为 $0.7\sim1.0g/L$。

（4）母质

盐渍土的成土母质一般是近代或古代的沉积物。在不含盐母质上，须具备一定的气候、地形和水文地质条件才能发育盐土；对于含盐母质（如含盐沉积岩的风化物和滨海地区含盐的沉积物），盐渍土的发育则不一定要同时具备上述三个条件。母质或母土的质地和结构也直接影响土壤盐渍化程度。黏质土的毛细管孔隙过于细小，毛管水上升高度受到抑制，砂质土的毛细管孔隙直径较大，地下水借毛管引力上升的速度快但高度较小，这两种质地均不易积盐。粉砂质土毛管孔径适中，地下水上升速度既快、上升高度又高，易于积盐，但当有夹黏层存在时，情况有所不同。好的土壤结构（如团粒至棱块状结构）不仅有大量毛细管孔隙，还有许多非毛细管孔隙和大裂隙，既易渗水，又有阻碍毛管水上升的作用，土壤盐化较轻。

（5）植被

常见的盐土植物有海莲子、砂藜、碱蓬、猪毛菜、白滨藜等，常见的碱土植物有苗蒿、剪刀股及碱蓬等。干旱地区的深根性植物或盐生植物，能从土层深处及地下水中吸收水分和盐分，将盐分累积于植物体中，植物死亡后，有机残体分解，盐分便回归土壤，逐渐积累于地表，因而具有一定的积盐作用。还有不少生物能在其体内合成生物碱，有的还能将盐分分泌出体外，如生长在荒漠地区的胡杨、龟裂土表的兰藻等。

（6）成土过程

盐渍土中的盐分积累是地壳表层发生的地球化学过程的结果，其盐分来源于矿物风化、降雨、盐岩、灌溉水、地下水以及人为活动，盐类成分主要有钠、钙、镁的碳酸盐、硫酸盐和氯化物。土壤盐渍化过程可分为盐化和碱化两种过程。

（7）盐化过程

盐化过程是指地表水、地下水以及母质中含有的盐分，在强烈的蒸发作用下，通过土体毛细管水的垂直和水平移动逐渐向地表积聚的过程。中国盐渍土的积盐过程可细分为：

① 地下水影响下的盐分积累作用。

② 海水浸渍影响下的盐分积累作用。

③ 地下水和地表水渍涝共同影响下的盐分积累作用。

④ 含盐地表径流影响下的盐分积累作用（洪积积盐）。

⑤ 残余积盐作用。

⑥ 碱化-盐化作用。

由于积盐作用和附加过程的不同，分别形成相应的盐土亚类。盐化过程由季节性的积盐与脱盐两个方向相反的过程构成，但水盐运动的总趋势是向着土壤上层，即一年中以水分向上蒸发、可溶盐向表土层聚集占优势。

（8）盐渍土特殊工程地质性质

盐渍土特殊工程地质性质主要表现在三个方面：

① 胀缩性强。硫酸盐和碳酸盐土吸水后体积增大，脱水后体积收缩。

② 湿陷性强。当粉粒含量大于 45％、孔隙度大于 45％时，出现与黄土相似的湿陷性。

③ 压实性差。含盐量超过一定数值时，不易达到标准密度。盐渍土的工程地质条件除取决于所含盐类成分、含量外，还与土的含水量等密切相关。

因此盐渍土除具有上述特性外，其物理力学性质通常很不稳定。由于这些特征，盐渍土发育区的工程建筑容易出现沉陷、变形现象。

（9）盐渍土对工程的影响

① 溶陷性。盐渍土浸水后由于土中易溶盐的溶解，在自重压力作用下产生沉陷现象。

② 盐胀性。硫酸盐沉淀结晶时体积增大，失水时体积减小，致使土体结构破坏而疏松。碳酸盐渍土中的 $NaCO_3$ 含量超过 0.5％时，也具有明显的盐胀性。

③ 腐蚀性。硫酸盐渍土具有较强的腐蚀性，氯盐渍土、碳酸盐渍土也有不同程度的腐蚀性。

④ 吸湿性。氯化物盐渍土中的氯盐占优势，碳酸盐、硫酸盐含量弱，由于水分子极性和土颗粒的亲水性，它比其他盐渍土具有更大吸湿性。

⑤ 毛细管作用。毛细管水携盐上升，最终盐聚集到路基上层，渗入并破坏路面，诱发路基灾害。

习　　题

6-1 简述杂填土的工程性质。

6-2 简述填土地基的处理方法。

6-3 简述软土的工程特性。

6-4 简述软土地基的处理方法。

6-5 简述红黏土工程特性。

6-6 膨胀土对工程的危害有哪些？

6-7 盐渍土特殊工程地质性质主要表现哪几个方面？

第7章 不良地质作用

7.1 概　　述

不良地质作用是指自然地质作用和人类活动造成的恶化地质环境、降低环境质量，直接或间接地危害人类安全，并给社会和经济建设造成损失的地质事件。

不良地质作用通常也称为地质灾害。我国是地质灾害多发的国家，地质灾害给国家造成严重的经济损失并危及人民生命安全，主要包括崩塌、滑坡、泥石流、地震、岩溶与土洞、采空区、地面沉降等。随着国民经济的发展，特别是西部大开发战略的实施，人类工程活动的数量、速度及规模越来越大，研究不良地质作用对保持生态平衡和工程建设具有重要意义。

7.2 崩　　塌

7.2.1 崩塌的基本概念

在山区陡峻的山坡上，巨大的岩体或土体在自重作用下突然而猛烈地由高处崩落下来的现象，称为崩塌，如图7-1所示。崩塌的岩土体顺坡猛烈地翻滚、跳跃、相互撞击，最后堆积于坡脚。崩塌具有突然性，常发生在陡峭山坡上，或河流、湖泊、海边的高陡岸坡上，或路堑高陡边坡上。

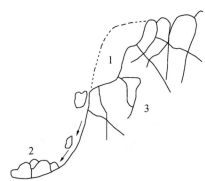

图7-1　崩塌

1—崩塌体；2—堆积块石；3—裂隙切割岩体

规模巨大的崩塌也称为山崩；由于岩体风化和破碎严重，山坡上经常发生小块岩石的坠落，称为碎落；一些较大岩块的零星崩落称为落石。

在崩塌地段修筑路基时，小型崩塌一般对行车安全及路基养护工作影响较大，雨季中的小型崩塌会堵塞边沟，导致水流冲毁路面和路基；大型崩塌不仅会损坏路面，阻断交通，甚至会迫使放弃已建道路的使用。崩塌还会破坏建筑物，有时甚至使整个居民点遭到破坏。在狭窄河谷中的崩塌堆积物有时会堵塞河道形成堰塞湖。

7.2.2 崩塌形成条件及影响因素

崩塌虽发生较突然，但它仍具有一定的形成条件和发展过程。归纳起来，崩塌形成的基本条件主要表现为如下几个方面：

（1）地形

陡峻山坡是产生崩塌的基本条件，山坡坡度一般大于45°，以55°～75°居多。斜坡的外部形状对崩塌形成有一定的影响，峡谷陡坡是崩塌密集发生的地段，因为峡谷坡陡峻，卸荷裂缝发育，易于崩塌。山区河谷凹岸陡坡也是崩塌集中发生的地段。一般上缓下陡的凸形陡坡和凹凸不平的陡坡易于发生崩塌。

（2）岩性

节理发育且较坚硬的岩体，如石灰岩、花岗岩、砂岩、页岩等均可形成崩塌。厚层硬岩覆盖在软弱岩层之上的陡壁也易发生崩塌。

（3）地质构造

当各种地质结构面，如岩层层面、断层面、错动面、节理面等或软弱夹层倾向临空面且倾角较陡时，往往会构成崩塌的依附面。

（4）气候

温差大、降水多、风大风多、冻融作用及干湿变化强烈均有助于崩塌的发生。

（5）渗水

在暴雨或久雨之后，地表水沿裂隙渗入岩层，降低了岩石裂隙间的黏聚力和摩擦力，增加了岩体的重量，会促进崩塌的产生。

（6）冲刷

水流冲刷坡脚，削弱了坡体支撑能力，使山坡上部失去稳定。

（7）地震

地震会使土石松动，引起大规模的崩塌。

（8）人为因素

在山坡上部增加荷重、坡脚被切割、大爆破、路堑过深和边坡过陡等都会激化崩塌的发生。

7.2.3 崩塌的防治

崩塌的防治必须以其工程地质勘察为基础，需首先掌握崩塌成因及工程情况，然后，据此制订合理的治理方案与措施。下面将简要介绍相关内容。

1. 崩塌的勘察要点

崩塌勘察需查明如下情况：

① 地形情况。包括斜坡的高度、坡度和形态。

② 岩性和地质构造。包括岩石类型、风化破碎程度、主要地质结构面产状以及裂隙的充填胶结情况等。

③ 地表水和地下水情况。包括它们对斜坡产生崩塌的影响。

④ 地震。包括地震对崩塌的影响和地震烈度等。

⑤ 崩塌历史。包括是否发生过崩塌和已发生崩塌的规模与危害情况。

⑥ 评价发生崩塌的可能性。并提出崩塌治理的措施与建议。

2. 防治原则

由于崩塌特别是大型崩塌的发生突然而猛烈，防治较困难且复杂，因此，一般多以预防为主。其具体情况如下：

① 在选择建筑场址时，应视具体情况分析崩塌发生的可能性与规模。对有可能发生大型或中型崩塌的地段，宜优先考虑避让；没有条件避让时，应将建筑物与崩塌范围边界保持足够安全距离。

② 在工程设计和施工中，避免使用不合理的高陡边坡和大挖大切，以维持山体平衡。在岩体破碎地段，不宜使用大爆破施工。

3. 防治措施

① 清除坡面危石。

② 坡面加固，如坡面喷浆、抹面、砌石铺盖等以防止岩石进一步风化；注浆、勾缝、镶嵌和锚固等以恢复和加强岩体的完整性。

③ 危岩支顶，用石砌或混凝土作支垛、护壁、支墩、支墙和挂网等以加强危岩的稳定性。

④ 拦截防御，如修筑落石平台、落石网、落石槽、拦石堤（坝）和拦石墙等。

⑤ 加强排水与调整水流，如修筑截水沟、堵塞裂隙、封底加固附近的灌溉引水与排水沟渠等，防止地表水大量渗入岩体而恶化斜坡稳定性。

7.3 滑 坡

7.3.1 滑坡的基本概念及分类

斜坡部分岩土体在重力和外部引力作用下失去原有平衡而沿坡体内某滑动面或滑动带发生整体下滑的现象称为滑坡。滑坡是山区公路、铁路、城镇和村庄等建筑物的主要病害之一。山坡或路基边坡发生滑坡，常使交通中断，影响道路的正常运输。大规模滑坡可以堵塞河道，摧毁道路，破坏厂矿，掩埋居民点，对山区建设和交通设施危害很大。西南地区（云、贵、川、藏）是我国滑坡分布的主要地区，不仅滑坡规模大，类型多，而且分布广泛，发生频繁，危害严重。

1. 滑坡形态特征

一个发育完全的典型滑坡，其形态特征和结构比较完备，是识别和判断滑坡的重要标志。一般都具有下列基本组成部分（图 7-2）：

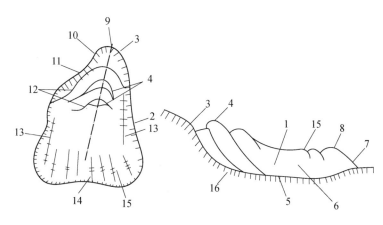

图 7-2　滑坡要素

1—滑坡体；2—滑坡周界；3—滑坡壁；4—滑坡台阶；
5—滑动面；6—滑动带；7—滑坡舌；8—滑动鼓丘；9—滑坡轴；
10—破裂线；11—封闭洼地；12—滑坡壁裂缝；13—剪切裂缝；
14—扇形裂缝；15—鼓张裂缝；16—滑坡床

① 滑坡体。滑动的那部分岩土体。滑坡体内部一般仍保持未滑动前的层位和结构，但常产生了许多新的裂缝，个别部位也可能遭受较强烈的扰动。

② 滑动面和滑动带。滑坡体滑动的剪切破坏面，称为滑动面。它经常表现为一个带即滑动带，是指滑床与滑体间具有一定厚度的滑动碾碎物质的剪切带，滑动带的厚度可达几厘米至几米。某些滑坡的滑动面（带）可能不只一个。滑动面的形状因地质条件而异，一般来说，对于发生在均质岩土中的滑坡，滑动面多呈圆弧形；对于沿岩层层面或构造裂隙产生的滑坡，滑动面多呈直线形或折线形。

③ 滑动床。边坡岩土体未发生滑动或移动的部分。

④ 滑坡壁。滑坡体和母体脱开的分界面暴露在地表面的部分。滑坡后壁呈弧形向前延伸，形态上呈圈椅状，高度自不足一米到几米，甚至几十米或数百米不等，其坡度一般为 $60°\sim80°$。

⑤ 滑坡周界。滑坡体和其周围没有滑动部分在平面上的分界线。

⑥ 滑坡轴。滑坡体滑动速度最快的纵向线称为主滑线，或称滑坡轴，它代表整个滑坡体的滑动方向，一般位于滑坡体上推力最大、滑床凹槽最深（或滑坡体最厚）的纵断面上，在平面上可为直线或曲线。

⑦ 滑坡台阶。滑坡体上部由于各段岩（土）体滑动速度和距离不同所形成的台阶状滑坡错台，台面常沿滑动方向倾斜。多层滑动面的滑坡常形成多级滑坡台阶。

⑧ 滑坡舌。滑坡体前部向前伸出如舌头状的部分。滑坡体向前滑动时因受到阻碍而形成隆起的小丘，称为滑坡鼓丘。

⑨ 滑坡洼地。滑坡体与滑坡壁之间拉开成沟槽，形成四面高而中间低的封闭洼地。此处常有地下水出现，或地表水汇集，成为清泉湿地或水塘。

⑩ 滑坡裂缝。在滑动过程中，滑坡体的不同部分因受力性质不同会形成不同特征的裂缝。按受力性质，滑坡裂缝可分为拉张裂缝、剪切裂缝、鼓张裂缝和扇形张裂缝等多种

形式。

2. 滑坡分类

由于滑坡形成的原因、边坡体组成介质、滑动面与地质界面之间的关系、滑坡体厚度、滑坡规模和滑坡破坏模式等的不同，自然界或工程中的滑坡类型存在较大差异，因此，从不同角度考虑，滑坡分类方法是不同的，了解滑坡的分类对于滑坡的治理具有重要的实际工程意义。目前常见滑坡分类方法主要有如下几种：

（1）按滑坡体受力性质分类

① 推移式滑坡。由斜坡上部失稳岩土体推动下部岩土体而产生的滑坡，主要由斜坡上方的不恰当加载（如修筑建筑物或弃土等）引起。推移式滑坡的滑动速度一般较快，但其滑坡规模在通常情况下不会有进一步地较大发展。推移式滑坡一般采用卸载办法进行治理。

② 牵引式滑坡。因斜坡下部岩土体失稳滑动引起上部岩土体失稳而产生的由下而上依次下滑的滑坡。其形成原因往往是坡脚的过度开挖。牵引式滑坡的滑动速度较缓慢，但会逐渐向上延伸，规模越来越大，一般采用支挡（如挡土墙和抗滑桩等）办法进行治理。

③ 平推式滑坡。由于滑坡体后缘推力（常为孔隙或裂隙水压力）骤然增大而发生于平迭斜坡中的顺层滑坡。这种滑坡的滑动面一般较平缓，始滑部位分布于滑动面的许多点，这些点同时滑移，然后，逐渐发展连接起来。

（2）按滑坡体组成物质分类

① 堆积层滑坡。残积、坡积、洪积或冲积等堆积层常因崩塌、塌方、滑坡或泥石流等而形成滑坡。滑坡时，一般沿下伏基岩顶面、土体内不同年代或不同类型的沉积接触面或堆积层本身的松散层面滑动。若滑体下部松散湿软，运动往往急剧；若滑体上部受土中水浸湿，则常沿不透水层顶面滑动。该类滑坡常与地下水或地表水作用有关。滑坡体厚度一般从几米到几十米不等。

② 黄土滑坡。多发生在不同地质时期形成的黄土层中，常见于高阶地前缘斜坡上，多群集出现，而且，大部分为深层或中层滑坡。部分滑坡滑动变形急剧，滑动速度快，规模和动能大，破坏力强，具有崩塌性，危害较大。它的发生常与裂隙及黄土对水的不稳定性存在很大关系。

③ 黏土滑坡。发生在平原或较平坦丘陵地区的黏土层中的滑坡。滑动面多呈圆弧形，滑动带呈软塑状。黏土大多具有网状裂隙，干湿效应明显，因此，黏土滑坡多发生在久雨或受水作用之后。一般以中层或浅层滑坡居多，部分滑坡体厚度可达十几米。

④ 岩层滑坡。发生在各种岩层中的滑坡。这种岩层包括砂岩、页岩、泥岩、泥灰岩以及片理化岩层（如片岩和千枚岩等）等。岩层滑坡以顺层滑坡最为多见，滑动面是层面或软弱结构面。当岩层面倾斜背向山坡时，一定条件下也可能产生切层滑坡，在河谷地段较为常见。

（3）按滑动面与层面关系分类

① 均质滑坡。发生在均质土体或裂隙化岩体中的滑坡，滑动面近似圆弧形。

② 顺层滑坡。沿岩土层面滑动的滑坡。当松散土层与基岩接触面的倾向与斜坡坡面倾向一致时易发生顺层滑坡，滑动面多呈平坦阶梯面，如图 7-3 所示。高陡斜坡上岩层的顺层滑坡往往滑动很快。

③ 切层滑坡。滑动面切割岩层面而产生的滑坡，如图7-4所示，滑动面切割不同岩层，并形成滑坡台阶。风化破碎岩层中发生的切层滑坡常与崩塌类似。切层滑坡通常比较少。

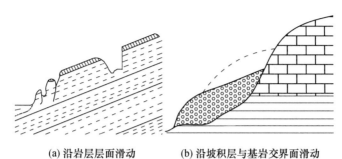

(a) 沿岩层层面滑动　　(b) 沿坡积层与基岩交界面滑动

图7-3　顺层滑坡

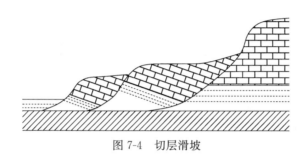

图7-4　切层滑坡

（4）按滑坡规模分类

① 小型滑坡。滑坡体体积小于3万立方米。

② 中型滑坡。滑坡体体积为3万～50万立方米。

③ 大型滑坡。滑坡体体积为50万～300万立方米。

④ 特大型滑坡。滑坡体体积大于300万立方米。

（5）按滑坡体的厚度分类

① 浅层滑坡。滑坡体厚度小于10m。

② 中层滑坡。滑坡体厚度为10～30m。

③ 深层滑坡。滑坡体厚度大于30m。

（6）按滑坡破坏模式分类

① 平面破坏或滑坡。当坡面与地质结构面的倾向基本一致且地质结构面倾角小于坡面倾角时，边坡最易沿地质结构面滑动而产生滑坡，称为平面破坏或滑坡，如图7-5所示，因其滑动面为平面而得名。它取决于坡面与地质结构面产状的空间相对关系。

② 倾倒破坏或滑坡。急倾斜土层或岩层与坡面的倾向基本一致且土层或岩层倾角大于坡面倾角时，土层或岩层易向坡面倾向方向发生旋转而折断，从而产生边坡破坏或滑坡，称为倾倒破坏或滑坡，如图7-6所示。

③ 楔体破坏或滑坡。由坡面、地表面以及岩土体中地质结构面切割岩土体而形成楔体，当楔体棱边线和坡面倾向基本一致或斜交，且棱边线倾角小于坡面倾角时，楔体易沿棱边线产生滑动，称为楔体破坏或滑坡，如图7-7所示。它取决于楔体棱边与坡面产状的

空间相对关系。

④ 圆弧破坏或滑坡。发生于均匀土或岩石边坡中的滑坡，如图 7-8 所示，因其滑动面近似于圆弧形而得名。它取决于边坡高度、坡度以及岩土体的抗剪强度。

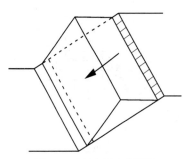

图 7-5　平面破坏或滑坡

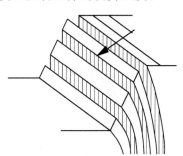

图 7-6　倾倒破坏或滑坡

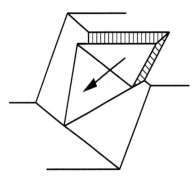

图 7-7　楔体破坏或滑坡

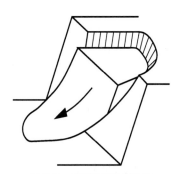

图 7-8　圆弧破坏或滑坡

特别值得注意的是，该类滑坡分类方法是边坡稳定性极限平衡分析的基础，据此可确定边坡稳定性安全系数，为边坡稳定性评价和加固设计提供直接依据。

7.3.2　滑坡的形成条件

滑坡的形成主要受地形与地貌、岩土性质、地质构造、地震、气象与水文地质等条件以及人为因素等控制，具体主要表现在如下几个方面：

① 地形与地貌。斜坡的高度、坡度、形态、成因等地形地貌条件与滑坡的形成密切相关。边坡的高度越高，坡度越陡，越易产生滑坡；平坦的边坡面较起伏的边坡面易产生滑坡；凸形边坡面较凹形边坡面易产生滑坡；堆积层边坡较岩质边坡易产生滑坡。

② 岩土性质。岩土性质是滑坡产生的内在原因，因为不同的岩土体抗剪强度存在很大差异。松散岩土体尤其是砂土、软黏土与黄土较坚硬岩石更易产生滑坡；当斜坡上部是松散堆积层而下部是坚硬基岩，且基岩表面与坡面倾向基本一致时，易沿接触面产生滑坡。

③ 地质构造。地质构造常常导致岩土体中存在各种地质结构面，如岩层或地层层面、断层面、断层破碎带、节理面或不整合面等，这些地质结构面往往控制了滑动面的空间位置与滑坡范围。另外，地质结构面产状也与滑坡存在密切联系。例如，若地质结构面与坡面倾向基本一致，则较易产生滑坡；若地质结构面与坡面倾向相反，则边坡较稳定。

④ 地震。由于地震引起岩土体震（振）动而产生地震附加力，它作用于边坡岩土体，使边坡原有的力学平衡被破坏，从而产生滑坡。这是每次地震时发生大量滑坡的根本原因。

⑤ 气象与水文地质。气象与水文地质条件对滑坡的核心影响在于水（包括地表和地下水）使边坡岩土产生物理与力学效应。其一，水的存在使边坡岩土体物理力学性质逆化，降低了岩土体抗剪强度；其二，地表水的冲刷作用和地下水的静动力学效应使边坡原有力学平衡被破坏。大量调查表明，90％以上的滑坡与水的作用有关，在雨季尤其是暴雨季节经常发生大量滑坡。

⑥ 人为因素。人类工程活动不当经常会引起滑坡，例如，边坡上弃土或修建房屋、边坡下部不合理开挖、坡面植被破坏、大爆破和设计施工不当等。

⑦ 其他因素。海啸、风暴潮、冻融以及各种机械振动都可能诱发滑坡。

7.3.3 滑坡的治理

滑坡的治理往往是工程建设的关键，为此，须首先进行滑坡勘察，掌握滑坡的形成原因及工程情况，然后，据此制定合理的滑坡治理方案与措施，只有这样方能保证滑坡治理既安全又经济，因此，下面将简要介绍相关内容。

1. 滑坡勘察

为了有效防治滑坡，除了按一般工程建设要求进行工程地质勘察外，仍需依据滑坡的工程特点，有针对性地进行工程地质勘察，掌握与滑坡相关的工程地质条件，具体勘察内容表现为如下几个方面：

① 查明滑坡区地形与地貌，包括滑坡高度与坡度，地表面与坡面起伏情况与形态，滑动面或滑动带的形状、位置与性质，滑坡体厚度与规模，堆积层滑坡下伏基岩表面起伏情况与形态等。

② 查明地质构造尤其是地质结构面情况，包括地质结构面产状、软弱地层分布与产状及其与坡面产状的空间关系等。

③ 查明滑坡对工程的危害程度，包括滑坡类型、稳定程度与危害性等。

④ 查明气象与水文地质情况，包括降雨量、山洪、地表水冲刷情况以及地下水类型与地下水位、地表张裂隙分布与深度等。

⑤ 查明地震对滑坡的影响，包括场地土与场地类型、地震烈度等。

⑥ 查明滑坡历史，包括是否发生过滑坡和已滑坡的规模与危害。

⑦ 提供滑坡区工程地质剖面图和主滑断面的工程地质剖面图。

⑧ 对滑坡稳定性进行初步评价，并提出滑坡的初步处治措施与建议。

2. 滑坡防治原则与措施

滑坡防治应贯彻"早期发现，预防为主；查明情况，对症下药；综合整治，有主有从；治早治小，贵在及时；力求根治，以防后患；因地制宜，就地取材；安全经济，正确施工"的原则，方能保证滑坡防治达到事半功倍的效果。具体防治措施主要表现为如下几个方面：

（1）避让

在选择建筑场址时，通过搜集资料和现场踏勘调查，查明滑坡区是否存在滑坡，并对建筑场址的整体稳定性作出评价，对建筑场址存在直接危害的大型或中型滑坡应避让为宜。

（2）消除或减轻水对滑坡的危害

水是促使滑坡的主要诱因，应尽早消除或减轻地表水和地下水对滑坡的危害。主要有如下常见的防治措施：

① 截。在滑坡边界以外的稳定地段设置截水沟和盲沟，以拦截和旁引滑坡范围外的地表水和地下水，使之不进入滑坡区。

② 排。在滑坡区内充分利用自然沟谷或布置排水钻孔或泄水隧洞，排出滑坡范围内的地表水和地下水。

③ 护。在滑坡体上种植草皮或树木，坡面衬砌或码砌片石、混凝土块或框架梁，滑坡上游严重冲刷地段修筑丁字坝以改变水流方向，在水下滑坡前缘抛大岩石或混凝土块，在碎石或卵石坡面挂网等，以防滑坡面被冲刷或河水、湖水或海水对滑坡坡脚的冲刷。

④ 填。用黏土填塞滑坡体裂缝，防止地表水渗入滑坡体内。

（3）改善滑坡体力学条件以提高抗滑力

滑坡的根本原因在于滑坡体产生的抗滑力相对下滑力不足，可采用主动措施以减小下滑力和提高抗滑力，防止滑坡。常见措施主要表现为如下几个方面：

① 减与压。削坡减载和坡脚反压是相对提高抗滑力的有效方法。

② 支挡。设置支挡结构（如抗滑土或片石垛、挡土墙、抗滑桩和土钉墙等）以支挡滑体，或把滑体锚固（如锚杆、锚索和锚墩等）在滑体下稳定岩土层上，其关键在于使支挡或锚固扎根于滑体外的稳定岩土层上，否则，有害无益。

（4）改善滑动带岩土体的性质

滑动带岩土体抗剪强度较低，不能提供足够抗滑力是产生滑坡的重要原因，因此，只要改善滑动带岩土力学性质，就能有效防止滑坡。改善滑动带岩土体力学性质的常用方法包括注浆、砂井、砂桩和电渗排水等。

特别值得注意的是，工程建设中的滑坡治理，其关键在于边坡及其加固防护方案的设计与施工，这是滑坡防治的源头，做好了既可以节约建设投资，还可以避免不必要的社会与环境危害。

7.4 泥石流

7.4.1 泥石流的基本概念

泥石流是山区特有的一种自然地质灾害。它是由于地表水（包括暴雨、水库突然溃决、大量融雪水和大量冰川融化水）携带大量泥砂、石块等固体物质，突然暴发，历时短暂，来势凶猛，具有强大破坏力的特殊洪流。

泥石流与一般山洪和洪水不同，它暴发时，山谷雷鸣，地面震动，浑浊的泥石流体依仗陡峻的山势，沿着峡谷深涧，前推后涌，冲出山外，往往在顷刻之间造成巨大的灾害。例如，1973 年 7 月，苏联阿拉木图河谷突然暴发强烈泥石流，其发生原因与位于阿尔泰山区冰积土上的冰川湖直接相关，高山冰川融化后，积于湖中的水突然涌入河谷，巨大水流向阿拉木图市方向倾泻，水流沿途捕获泥土、砂石及体积达 $45m^3$ 和重达 $120t$ 的巨大漂砾，形成了具有巨大能量的泥石流，顷刻间几乎摧毁了沿途所有建筑物，只有中心高为 $112m$、宽为 $500m$ 的专门石坝抵抗住了此次巨大冲击，才使阿拉木图市免遭破坏，这次泥石流的强度与规模之大使原来按 100 年设计的泥石流库一次就堆满了四分之三。

我国西南、西北和华北的一些山区均发生过大量泥石流，而且，很多大地震（如青海玉树地震和四川汶川大地震）往往伴随恶劣的天气或水库溃决，泥石流也频繁发生，危害着山区建筑物、道路和人民生活，因此，掌握泥石流特征及其防治方法具有重要的现实意义。

7.4.2 泥石流的形成条件

泥石流的形成必须具备一定的地形地貌、地质构造和气象与水文地质等方面条件，主要表现在如下几个方面：

（1）地形地貌条件

泥石流流域的地形是山高谷深，地势陡峻，沟床纵坡大，汇水面积较大。完整泥石流流域的上游多为三面环山、一面有出口的瓢状或斗状圈谷；中游流通区多为狭窄陡深的峡谷，谷床纵坡大；下游堆积区多为开阔平坦的山前平原或河谷阶地。这样的地形既有利于储积来自周围山坡的固体物质，也有利于汇集坡面径流，使泥石流集中倾泻和产生足够的破坏能量成为可能。此外，堆积地貌能提供泥石流产生的固体物质来源。

（2）地质构造条件

地质构造复杂，节理、裂隙和断层等地质构造发育，新构造运动强烈，地震烈度大；岩石结构疏松软弱，易于风化；发育崩塌和滑坡等不良地质现象，为提供泥石流的固体物质来源创造了条件。

（3）气象与水文地质条件

强度较大的暴雨，冰川和积雪的强烈消融，冰川湖、高山湖和水库等的突然溃决等，在短时间内为泥石流的发生提供了大量流水和动力。另外，水可浸润饱和山坡松散固体物质，使其摩阻力减小，滑动力增大，有助于泥石流的产生。

（4）其他条件

滥伐山林，破坏植被，造成水土流失；开山采矿、采石弃碴或堆石等往往提供泥石流产生的固体物质来源。

上述泥石流形成条件概括起来可分为三个方面：①有陡峻便于集水集物的地形；②有丰富的松散固体物质来源；③短时间内有大量且具有一定流速的水的来源。此三者缺一便不能产生泥石流。

根据泥石流的形成条件，我国泥石流主要分布于西南、西北和华北山区。例如，四川西部、云南西部和北部、西藏东部和南部、秦岭、甘肃东南部、青海东部、祁连山、昆仑山、天山、华北太行山、北京西山、鄂西和豫西等山区。

7.4.3 泥石流的防治

泥石流防治的基础是工程地质勘察，只有这样才能保证有的放矢，确保泥石流防治的有效性和经济性，下面简要介绍相关内容。

1. 泥石流的勘察

泥石流的工程地质勘察须在一般工程地质勘察的基础上，有针对性地掌握如下几个方面情况：

① 地形地貌，包括地形起伏与坡度和地貌类型等。

② 地层与岩性分布，包括松散固体物质的量与分布、岩土体风化情况、岩石破碎与完整情况等。

③ 地质构造，包括断裂构造和褶皱构造等，主要关注它们对岩体的破坏程度。

④ 气象与水文地质，包括水量、流速、降雨量、汇水面积大小、暴雨的规模与频率和水源分布等。

⑤ 泥石流发生的历史。

⑥ 提供泥石流区的剖面和平面地质图。

⑦ 对泥石流发生的可能性进行评价，并提出泥石流防治的措施与建议。

2. 泥石流防治原则

泥石流防治应采取以预防为主，综合治理为原则。针对泥石流形成条件与机制，区别对待，上游尽可能减少水土流失，保证沟谷两岸斜坡稳定；中游以拦挡为主，同时减缓沟床纵坡；下游以疏导为主，尽可能减少淤积。道路通过泥石流区时，一般应遵循以下防治原则：

① 绕避处于发育旺盛期的特大型、大型泥石流、泥石流群以及淤积严重的泥石流沟。

② 远离泥石流堵塞严重地段的河岸。

③ 线路高程应考虑泥石流的发展趋势。

④ 峡谷河段以高桥大跨通过。

⑤ 在宽谷河段，线路位置及高程应根据泥石流淤积率与河床摆动趋势确定。

⑥ 线路跨越泥石流沟时，应避开河床纵坡由陡变缓和平面上急弯的部位，不宜改沟、并沟或沟中设墩，桥下应留足净空。

⑦ 在泥石流冲积扇上，不宜挖沟、设桥或做路堑。

3. 泥石流的防治措施

泥石流防治应预防和治理相结合，因地制宜，就地取材，并注意整体规划，采取综合防治的措施。

（1）预防措施

① 上游水土保持。植树造林，种植草皮，以恢复植被和巩固土壤，减少冲刷与土壤流失。

② 治理地表水和地下水。修筑排水沟系，如截水沟等，以疏干土壤或使土壤不被浸湿。

③ 修筑防护工程。如沟头防护、岸边防护、边坡防护等，在易坍塌或滑坡地段做一些支挡工程，以加固土层，稳定边坡。

（2）治理措施

① 拦截。在泥石流沟中修筑各种形式的拦渣坝，如石笼坝和格栅坝（图 7-9）等，以拦截泥石流；设置停淤场，将泥石流中的固体物质导入停淤场，以减轻泥石流的动力

作用。

②滞流。在泥石流沟中修筑各种低矮拦挡坝，又称为谷坊坝（图 7-10），泥石流可漫过坝顶，其作用表现为，一是拦蓄泥、砂、石块等固体物质，减小泥石流规模；二是固定泥石流沟床，减缓纵坡，减小泥石流流速，防止沟床下切和谷坡坍塌。

③排导。在下游堆积区修筑排洪道（图 7-11）、急流槽、导流堤（图 7-12）等设施，以固定沟槽和约束水流。

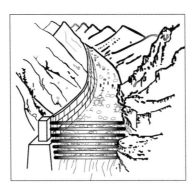

图 7-9　格栅坝

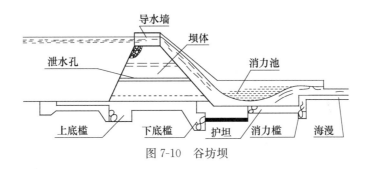

图 7-10　谷坊坝

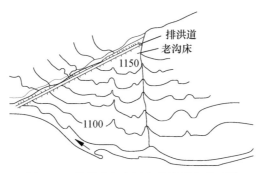

图 7-11　排洪道与大河交接呈锐角平面图

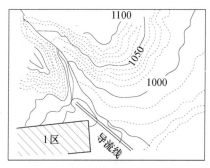

图 7-12　导流堤的平面示意图

④ 跨越。采用桥梁、涵洞、过水路面、明洞、隧道和渡槽等方式跨越泥石流。

7.5　地　　震

7.5.1　地震的基本概念

地下深处的岩层，由于某种原因，例如岩层突然破裂、塌陷以及火山爆发等，使岩层产生振动或震动，并以弹性波的形式传播，这种现象称为地震。它是岩浆活动和地壳运动的一种表现。其相关基本概念（图 7-13）主要包括：

① 震源。地壳或地幔中发生地震的地方称为震源。

② 震中。震源在地面的垂直投影称为震中，它可被视为地面振动的中心。在地面上，震中的振动最强，远离震中的地面振动逐渐减弱。

③ 震源深度。震源到地面的铅直距离称为震源深度。按震源深度大小一般可将地震划分为三种类型：

a. 浅源地震：震源深度为 0～70km。

b. 中源地震：震源深度为 70～300km。

c. 深源地震：震源深度大于 300km。

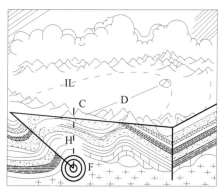

图 7-13　地震的基本概念

F—震源；C—震中；H—震源深度；D—震中距；IL—等震线

至今出现的地震的最大震源深度约为 720km。绝大部分地震是浅源地震，约占 72.5%，震源深度多集中于 5～20km，中源地震比较少，而深源地震更少。对于同样大小的地震，当震源较浅时，波及范围较小，破坏性较大；当震源深度较大时，波及范围虽较大，但其破坏性相对较小。绝大多数破坏性地震都是浅源地震，一般震源深度超过 100km 的地震在地面上不会引起灾害。唐山地震的震源深度为 12～16km，汶川地震的震源深度为 10～20km，两者均为浅源地震。

④ 震中距。地面上某点到震中的直线距离称为该点的震中距。按震中距大小可将地震分为两种类型：

a. 近震：震中距小于 1000km。

b. 远震：震中距大于 1000km。

震中距越大，地震的破坏性越小，反之亦然。引起地质灾害的地震一般都是近震。

⑤ 震中区。围绕震中一定面积的地区称为震中区。它表示地震时震害最严重的地区，强烈地震的震中区常称为极震区。

⑥ 等震线。在同一次地震影响下，地面上破坏程度相同各点的连线称为等震线。绘有等震线的平面图称为等震线图。等震线图在地震工作中用途很多，例如，根据它可确定宏观震中的位置；根据震中区等震线的形状，可以推断发震断层的走向等。图 7-14 为 1970 年云南通海地震的等震线图，最里面等震线的长轴方向是 NW—SE 向，与曲江大断裂的方向是一致的。

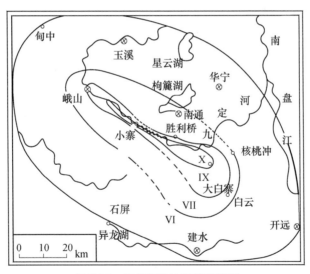

图 7-14 云南海通地震等震线图

7.5.2 地震类型

按地震形成成因，可将地震分为天然地震与人为地震两大类型。人为地震所引起的地表振动较轻微，影响范围也很小，而且能做到事先预防。本节主要讨论天然地震，按其成因，可将天然地震划分为构造地震、火山地震、陷落地震和激发地震。

（1）构造地震

因地质构造作用而产生的地震称为构造地震。构造地震与构造运动的强弱直接相关，它分布于新生代以来地质构造运动最为剧烈的地区，它是地震的最主要类型，约占地震总数的90%。

构造地震中最为普遍的是由于地壳地层断裂活动而引起的地震，绝大部分构造地震都是浅源地震，距地表很近，对地面影响最显著，一些巨大的破坏性地震均属于此类型。一般认为构造地震的形成是由于岩层在构造应力作用下产生应变，积累了大量的弹性应变能，当应变能一旦超过极限值，岩层就会突然破裂并产生位移，形成大的断裂，同时释放出大量的能量，并以弹性波的形式传播而引起地壳的振动，从而产生地震。此外，对于已有大断层，当断层两盘发生相对运动时，如在断层面上有坚固的大块岩层伸出，能够阻挡滑动作用，两盘的相对运动在那里就会受阻，局部应力越来越集中，一旦超过极限，阻挡的岩块被破碎，地震就会发生。

浅源地震多发生在第三纪和第四纪以来的活动断裂带内，其形成具有如下规律：

① 活动断裂带曲折最突出部位往往是震中所在地点。因为突出部位往往是构造脆弱的地方，也往往是应力集中的地方。

② 活动断裂带两头有时是震中往返跳动地点。因为活动断裂带在应力加强而被迫向外发展的时候，活动断裂带两端是继续发展的最有利部位。

③ 一条活动断裂带和另一条断裂带交叉的地方往往是震中所在地点。因为在断裂交叉部位，断面大多崎岖不平，或者有大量破坏了的岩块聚集在一起，容易导致应力集中。

（2）火山地震

由于火山喷发或火山下面岩浆活动而产生的地震称为火山地震。世界上一些大火山带均能观测到与火山活动有关的地震。火山地震波及的地区多局限于火山附近数十公里的范围。火山地震在中国少见，主要分布在日本、印度尼西亚及南美洲国家等。火山地震约占地震总数的7%。

值得注意的是，火山地区的地震并不总与火山喷发活动有关，因为火山与地震均为现代地壳运动的一种表现形式，二者往往出现在同一地带。此外，地震对火山喷发也可能起激发作用，如1960年5月智利大地震引起了火山的重新喷发。

（3）陷落地震

由于洞穴崩塌或地层陷落等原因而产生的地震称为陷落地震。该类地震释放的能量小，震级小，发生次数也很少，仅占地震总数的5%。岩溶发育地区由于溶洞陷落而引起的地震，危害小，影响范围不大，数量也很少。此外，某些矿山采空区，当待悬空面积相当大后将发生塌落，造成陷落地震，其对地面建筑的破坏不容忽视，对安全生产也有很大威胁。

（4）激发地震

构造应力原来处于相对平衡的地区，因外力作用破坏了相对稳定的状态而引起的地震称为激发地震。例如水库地震、深井注水引起的地震、爆破引起的地震等，激化地震为数甚少。

水库地震能达到较高的震级而造成地面的破坏，进而危及水坝的安全。我国著名的水库地震发生于1959年10月的广东新丰江水库（坝高105m），该水库蓄水后一个月即发生了地震，而且，随着水位上升，坝和库区的有感地震增多，震级也越来越高，该水库蓄水后曾发生过6.1级地震。

对于深井注水引起的地震，最典型的案例发生在美国科罗拉多州丹佛地区，该地有一口排灌废水深井（深度为3614m），开始使用后不久就发生了地震。地震出现于深井附近，当注水量加大时地震随之增强，当注水量减少时地震随之减弱，其原因可能是注水后岩石抗剪强度降低，导致破裂面重新滑动。

此外，地下核爆炸或大爆破也可能激发小规模地震。

值得注意的是，并非所有水库、深井注水或大爆破都能引起地震，外界触发只是地震发生的一个条件，还须通过内在原因起作用，即只有在一定的构造条件和地层条件下被激发时才可能发生地震。

7.5.3　地震分布

地震并不是均匀分布于地球的各个部位，而是集中于某些特定的条带上或板块边界上。了解世界及我国地震分布规律对于保护人类生命与财产安全和防止地震对工程建设的破坏具有重要的实际意义，因此，下面简要介绍世界和我国的主要地震带及地震分布规律。

（1）世界地震分布

在世界范围内，主要地震带包括环太平洋地震带与地中海—喜马拉雅山地震带（图7-15），它们都是板块的汇聚边界。

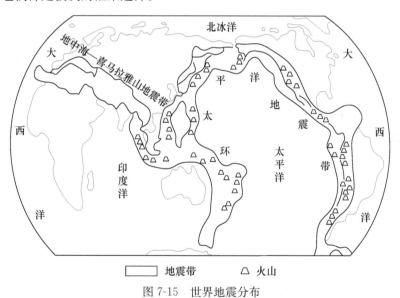

图7-15　世界地震分布

① 环太平洋地震带。沿南北美洲西海岸，向北至阿拉斯加，经阿留申群岛至堪察加半岛，转向西南沿千岛群岛至日本列岛，然后分为两支，一支向南经马里亚纳群岛至伊利安岛，另一支向西南经我国台湾、菲律宾、印度尼西亚至伊利安岛，这两支再汇合后经所罗门至新西兰。

这一地震带的地震活动性最强，是地球上最主要的地震带之一。全世界80%的浅源地震、90%的中源地震和几乎全部深源地震都集中于该地震带，其释放出来的地震能量约占全球所有地震释放能量的76%。

② 地中海—喜马拉雅山地震带。主要分布于欧亚大陆，又称为欧亚地震带。西起大西洋亚速尔岛，经地中海、希腊、土耳其、印度北部、我国西部与西南地区，过缅甸至印度尼西亚与环太平洋地震带汇合。

这一地震带的地震很多，也很强烈，它们释放出来的地震能量约占全球所有地震释放能量的 22%。

（2）中国地震分布

我国地处世界上两大地震活动带的中间，地震活动性比较强烈，主要集中在以下五个地震带：

① 东南沿海及台湾地震带。以台湾的地震最频繁，属于环太平洋地震带。

② 郯城—庐江地震带。自安徽庐江往北至山东郯城一线，并越渤海，经营口再往北，与吉林舒兰、黑龙江依兰断裂连接，为我国东部的强地震带。

③ 华北地震带。北起燕山，南经山西到渭河平原，构成 S 形地震带。

④ 横贯中国的南北向地震带。北起贺兰山、六盘山，横越秦岭，通过甘肃文县，沿岷江向南，经四川盆地西缘，直达滇东地区。它为一规模巨大的强烈地震带。

⑤ 西藏—滇西地震带。属于地中海—喜马拉雅山地震带。

此外，还有河西走廊地震带、天山南北地震带以及塔里木盆地南缘地震带等。

7.5.4　地震波

地震时由震源传播出来的弹性波称为地震波。地震波包括两种在介质内部传播的体波和两种沿界面传播的面波。

（1）体波

体波是指在岩土介质内部传播的地震波，它可分为纵波与横波两种类型。

① 纵波：又称为压缩波或 P 波。纵波周期短，振幅小，其传播速度在所有波中最快，振动破坏力较小，在近地表的一般岩石中，波速约为 7～13km/s。纵波能通过任何物质（包括固体、液体和气体）传播。纵波引起地面跳动，对一般地面建筑物的破坏较小。由于它传播速度快，沿途能量损失也快，随着传播距离的增大，很快变得微弱，所以，只有离震中较近的地方的破坏才不可忽视。

② 横波：又称剪切波或 S 波。横波周期较长，振幅较大，传播速度较小，传播速度为纵波速度的 50%～60%，但破坏力较大。在近地表的一般岩石中，传播速度约为 4～7km/s。它只能在固体物质中传播，基本不能通过对剪切无抵抗能力的液体和气体。它在地面形成水振动，对建筑物的破坏性较强。由于它的传播速度较慢，沿途能量损失也较慢，所以，在离震中较远的地方，虽然纵波已较微弱，但横波还较强。

（2）面波

面波又称 L 波，它是体波到达界面后被激化的次生波，只能沿地表面或地壳内的不连续边界面传播，面波向地面以下传播时会迅速消失。面波随震源深度的增加而迅速减弱，震源越深，面波越不发育。面波有瑞利波（R 波）与勒夫波（Q 波）两种。面波传播速度最慢，平均速度约为 3～4km/s。

值得注意的是，一般情况下，横波或面波到达时振动最强烈，因此，建筑物破坏通常是由横波或面波引起的。

7.5.5 地震的震级与烈度

地震能否使某一地区的建筑物受到破坏,主要取决于地震本身的大小和该区距震中的远近,因此,需要有衡量地震本身大小和某一地区振动强烈程度的两个尺度来描述地震的破坏性,这就是地震的震级和烈度,它们之间存在一定的联系,但却是两个不同的概念,不能混淆。

(1) 地震震级

地震的震级是指一次地震发生时在震源处释放能量的大小。它与地震所释放的能量直接相关,释放能量越大,震级越大。一次地震所释放的能量是固定的,一次地震只有一个震级。

震级可根据地震波记录图的最大振幅来确定。由于远离震中的振动要衰减,不同地震仪的性能不同,其记录的地震波振幅也不同,因此,必须以标准地震仪和标准震中距的记录为准进行地震震级计算。依据李希特-古登堡的最初定义,地震震级是距震中100km的标准地震仪(周期为0.8s,阻尼比为0.8,信号放大率为2800倍)所记录的以微米(μm)表示的最大振幅的常用对数值。

我国使用的地震震级是国际上通行的里氏地震震级。震级每增大一级,释放能量约增加30倍,一个7级地震相当于近30个2万吨级原子弹爆炸所释放的能量。小于2级的地震人们感觉不到,称为微震;2~4级地震称为有感地震;5级以上地震开始引起不同程度的破坏,统称为破坏性地震或强震;7级以上的地震称为强烈地震或大震。已记录的最大地震震级还没有超过8、9级的,这是由于岩石强度不能积蓄超过8、9级的弹性应变能。

(2) 地震烈度

地震烈度是指某一地区的地面和建筑物遭受地震影响和破坏的强烈程度。地震烈度表是划分地震烈度的标准,它是土木等工程抗震设计的重要依据,它主要是根据地震时地面建筑物破坏程度、地震现象、人的感觉等来划分制定的,具体情况可参考相关规范,这里不再赘述。我国和世界上大多数国家都是把地震烈度分为12度。

值得注意的是,震级与烈度虽然都是地震强烈程度的衡量指标,但烈度对工程抗震来说具有更为密切的关系。地震烈度常作为工程抗震设计与选择工程抗震措施的依据,常用的地震烈度有基本烈度、场地烈度和设计烈度。

① 基本烈度。在今后一定时期内,某一地区在一般场地条件下可能遭遇的最大地震烈度。基本烈度所指的地区并不是某一具体工程场地,而是指一较大范围,如一个区、一个县或更广泛的地区,因此,基本烈度又常称为区域烈度。

鉴定和划分各地区地震烈度大小的工作,称为烈度区域划分,简称烈度区划。基本烈度区划不应只以历史地震资料为依据,而应采取地震地质和历史地震资料相结合的方法进行综合分析,深入研究活动构造体系与地震的关系,方能做到较准确的地震基本烈度区划。各地基本烈度确定得准确与否与该地区工程建设的关系甚为密切。若烈度定得过高,提高抗震设计标准,则会造成人力和物力的浪费;若烈度定得过低,降低抗震设计标准,则一旦发生较大地震,必然造成生命财产损失。

② 场地烈度。在基本烈度基础上,根据建筑场地条件调整后的地震烈度。场地烈度

提供的是地区内普遍遭遇的烈度,具体场地的地震烈度与地区内的平均烈度常常是有差别的。

在同一个基本烈度地区,由于各具体建筑场地的地质条件不同,在同一次地震作用下,地震烈度往往不相同,因此,在进行工程抗震设计时,应该考虑场地条件对地震烈度的影响,对基本烈度做适当的提高或降低,使设计所采用的烈度更符合工程实际情况。

③ 设计烈度。在场地烈度基础上,考虑工程的重要程度、抗震性和修复的难易程度,依据规范进一步调整得到的地震烈度,也称为设防烈度。设计烈度是工程设计中实际采用的地震烈度。

7.5.6 建筑工程震害及防震原则

1. 建筑工程震害

建筑工程的震害主要表现为如下几个方面:

(1) 地基液化

在地震发生的短暂过程中,砂土地基孔隙水压力骤然上升而来不及消散,有效应力降低至零,呈近乎液体的状态而导致地基土抗剪强度和承载能力完全丧失的现象,称为地基液化。地基土液化主要发生在饱和的粉砂、细砂和粉土地基中。其表现形式主要为地表开裂、喷砂或冒水,从而引起滑坡和地基失效以及上部建筑物下陷、浮起、倾斜、开裂等震害现象,如图 7-16 所示。

图 7-16 地震液化导致房屋倾斜(日本,1964 年)

(2) 软土震陷

地震时地面产生较大附加下沉的现象,称为软土震陷。震陷常发生在松砂、软黏土或淤泥质土地基中。产生震陷的原因主要表现为松砂震密、土体液化和土体塌陷等。地基震陷不仅使建筑物产生过大沉降,而且会产生较大的差异沉降和倾斜,影响建筑物的安全与使用。

(3) 滑坡

地震导致滑坡的主要原因包括两个方面:一方面,地震使边坡受到了附加惯性力,加大了下滑力;另一方面,地震使地基土体震密,孔隙水压力升高,有效应力降低,减小了阻滑力。地质调查表明，凡发生过滑坡的地区，地层中几乎都夹有砂层。

（4）地裂

地震时常出现地裂，它主要包括两类。其一是构造性地裂，它虽与发震构造有密切关系，但并不是深部基岩构造断裂直接延伸至地表而形成的，而是较厚覆盖土层内部的错动；其二是重力式地裂，它是由于滑坡或上覆土层沿倾斜下卧层层面滑动而引起的地面张裂，这种地裂在河岸、古河道旁以及半挖半填地基中最容易出现。

2. 建筑工程防震原则

建筑工程防震主要从以下几个方面进行考虑：

（1）建筑场地的选择

在地震区进行工程建设时，必须依据工程地质勘察资料，从地震作用角度将建筑场地区分为对抗震有利、不利和危险地段而区别对待。不同地段的地震效应与防震措施存在很大差异。

① 对建筑物抗震有利的地段。地形平坦或地貌单一的平缓地、建筑场地土属Ⅰ类及坚实均匀的Ⅱ类和地下水埋藏较深等地段均对建筑物抗震有利。地震时，它们对建筑物影响较小，应尽量选择它们作为建筑场地和地基。

② 对建筑物抗震不利的地段。一般为非岩质陡坡、带状突出的山脊、高耸孤立的山丘、多种地貌交接部位、断层河谷交叉处、河岸和边坡边缘及小河曲轴心附近；平面分布上成因、岩性、状态明显有软硬不均的土层（如古河道、断层破碎带、暗埋的塘浜沟谷及半填半挖地基等）；建筑场地土属Ⅲ类；可液化的土层；发震断裂与非发震断裂交汇地段；小倾角发震断裂带上盘；地下水埋藏不太大或具有承压水地段。这些地段在地震时影响大，建筑物易破坏，选择建筑场地和地基时应尽量避开。

③ 对建筑物危险的地段。一般为发震断裂带上可能发生地表错位及地震时可能引起山崩、地陷、滑坡、泥石流等地段。这些地段在地震时很可能造成地震灾害，一般不应在此进行工程建设。

（2）砂土及易液化地基

一般情况下，建筑物地基应避免直接采用易液化砂土作持力层，否则，须考虑采取如下处治措施：

① 浅基。若易液化砂土层上部存在一定厚度的稳定表土层，可根据建筑物的具体情况采用浅基础，将上部稳定表土层作持力层。

② 换土。若基底附近有较薄的可液化砂土层，可通过换土进行处理。

③ 增密。若砂土层很浅或露出地表且有相当厚度，可用机械方法或爆炸方法提高砂土层密实度。

④ 筏板、箱形和桩基础。在易液化地基及软土地基上，整体性较好的筏板和箱形基础对提高基础的抗震性具有显著作用，它们可较好地调整基底压力，有效地减轻因大量震陷而引起的地基不均匀沉降，减轻对上部建筑物的破坏；桩基也是易液化地基上抗震性良好的基础型式，但是桩长应保证穿过易液化的砂土层，并有足够长度伸入稳定土层。

（3）软土及不均匀地基

软土地基在地震时的主要问题是产生过大的附加沉降，而且，这种沉降经常是不均匀的。地震时，地基应力增加，土体强度下降而被剪切破坏，土体向两侧挤出，致使房屋沉降量大、倾斜与破坏；其次，厚的软土地基振动周期较长，振幅较大，振动持续时间也较长，对自振周期较长的建筑物不利。软土地基设计时要合理选择地基承载力，因其主要受变形控制，故基底压力不宜过大，同时应增加上部结构的刚度。软土地基上采用片筏、箱形或钢筋混凝土条形基础，抗震效果较好。

不均匀地基（如半挖半填、软硬不均的地基以及暗埋的沟坑塘等）上建筑物的震害都较严重，工程建设应避开，否则应采取有效措施。

值得注意的是，在地震烈度小于5度的地区，建筑物一般无需特殊考虑地震影响；在6度地震区（建造于Ⅳ类场地上较高的高层建筑与高耸结构除外），要求建筑物施工质量好，并采用质量较好的建筑材料，并满足抗震措施要求；在7～9度地震区，建筑物必须根据相关抗震规范专门进行抗震设计。

7.5.7 公路工程震害及防震原则

1. 地震对公路工程的破坏作用

（1）地变形和破坏

地变形和破坏主要包括断裂错动、地裂缝与地倾斜等。

① 断裂错动。地震发生断裂错动时在地面上的表现。

② 地裂缝。地震时常见的破坏现象。按一定方向规则排列的构造型地裂缝多沿发震断层及其邻近地段分布（图7-17）。有的是由地下岩层受到挤压、扭曲和拉伸等作用发生断裂而直接露出地表形成，有的是由地下岩层的断裂错动影响到地表土层而产生的裂缝。

图 7-17 地裂缝

③ 地倾斜。地震时地面出现的波状起伏。它是面波作用形成的，不仅在大地震时可以看到，而且在震后往往有残余变形留在地表。

由于出现在发震断层及其邻近地段的断裂错动和构造型地裂缝是人为难以克服的，对公路工程的破坏无从防治，因此，对待它们只能采取两种办法。其一是尽可能避开；其二是不能避开时本着便于修复的原则设计公路，以便破坏后能及时修复。

（2）促使软弱地基的变形与失效

软弱地基一般是指易触变的软弱黏土地基与易液化的饱和砂土地基。在地震作用下，由于触变或液化可使软弱地基承载力大幅降低或完全消失，这种现象称为地基失效。软弱地基失效时，可能发生较大的变位或流动，不但不能支承建筑物，反而对建筑物基础起推挤作用，严重破坏建筑物。此外，软弱地基在地震时易产生不均匀沉降，振动周期长，振幅大，使其上的建筑物易发生破坏。

鉴于软弱地基抗震性能差，修建在软弱地基上的建筑物震害普遍而又严重，因此，《公路工程抗震设计规范》认为，软弱黏土层和可液化土层不宜直接用作路基和建筑物地基，当无法避免时，应采取抗震措施；此外，根据国内外经验，修建于软弱地基上的公路工程设防烈度起点应为 7 度。

（3）激发滑坡、崩塌与泥石流

强烈的地震作用能激发滑坡、崩塌与泥石流。若震前久雨，则更易发生。在山区，地震激发的滑坡、崩塌与泥石流所造成的灾害和损失常比地震本身直接造成的还要严重。规模巨大的崩塌、滑坡与泥石流可摧毁道路和桥梁，掩埋居民点。峡谷内的崩塌和滑坡可阻河成湖，淹没道路和桥梁。一旦堆石溃决，洪水下泻，常可引起下游水灾。水库区发生大规模滑坡和崩塌时，不仅会使水位上升，而且能激起巨浪，冲击大坝，威胁坝体安全。

地震激发滑坡、崩塌与泥石流的危害，不仅表现在地震时发生的滑坡、崩塌与泥石流，以及由此引起的堵河、淹没和溃决所造成的灾害，还表现在因岩体震松和山坡裂缝，在地震发生后相当长的一段时间内，滑坡、崩塌与泥石流的发生将连续不断。由于地震对公路工程的危害极大，地震时可能发生大规模滑坡、崩塌的地段为抗震危险地段，路线确定时应尽量避开。

2. 平原地区路基震害及防震原则

（1）平原地区路基震害

平原地区易于发生震害的路堤是软土地基上的路堤、桥头路堤、高路堤与砂土路堤等，震害最多的是修筑在软土地基上的路堤。常见的震害类型主要存在如下几种形式：

① 纵向开裂。它是最常见的路堤震害。多发生在路肩与行车道之间或新老路基之间。对于软弱地基上的路堤，纵向开裂可达很大规模。

② 边坡滑动。一般是由于路堤主体与边坡附近的碾压质量差别较大，震前坡脚又受水浸泡，地震时土的抗剪强度急剧降低，形成边坡滑动。

③ 路堤坍塌。多见于用粉土或砂土填筑的路堤。由于压实度不足，又受水浸泡，在地震作用下，土的抗剪强度急剧降低甚至消失，导致路堤坍塌。

④ 路堤下沉。在宽阔的软弱地基上，地震时，由于软弱黏土地基的触变或饱和粉细砂地基的液化，路堤下沉，两侧田野地面发生隆起。

⑤ 纵向波浪变形。路线走向与地震波传播方向一致时，面波造成地面波浪起伏，使路基随之起伏，并在鼓起地段的路面上，产生众多横向张裂缝。

⑥ 桥头路堤震害。以连接桥梁等坚固构造物的路堤震害最普遍，一般较邻近路段震害严重，主要震害形式有下沉、开裂和坍塌等。

⑦ 地裂缝造成的震害。由地裂缝造成的路基错断、沉陷和开裂，往往贯穿路堤的全

高全宽，其分布完全受地裂缝带的控制，与路堤结构无联系。在低湿平原与河流两岸，沿地裂缝带常出现大量的喷水冒砂现象。

（2）平原地区路基的防震原则

① 避免低洼地带修筑路基。尽量避免沿河岸和水渠修筑路基，不得已时，也应尽量远离河岸与水渠。

② 防止地基液化。在软弱地基上修筑路基时，要注意鉴别地基中易液化砂土、易触变黏土的埋藏范围与厚度，并采取相应的加固措施。

③ 加强路基排水。合理设置排水沟渠，避免路侧积水。

④ 控制路基压实度。特别是高路堤要分层压实，尽量使路肩与行车道部分具有相同的密实度。

⑤ 注意新老路基结合。老路加宽时，应在老路基边坡上开挖台阶，并注意对新填土的压实。

⑥ 控制路基填筑材料。尽量采用黏性土作路堤填筑材料，避免使用低塑限粉土或砂土。

⑦ 加强桥头路堤防护工程。

3. 山岭地区路基震害及防震原则

（1）山岭地区路基的震害

山岭地区地形复杂，路基断面形式多，防护和支挡工程也多，这里仅以路堑、半填半挖和挡土墙为代表介绍山岭地区路基震害，主要表现在如下几个方面：

① 路堑边坡的滑坡与崩塌。在 7 度地震烈度地区一般较轻微，而在大于 8 度地震烈度地区较严重。岩质边坡的主要震害类型是崩塌，松散堆积层边坡则多发生崩塌性滑坡（图 7-18）。崩塌常发生在裂隙发育和岩体破碎的高边坡路段，崩塌性滑坡则多与存在软质岩石、地下水活动和软弱构造面等有关。

图 7-18　地震导致路堑边坡滑坡

② 半填半挖路基的上坍与下陷。上坍是指挖方边坡的滑坡与崩塌，其情况与路堑边坡类似；下陷是指填方部分的开裂与沉陷，此种震害较普遍且严重。由于填方与挖方路基的密实度不一致，基底软硬不一，故地震时易沿填挖交界面出现裂缝和坍滑。

③ 挡土墙的震害。挡土墙等抵抗土压力的建筑物，地震时由于地基承载力降低，土压力增大，所遭受的震害比较多。尤其是软土地基上的挡土墙，特别是高挡土墙、干砌片石挡土墙等遭受震害的实例更多。对于目前公路上大量使用的各种石砌挡土墙，主要震害

类型有砌缝开裂、墙体变形与墙体倾倒。前两者主要见于7~8度地震烈度区，后者主要见于大于9度的地震烈度区。砌缝开裂是最常见的震害，主要与地震时地基的不均匀沉陷和砂浆强度不足有关。墙体膨胀变形主要与地震时墙背土压力增大有关。墙体倒塌可能与地基软弱、地震力强和土压力增大等因素有关。

（2）山岭地区路基的防震原则

① 避开可能发生大规模崩塌与滑坡的地段。在可能因发生崩塌、滑坡而堵河成湖时，应估计其可能被淹没的范围和溃决的影响范围，进而合理确定沿河路线的方案和标高。

② 减少对山体自然平衡条件和自然植被的破坏。严格控制挖方边坡高度，并根据地震烈度适当放缓边坡坡度。在山体严重松散地段和易崩塌滑坡地段，应采取防护加固措施。在高烈度区，岩体严重风化地段不宜采用大爆破施工。

③ 山坡上避免或减少半填半挖路基。如不可能，则应采取适当加固措施。在陡于1:3的山坡上填筑路堤时，应采取措施保证填方部分与山坡的结合强度，同时还应加强上侧山坡的排水和坡脚的支挡措施。在更陡的山坡上，应用挡土墙加固，或以栈桥代替路基。

④ 大于或等于7度烈度区内的挡土墙应进行抗震强度和稳定性验算。干砌挡土墙应根据地震烈度限制墙高。浆砌挡土墙的砂浆强度等级较一般地区应适当提高。在软弱地基上修建挡土墙时，可视具体情况采取换土、加大基础面积或采用桩基等措施，同时还要保证墙身砌筑、墙背填土夯实与排水设施的施工质量。

7.5.8 桥梁工程震害及防震原则

1. 桥梁工程震害

强烈地震时，桥梁震害较多。桥梁遭受震害的原因主要是由于墩台的位移和倒塌，下部构造发生变形引起上部结构变形或坠落（图7-19）。下部结构完整，上部结构滑出和脱落的也有，但比较少见，且多与桥梁构造上的缺陷有关。因此，地基的好坏对桥梁在地震时的安全性影响最大。

图7-19 地震导致路堑边坡滑坡

在软弱地基上，桥梁震害不仅严重，而且分布范围广；在一般地基上，也可能产生某些桥梁震害，如墩台裂缝，因土压力增大或水平方向抵抗力降低而引起的墩台水平位移或倾斜等，但这些震害只出现在更高的烈度区内。如1923年日本关东地震时，上述震害只限于大于或等于11度的烈度区内；又如1976年河北唐山地震时，上述震害也只限于大于或等于 10 度的烈度区内，值得注意的是，唐山地震时，在 9 度烈度区内，建于砂或卵石地基上的两座多孔长桥也遭到严重破坏，桥墩普遍开裂与折断，导致落梁，这可能是由于桥长与地震波长相近，地震时桥梁基础产生差动，使某些相邻桥墩向相反方向位移，造成某些桥孔的跨径有增大或缩小的缘故。

2. 桥梁工程的防震原则

① 优选桥位。勘测时查明对桥梁抗震有利、不利和危险的地段，按照避重就轻的原则，充分利用有利地段选定桥位。

② 优选基础位置。在可能发生河岸液化、滑坡的软弱地基上建桥时，可适当增加桥长，合理布置桥孔，避免将墩台布设在可能滑动的岸坡上或地形突变处，也可适当增加基础的刚度和埋置深度，以提高基础抵抗水平推力的能力。

③ 优化基础设计。当桥梁基础置于软弱黏土层或严重不均匀地层上时，应注意减少荷载，加大基底面积，减少基底偏心，采用桩基础；当桥梁基础置于可液化土层上时，基桩应穿过可液化土层，并在稳定土层中有足够的嵌入长度。

④ 减轻结构重量。尽量减轻桥梁总重量，采用轻型上部结构，避免头重脚轻。对振动周期较长的高桥，应按动力理论进行专门设计。

⑤ 加强结构连接。加强上部结构的纵向和横向联系，加强上部结构的整体性。选用抗震性能较好的支座，加强上下部联结，采取限制上部结构纵向、横向位移或上抛的措施，防止落梁。

⑥ 优化结构设计。多孔长桥宜分节建造，化长桥为短桥，使各分节能互不依存地变形。

⑦ 优选建筑材料。用砖、石圬工和素混凝土等脆性材料修建的建筑物，抗拉和抗冲击能力弱，接缝处是弱点，易发生裂纹、位移和坍塌等病害，应尽量少用，并尽可能选用抗震性能好的钢材或钢筋混凝土。

7.6 岩溶与土洞

7.6.1 岩溶与土洞的基本概念

岩溶又称为喀斯特，它是指可溶性岩层（主要包括石灰岩、大理岩和白云岩等碳酸盐类岩石，石膏等硫酸盐类岩石和岩盐等卤素类岩石）受地表和地下流水的化学和物理作用而产生的沟槽、裂隙和空洞，以及由于空洞顶板塌落而在地表产生陷穴和洼地等特殊地貌形态和水文地质现象的总称。

岩溶主要包括地表和地下两种形态。如图 7-20 所示，地表岩溶形态主要有溶沟（槽）、石牙、石林、漏斗、溶蚀洼地、坡立谷和溶蚀平原等；地下岩溶形态主要有落水洞、溶洞、暗河和天生桥等。

土洞是指埋藏在岩溶地区可溶性岩层上覆土层内的空洞，主要由地表水或地下水流入地下土体内，将颗粒间可溶成分溶滤，带走细小颗粒，使土体被掏空成洞穴而形成，这种地质作用过程称为潜蚀。

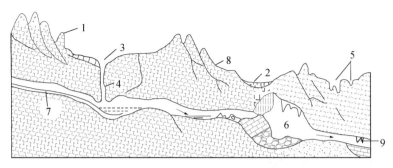

图 7-20　岩溶区岩层剖面示意图

1—石牙、石林；2—塌陷洼地；3—漏斗；4—落水洞；5—溶沟、溶槽；

6—溶洞；7—暗河；8—溶蚀裂隙；9—钟乳石

7.6.2　岩溶与土洞的发育条件

1. 岩溶的发育条件

岩石的可溶性与透水性、水的溶蚀性与流动性是岩溶发生和发展的四个基本条件。此外，岩溶的发育还与地质构造、新构造运动、水文地质条件以及地形地貌、气候和植被等因素都有密切关系。

（1）岩石的可溶性

岩石成分、成层条件和组织结构等直接影响岩溶的发育程度和速度。一般来说，硫酸盐类和卤素类岩层中的岩溶发育速度较快；碳酸盐类岩层中的岩溶发育速度较慢；质纯层厚的岩层中的岩溶发育强烈，而且岩溶形态齐全，规模较大；含泥质或其他杂质的岩层中的岩溶发育较弱；结晶颗粒粗大的岩石中的岩溶较为发育，结晶颗粒细小的岩石中的岩溶发育较弱。

（2）岩石的透水性

岩石的透水性主要取决于岩体的裂隙和孔隙性，岩体中的裂隙发育程度与分布情况对岩溶发育程度起控制作用，一般在节理裂隙交叉处或密集带、断层破碎带、背斜轴部等地段岩溶比较发育，因为岩溶的产生必须以可溶性岩层中的水交换作为前提条件，而岩层中的水交换必须通过岩层透水来实现，岩层的水交换能力在一定意义上决定了其岩溶的发育程度。

（3）水的溶蚀性

水的溶蚀性主要取决于水中的 CO_2 含量。水中的 CO_2 含量越高，则水的溶蚀能力越强。由于水中的 CO_2 主要来源于空气中的 CO_2，而且，水中的 CO_2 含量与空气中的 CO_2 含量成正比，因此，地壳浅层岩溶相对发育，深层岩溶相对不发育。虽然水中的 CO_2 含量与温度成反比，但溶蚀化学反应速度与温度成正比，温度升高一倍，化学反应速度增加 10 倍，因此，我国南方地区岩溶较北方地区更发育。

（4）水的流动性

水的流动是岩层产生水交换的前提条件，因此，水的流动性也是岩溶发育的前提条件。水的流动性取决于岩体中水的循环条件，它与地下水的补给、渗流及排泄直接相关。地下水主要的补给来源是大气降水和地表水，因此，降雨量大的地区水源补给充沛，岩溶易发育。地形平缓，地表径流差，地下岩体裂隙发育，渗入地下的水量多，岩溶易于发育，否则岩溶发育相对减弱。

2. 土洞的形成条件

土洞可分为由地表水机械冲蚀作用形成的土洞和地下水潜蚀作用形成的土洞。土洞在形成过程中，沉积在洞底的塌落土体有时不能被水带走，而起堵塞通道的作用，若潜蚀大于堵塞，土洞继续发展；反之，土洞就停止发展。具备一定厚度的覆盖层、发育有一定空间的岩溶洞隙以及流动的地下水三者是土洞形成的基本条件。此外，土洞的形成还与地形地貌、地质构造和地表排水有密切关系。

（1）覆盖层

覆盖于灰岩等可溶性岩上的土层或软岩强度低，特别是靠近基岩面附近，因地下水长期浸泡，其强度大大降低，土层通常呈软塑-流塑状，其抗拉和抗剪强度极低，在地下水反复波动作用下，很容易脱离母体而被水流带走，从而形成土洞的雏形。土洞的形成与岩溶覆盖层土体的性质、颗粒成分、颗粒不均匀性等有关。

（2）岩溶洞隙

开口面向覆盖层的溶洞、溶隙或断裂裂隙，是容纳被水流带走的上覆岩土的场所空间。没有向上开口的洞隙，一般不易形成土洞。覆盖层中的土洞与下伏地层中的岩溶洞隙在空间上具有很好的耦合性，且覆盖型岩溶发育程度不同，影响着盖层中土洞发育的规模和强度，岩溶发育程度强烈的，发育的土洞数量多且规模大，反之则小。

（3）流动的地下水

地下水是土洞形成最积极、最活跃的因素，对土洞的形成表现为水位升降及渗透两种作用方式。地下水是作用于覆盖层中最常见的外力，对土层起着最直接的破坏作用，尤其是地下水的波动幅度、流动速度、波动频率对土层的破坏影响显著。

7.6.3 岩溶地区的工程地质问题

在岩溶地区进行工程建设时，常常会遇到许多工程地质问题，给工程建设带来许多麻烦，甚至成为工程建设成败的关键，必须特别关注。岩溶地区工程地质问题主要表现在如下几个方面：

① 地基承载能力下降。溶蚀作用使岩石出现空洞，岩石强度下降；当下伏岩溶溶洞顶板或土洞上覆层厚度较小时，地基承载能力大幅降低。

② 地基不均匀沉降。当地表岩溶发育或地下溶洞或土洞塌陷时，地基岩土体表现为强烈的不均匀性，极易导致地基差异或不均匀沉降。

③ 基础不稳定。建筑物基础置于地下岩溶或土洞的倾斜面上，易产生滑动或倾倒。

④ 地面塌陷。地下溶洞或土洞突然塌陷，基础置于溶洞或土洞顶部使地下溶洞或土洞坍塌等，均严重影响基础的稳定性，应专门进行基础稳定性评价，具体内容见相关规范和手册，这里不再赘述。

⑤ 岩溶突水。地下岩溶常具有丰富的地下水，在地下工程施工时，如果贸然揭露岩溶，易引起岩溶突水，突水量大时会影响施工甚至产生事故。

⑥ 路基水毁。岩溶地区复杂的水文地质条件，加之暴雨影响，易造成路基水毁。

7.6.4 岩溶地区的处治措施

在岩溶地区进行工程建设时，应在工程地质勘察基础上，结合具体工程实际情况，采取综合防治措施。若工程建筑场址可以选择，应优先考虑避让，若无法避让时再考虑处治措施。

1. 岩溶地区的工程地质勘察

岩溶地区的工程地质勘察须在一般工程地质勘察基础上，有针对性地掌握如下几个方面情况：

① 查明岩溶区内可溶岩的地质年代和分布。

② 查明岩溶区内岩溶的形态和分布规律以及溶洞的形状、大小、充填情况与埋深情况。

③ 查明地质构造，包括断裂与褶皱构造。

④ 查明地表塌陷情况，包括塌陷范围及塌陷区岩土密实情况等。

⑤ 查明岩溶区水文地质情况，包括岩溶水与地表水的关系，岩溶水量，泉水与地下暗河的出露情况，地下水补给、径流和排泄情况等。

⑥ 对岩溶区工程建设的适宜性进行评价，并提出岩溶处治措施与建议。

2. 岩溶的处治措施

常见的岩溶处治措施主要有如下几种思路：

① 防止地基不均匀或差异沉降。基础置于稳定岩土层、采用整体性较好的基础和软土地基处理（如复合地基和排水固结等）等都可有效防止地基差异沉降。值得注意的是，上述方法一般只适用于溶蚀引起的基岩表面起伏而形成的地基和塌陷区地基的处理。

② 挖填。挖除岩溶中的软弱充填物，回填片石、碎石土或素混凝土等，以增强地基的承载能力；在压缩性地基上凿平局部突出的基岩，铺盖可压缩的垫层或褥垫，以调整地基的变形量。挖填一般只适用于浅层岩溶的处理。

③ 跨盖。基础下有溶洞、溶槽、暗河、漏斗或小型溶洞时，可采用钢筋混凝土梁板或桥（包括地面下暗桥）跨越，或用刚性大的平板基础覆盖，但支承点必须放在较完整而稳定的基岩上。

④ 注浆。对于埋深较大的溶沟、溶隙甚至溶洞，可采用注浆进行处理，以提高地基承载能力。

⑤ 堵塞。对于较大的单个溶洞，可通过地面钻孔或竖井灌注片石、碎石、砂或素混凝土等以堵塞溶洞，有条件时也可采用洞内人工填塞的方法进行处理。

⑥ 洞内支撑。对于单个有进出口的大溶洞，可采用洞内支顶方法加固溶洞顶板，保证溶洞的稳定性。

⑦ 排导。地下岩溶水一般宜疏不宜堵，否则会破坏地下水力系统，易引起地面洪灾。因此，一般对建筑物地基内或附近的地下水宜采用疏水钻孔、排水隧洞、排水管道等进行疏排，以防止地下水流通道堵塞，造成建筑场地和地基的季节性淹没。对于岩溶区地下工程施工，一般先采用疏水孔洞缓慢疏排水，以防止因贸然揭露大型溶洞而发生岩溶突水事故。

⑧ 强夯。覆盖型岩溶区上覆松软土，通过强夯法使其压缩性降低，提高承载能力。

对于地下浅层溶洞，也可通过强夯振垮溶洞，达到岩溶处理的目的，即使不能振垮也能确认溶洞具有足够的稳定性。

3. 土洞的处治措施

土洞处治方法与土洞形成原因有着密切关系，它包括地表水形成土洞和地下水形成土洞的处理，具体情况如下：

① 地表水形成土洞的处治。在建筑场地和地基范围内，认真做好地表水的截流、防渗、堵漏等工作，杜绝地表水渗入土层，使土洞停止发展，再对土洞采取挖填及梁板跨越等措施进行处治。

② 地下水形成土洞的处治。当地质条件许可时，首先尽量对地下水采取截流与改道等措施，以阻止土洞继续发展，然后采用下述方法进行处治：

a. 浅埋土洞：土洞埋深较浅时，可采用挖填和梁板跨越进行处治。

b. 小土洞：对较小的深埋土洞，其稳定性较好，危害性小，可不处理洞体，仅在洞顶上部采取梁板跨越进行处治即可。

c. 大土洞：对较大的深埋土洞，可采用顶部钻孔灌砂（砾）或灌碎石混凝土，以充填土洞。当地下水不能通过截流与改道等措施以阻止土洞发展时，可采用桩基（嵌入基岩内）或其他措施进行处治。

7.7 采空区

7.7.1 采空区的基本概念

采空区是由人为挖掘或者天然地质运动在地表下面产生的"空洞"，一般是指地下矿层采空后形成的空间。当其上部岩层失去支撑，平衡条件被破坏，随之产生弯曲、塌落，以致发展到地表移动变形，导致地表各类建筑物变形破坏，甚至倒塌，称为采空塌陷。

按照当前的开采现状将采空区分为老采空区、现采空区和未来采空区三类。老采空区是指已经停止开采的采空区，或开采已达充分采动，沉陷盆地内的各种变形已经稳定的采空区；现采空区是目前正在开采的采空区，开采未达充分采动，地表移动呈尖底，盆地内的各种变形仍在继续发展的采空区；未来采空区是指计划开采而尚未开采矿层，预计将形成的采空区。对于老采空区主要查明采空区的分布范围、埋深、充填情况和密实程度等，评价其上覆岩层的稳定性；对现采空区和未来采空区应预测地表移动的规律，计算变形特征值，以此来判定其作为建筑场地的适宜性和对建筑物的影响程度。

7.7.2 采空区的地表变形特征和影响因素

地下开采形成采空区，常常引起岩层移动、地表移动和变形破坏等一系列现象，下面将作具体介绍。

1. 岩层移动

局部矿体被采出后，在岩体内部形成一个空洞，其周围原有的应力平衡状态受到破坏，引起应力的重新分布，直至达到新的平衡，即岩层产生移动和破坏，这一过程和现象为岩层移动。

（1）岩层移动的形式

① 弯曲。

② 岩层的垮落（或称冒落）。

③ 煤的挤出（或称片帮）。

④ 岩石沿层面的滑移。

⑤ 垮落岩石的下滑（或滚动）。

⑥ 底板岩层的隆起。

应该指出，以上 6 种移动形式不一定同时出现在某一个具体的移动过程中。

（2）移动稳定后采动岩层内的三带

矿层采空后，顶板岩层的移动变形因岩层性质和开采条件不同，变形的表现形式、分布状态和程度也不相同，对水平及缓倾斜矿层一般可将其垂直方向的变形分为冒落带、裂隙带、弯曲带，如图 7-21 所示。

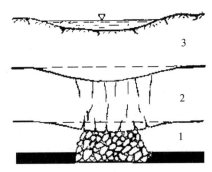

图 7-21　顶板岩层变形分带

1—冒落带；2—裂隙带；3—弯曲带

上述三带并没有明显的分界线，相邻两带之间一般是渐变过渡，也不是所有采空区都形成上述三带。

2. 地表移动和破坏

（1）地表移动和破坏的主要形式

当采空区面积扩大到一定范围后，岩层移动发展到地表，使地表产生移动和变形。在采深与采厚的比值较大时，地表的移动和变形在空间和时间上是连续的、渐变的，分布有一定的规律性，这种情况称为连续的地表移动。当采深与采厚的比值较小（一般小于 3）或具有较大的地质构造时，地表的移动和变形在空间和时间上将是不连续的，移动和变形的分布没有严格的规律性，地表可能出现较大的裂缝或塌陷坑，这种情况称为非连续的地表移动。

地表移动和破坏的形式，归纳起来有下列几种：

① 地表移动盆地。

② 裂缝。

③ 台阶状塌陷盆地。

④ 塌陷坑。

（2）地表移动盆地的特征

① 在移动盆地内，各个部分的移动和变形性质及大小不尽相同。在采空区上方地表平坦，达到充分采动、采动影响范围内没有大的地质构造条件下，最终形成的静态地表移动盆地可划分为三个区域：

a. 移动盆地的中间区域（又称中性区域）。移动盆地的中间区域位于盆地的中央部位。在此范围内，地表下沉均匀，地表下沉值达到该地质采矿条件下应有的最大值，其他移动和变形值近似于零，一般不出现明显裂缝。

b. 移动盆地的内边缘区（又称压缩区域）。移动盆地的内边缘区一般位于采空区边界附近到最大下沉点之间。在此区域内，地表下沉值不等，地面移动向盆地的中心方向倾斜，呈凹形，产生压缩变形，一般不出现裂缝。

c. 移动盆地的外边缘区（又称拉伸区域）。移动盆地的外边缘区位于采空区边界到盆地边界之间。在此区域内，地表下沉不均匀，地面移动向盆地中心方向倾斜，呈凸形，产生拉伸变形。当拉伸变形超过一定数值后，地面将产生拉伸裂缝。

应当指出，在地表刚达到充分采动或非充分条件下，地表移动盆地内不出现中间区域。

② 开采水平矿层、缓倾斜（倾角 $\alpha < 15°$）矿层时，地表移动盆地有下列特征：

a. 地表移动盆地位于采空区的正上方。盆地的中心（最大下沉点所在的位置）和采空区中心一致，最大下沉点和采空区中心点的连线与水平线夹角（最大下沉角）为 90°，盆地的平底部分位于采空区中部的正上方。

b. 地表移动盆地的形状与采空区对称。如果采空区的形状为矩形，则移动盆地的平面形状为椭圆形。

c. 移动盆地内外边缘区的分界点（移动盆地区拐点），大致位于采空区边界的正上方或略有偏离。

③ 开采倾斜（倾角 $\alpha = 15° \sim 55°$）矿层时，地表移动盆地有下列特征：

a. 在倾斜方向上，移动盆地的中心（最大下沉点处）偏向采空区的下山方向，与采空区中心不重合。最大下沉点同采空区几何中心的连线与水平线在下山一侧夹角（最大下沉角）小于 90°。

b. 移动盆地与采空区的相对位置，在走向方向上对称于倾斜中心线，而在倾斜方向上不对称，矿层倾角越大，这种不对称性越明显。

c. 移动盆地的上山方向较陡，移动范围较小；下山方向较缓，移动范围较大。

d. 采空区上山边界上方地表移动盆地拐点偏向采空区内侧，采空区下山边界上方地表移动盆地拐点偏向采空区外侧。

拐点偏离的位置大小与矿层倾角和上覆岩层的性质有关。

④ 开采急倾斜（倾角 $\alpha < 55°$）矿层时，地表移动盆地有下列特征：

a. 地表移动盆地形状的不对称性更加明显。工作面下边界上方地表的开采影响达到开采范围以外很远；上边界上方开采影响则达到矿层底板岩层。整个移动盆地明显地偏向矿层下山方向。

b. 最大下沉值不是出现在采空区中心正上方，而向采空区下边界方向偏移。

c. 地表的最大水平移动值大于最大下沉值，最大下沉角 $< 90°$。

d. 急倾斜矿层开采时，不出现充分采动的情况。

（3）影响地表变形的因素

① 矿层因素

a. 矿层埋深越大（即开采深度越大），变形发展到地表所需的时间越长、变形值越小，变形比较平缓均匀，但地表移动盆地的范围增大。

b. 矿层厚度大，采空的空间大，会促使地表的变形值增大。

c. 矿层倾角大时，水平移动值增大，地表出现裂缝的可能性增大，地表移动盆地与采空区的位置更不对称。

② 岩性因素

a. 上覆岩层强度高、分层厚度大时，产生地表变形所需采空面积要大，破坏过程时间长；厚度大的坚硬岩层，甚至长期不产生地表变形。强度低、分层薄的岩层，常产生较大的地表变形，速度快但变形均匀，地表一般不出现裂缝。脆性岩层地表易产生裂缝。

b. 厚度大、塑性大的软弱岩层，覆盖于硬脆的岩层上时，后者产生破坏，会被前者缓冲或掩盖使地表变形平缓；反之，上覆软弱岩层较薄，则地表变形会很快，并出现裂缝。岩层软硬相间且倾角较陡时，接触处常出现层离现象。

c. 地表第四系堆积物越厚，则地表变形值越大，但变形平缓均匀。

③ 构造因素

a. 岩层节理裂隙发育会促进变形加快，增大变形范围，扩大地表裂缝区。

b. 断层会破坏地表移动的正常规律，改变地表移动盆地的位置和大小，断层带上的地表变形更加剧烈。

④ 地下水因素

地下水活动（特别是对抗水性弱的软弱岩层）会加快变形速度，扩大地表变形范围，增大地表变形值。

⑤ 开采条件因素

矿层开采和顶板处置的方法以及采空区的大小、形状、工作面推进速度等，均影响着地表变形值、变形速度和变形的形式。

7.7.3　采空区的防治措施

1. 采空区的勘察要点

采空区勘察应分别查明老采空区上覆岩层的稳定性，预测现采空区和未来采空区地表移动变形的特征和规律性，并判定其作为建筑场地的适宜性和对建筑物的危害性。采空区的勘察应以搜集资料和调查为主。

① 矿层的分布、层数、厚度、深度、埋藏特征和开采层的上覆岩层的岩性、构造等。

② 矿层开采的范围、深度、厚度、时间、方法和顶板管理方法，采空区的塌落、密实程度、空隙和积水情况。

③ 地表变形特征和分布，包括地表陷坑、台阶、裂缝的位置、形状、大小、深度、延伸方向及其与地质构造、开采边界、工作面推进方向等的关系。

④ 地表移动盆地的特征，划分中间区、内边缘区和外边缘区，确定地表移动和变形的特征值。

⑤ 采空区附近的抽水和排水情况及其对采空区稳定的影响。

⑥ 搜集建筑物变形和防治措施的经验。

对老采空区和现采空区，当工程地质调查不能查明采空区的特征时，应进行物探和钻探。对现采空区和未来采空区，应通过计算预测地表移动和变形的特征值。

2. 开采技术措施

① 防止地表沉陷的措施

地表沉陷一般发生在采用不适当的开采方法、开采浅部矿层或开采急倾斜厚矿层时。为防止地表沉陷，可采取下列措施：

a. 开采浅部缓倾斜、倾斜的厚矿层时，应尽量采用分层开采方法，并适当减小第一、第二分层的开采厚度。

b. 开采急倾斜矿层时，应尽量采用分层间歇开采方法，并要求顶板一次暴露面积不能过大。分层开采的间歇时间应在 3～4 个月以上。

c. 顶板岩层坚硬不易冒落时，应采取人工放顶。

d. 调查小窑采空区、废巷和岩溶等地质和开采资料，防止因疏干老窑积水和疏降岩溶含水层水位时，造成地表突然塌陷。

② 减小地表沉陷的措施

采矿时可采用充填开采法、条带状开采、分层开采等措施以减小地表下沉。

③ 减小地表变形的措施

a. 合理布置工作面位置。布置工作面位置时，应尽量使建筑物处于有利位置。一般认为回采工作面推进方向与建筑物长轴方向垂直较为有利。

b. 协调开采。利用几个矿层或厚矿层分层开采时，在走向或倾向方向合理布置开采工作面，使开采一个工作面所产生的地表变形与另一个工作面所产生的变形相互抵消一部分，从而减小对建筑物的有害影响。

c. 干净开采。在开采保护矿柱时，采空区内不应残留矿柱；否则对地表将产生叠加影响，使变形增大。

d. 提高回采速度。工作面推进速度不同，所引起的地表变形值也不同。提高回采速度后，一般会使下沉速度增大，但动态变形有所减小。

④ 增大开采区宽度：使开采迅速达到充分采动，使地表移动盆地尽快出现中间区。

⑤ 在建筑物下留设保护矿柱。

3. 现有建筑物采取的结构措施

① 提高建筑物的刚度和整体性，增强其抗变形的能力，如设置钢筋混凝土圈梁、基础联系梁、钢筋混凝土锚固板、钢拉杆、堵砌门窗洞。

② 提高建筑物适应地表变形的能力，减小地表变形作用在建筑物上的附加应力，如设置变形缝、挖掘变形缓冲沟等。

4. 新建建筑物预防变形的措施

在采空区设计新建筑物时，应充分掌握地表移动和变形的规律，分析地表变形对建筑物的影响，选择有利的建筑场地，采取有效的建筑和结构措施，保证建筑物的正常使用功能。

① 选择地表变形小、变形均匀的地段进行建筑，避开地表变形为Ⅳ级以上和裂缝、陷坑、台阶等分布地段。

② 选择地基土层均一的场地，避免把基础置于软硬不一的地基土层上。当为岩石地基时，可在基槽内设置砂垫层，以缓冲建筑物变形。

③ 建筑物平面形状应力求简单、对称。以矩形为宜，高度尽量一致。建筑物或变形缝区段长度宜小于 20m。

④ 应采用整体式基础，加强上部结构刚度，以保证建筑物具有足够的刚度和强度。

⑤ 在地表非连续变形区内，应在框架与柱子之间设置斜拉杆，基础设置滑动层等措施。在地表压缩变形区内，宜挖掘变形补偿沟。在地下管网接头处，可设置柔性接头，增设附加阀门等。

7.8 地面沉降

7.8.1 地面沉降的基本概念

地面沉降是在自然和人为因素作用下，由于地壳表层土体压缩而导致区域性地面高程降低的一种环境地质灾害现象，是一种难以补偿的永久性环境和资源损失，是地质环境系统被破坏所导致的恶果。它是一种缓变型地质灾害，发生初期不易察觉，具有隐蔽性，一旦致灾则波及面积很大，难以治理。地面沉降具有生成缓慢、持续时间长、影响范围广、成因机制复杂和防治难度大等特点，所以是一种对资源利用、环境保护、经济发展、城市建设和人民生活构成威胁的地质灾害。

地面沉降包括广泛含义和工程含义。

广泛含义：系指地壳表面在自然引力作用下或人类经济活动影响下造成区域性的总体下降运动。其特点是以向下的垂直运动为主体，而只有少量或基本上没有水平方向位移。其速度和沉降量值以及持续时间和范围均因具体诱发因素或地质环境的不同而异。

工程含义：目前国内外工程界所研究的地面沉降主要是指由抽汲液体（以地下水为主，也包括油、气）所引起的区域性地面沉降。

7.8.2 地面沉降的分布规律

我国地面沉降主要位于厚层松散堆积物地区，地域分布具有明显的地带性。

（1）大型河流三角洲及沿海平原区

主要是长江、黄河、海河及辽河下游平原和河口三角洲地区。这些地区的第四纪沉积层厚度大，固结程度差，颗粒细，层次多，压缩性强；地下水含水层多，补给径流条件差，开采时间长、强度大；城镇密集、人口多，工农业生产发达。这些地区的地面沉降首先从城市地下水开采中心开始形成沉降漏斗，进而向外围扩展，形成以城镇为中心的大面积沉降区。

（2）小型河流三角洲区

主要分布在东南沿海地区，第四纪沉积厚度不大，以海陆交互相的黏土和砂层为主，压缩性相对较小；地下水开采主要集中于局部的富水地段。地面沉降范围一般比较小，主要集中于地下水降落漏斗中心附近。

（3）山前冲洪积扇及倾斜平原区

主要分布在燕山和太行山山前倾斜平原区，以北京、保定、邯郸、郑州及安阳等大、中城市最为严重。该区第四纪沉积层以冲积、洪积形成的砂层为主；区内城市人口众多、城镇密集、工农业生产集中；地下水开采强度大、地下水位下降幅度大。地面沉降主要发生在地下水集中的开采区，沉降范围由开采范围决定。

（4）山间盆地和河流谷地区

主要集中在陕西省的渭河盆地及山西省的汾河谷地以及一些小型山间盆地内，如西安、咸阳、太原、运城、临汾等城市。第四纪沉积物沿河流两侧呈条带状分布，以冲积砂土、黏性土为主，厚度变化大；地下水补给、径流条件好；构造运动表现为强烈的持续断陷或下陷。地面沉降范围主要发生在地下水降落漏斗区。

7.8.3 地面沉降的危害

地面沉降所造成的环境破坏和影响是多方面的，其主要危害表现在下列几个方面：

（1）滨海城市海水侵袭

世界上有许多沿海城市，如日本的东京市、大阪市和新潟市，美国的长滩市，我国的上海市、天津市、台北市等，由于地面沉降致使部分地区地面高程降低，甚至低于海平面。这些城市经常遭受海水的侵袭，严重危害当地的生产和生活。为了防止海潮的威胁，不得不投入巨资加高地面或修筑防洪墙或护岸堤。

地面沉降也使内陆平原城市或地区遭受洪水灾害的频次增多、危害程度加重。可以说，低洼地区洪涝灾害是地面沉降的主要致灾特征。无可否认，江汉盆地沉降、洞庭湖盆地沉降（现代构造沉降速率为 10mm/d）和辽河盆地沉降加重了 1998 年中国的大洪灾。

（2）港口设施失效

地面下沉使码头失去效用，港口货物装卸能力下降。美国的长滩市，因地面下沉而使港口码头报废。我国上海市海轮停靠的码头，原高程为 5.2m，至 1964 年已降至 3.0m，高潮时江水涌上地面，货物装卸被迫停止。

（3）桥墩下沉，影响航运

桥墩随地面沉降而下沉，使桥下净空减小，导致水上交通受阻。上海市的苏州河，原先每天可通过大小船只 2000 条，航运量达 $(100 \sim 120) \times 10^4 t$。由于地面沉降，桥下净空减小，大船无法通航，中小船只通航也受到影响。

（4）地基不均匀下沉，建筑物开裂倒塌，破坏市政工程

地面沉降往往使地面和地下建筑遭受巨大的破坏，如地基下沉、建筑物墙壁开裂或倒塌、高楼脱空，深井井管上升、井台破坏，桥墩不均匀下沉，自来水管弯裂漏水、一些建筑物的抗震能力和使用寿命也受到影响等。美国内华达州的拉斯维加斯市，因地面沉降加剧，建筑物损坏数量剧增；我国江阴市河塘镇地面塌陷，出现长达 150m 以上的沉降带，造成房屋墙壁开裂、楼板松动、横梁倾斜、地面凹凸不平，约 $5800m^2$ 建筑物成为危房，一座幼儿园和部分居民已被迫搬迁。地面沉降强烈的地区，伴生的水平位移有时也很大，如美国长滩市地面垂直沉降伴生的水平位移最大达到 3m，不均匀水平位移所造成的巨大剪切力，使路面变形、铁轨扭曲、桥墩移动、墙壁错断倒塌、高楼支柱和桁架弯扭断裂、

油井及其他管道破坏。

7.8.4　地面沉降成因

目前，国内外所研究的地面沉降主要着重于因抽汲地下水、油、气所引起的区域性地面沉降问题。国内外地面沉降的实例表明，抽汲液体引起液压下降，使地层压密而导致地面沉降是普遍和主要的原因。

（1）地面沉降的诱发因素

地面沉降的诱发因素见表 7-1。

表 7-1　地面沉降的诱发因素

诱发因素		地面沉降特点
地质因素	地壳近期的断陷下降运动	运动速率较低，但具有长时期的持续性，在某些新构造运动活跃的地质构造单元中，沉降速率可达到每年几毫米
	地震、滑坡或火山活动	可以导致地面的陷落或下沉，但不会导致长期持续下降的结果
	地球气候变暖引起海平面相对上升	沿海地区的地面相对呈现降低现象，海洋基准面变化使水准测量成果带来系统误差
	自重湿陷性黄土的湿陷	与水的作用有关，地面常呈现局部的凹地和碟形盆地
	欠压密土的固结	与地层沉积后的地质历史有关，一般沉降速率和沉降量都不大
人类工程活动因素	建筑物的静荷载、动荷载或地面堆载	局部范围内的地基变形
	大面积开采地下水（包括油、气）	是产生大面积、大幅度地面沉降的主要因素，具有沉降速率大（年沉降量达到几十毫米到几百毫米）和持续时间长（一般将持续几年到几十年）的特征
	开采地下固体矿藏形成大面积采空区	在矿区产生塌落或地面沉降裂缝

（2）地面沉降产生条件

地面沉降的产生需要一定的地质、水文地质条件和土层内的应力转变（由水所承担的那部分应力不断转移到土颗粒上）条件。从地质、水文地质条件来看，疏松的多层含水体系，其中承压含水层的水量丰富，适于长期开采，开采层的影响范围内，特别是它的顶板、底板有厚层的正常固结或欠固结的可压缩性黏性土层等，对于地面沉降的产生是特别有利的。从土层内的应力转变条件来看，承压水位大幅度波动式的趋势性降低，则是造成范围不断扩大的、累进性应力转变的必要前提。特别是长江三角洲地区分布有巨厚的高压缩性淤泥和淤泥质土的低洼地区，随着经济建设的不断发展，需在洼地上大面积堆填。其软土在堆载（填土）荷重的作用下，产生一维压缩固结，可形成地区性的地面沉降。此类沉降受场地软土的工程特性、层厚和堆载大小的控制，是构成滨海平原城市总地面沉降的一个因素，不可忽视。地面沉降的地质环境模式见表 7-2。

表 7-2　地面沉降的地质环境模式

模式	地层构成	地区举例
冲积平原	河床沉积土——以下粗上细的粗粒土为主； 泛原沉积土——以细粒土为主的多层交互沉积结构，土层的厚度一般与河床最大深度及各旋回中的沉积韵律有关	黄淮平原； 长江下游平原； 松花江中下游平原
三角洲平原	海陆互相沉积，具有多个含水系统并为较厚的黏性土层所交错间隔	长江三角洲； 海河三角洲
断陷盆地	冲积、洪积、湖积以及海相沉积物所组成的粗、细粒土交错沉积层，其厚度及粒度受构造沉降速度、沉积韵律等因素的控制	近海式——台北盆地，宁波盆地； 内陆式——汾渭盆地

7.8.5　地面沉降防治措施

我国是地面沉降灾害较为严重的国家，已经陆续发现具有不同程度的区域性地面沉降的城市有 70 多个。可能还有一些城市虽已发生沉降，但因没有进行全面的城市地面高程的精密测量，所以还不能对我国地面沉降灾害进行全面的评估。因此，加强全国性的地面沉降普查工作，查明引起沉降的主导因素，有利于预测未来可能发生的地面沉降灾害，才能有针对性地对一些重点地区进行监测，提出合理的预防治理措施。

通过对调查区的地下水动态、地层应力状态、土层变形和地面沉降等的定期监测，取得实测动态变化数据，以便为地面沉降分析、预测及制定防护措施提供依据。为了掌握地面沉降的规律和特点，合理拟定控制地面沉降的措施，研究工作必须包括下述内容：

1. 地面沉降区的调查内容

（1）地面沉降区地下水动态调查

调查与监测的内容包括地下水水位、水量资料；与地下水有密切联系的地表水体的监测资料；重点调查地下水水位下降漏斗的形成特点、分布范围、发展趋势及其对已有建筑物的影响。

（2）建筑物破坏情况调查

首先查看地下水开采量强度大、地下水位降深幅度也大的地段的开采井泵房，调查地面、墙壁有无裂缝，井管较地面有无上升，房屋有无变形等，然后逐渐向四周扩展，查看地面建筑物有无损坏，并调查建筑物年限。

（3）地下管道破裂调查

对供水管线应查看地面是否潮湿、冒水；冬季是否常年结冰。煤气管道检测是否有异味，居民用气量是否充足等。

（4）雨季淹没调查

调查淹没损失、淹没设施名称、淹没面积、淹没水深，对比分析本次降水量大小及历史同等降水量淹没情况和相应的地面变形情况。在相同的降水、风力、风向及排水条件下出现洼地积水，河水越堤，海水淹没码头、工厂等，是由地面沉降所致。

（5）风暴潮调查

在发生过风暴潮的地区开展风暴潮的频率、潮位和经济损失调查，在有条件的地区开展经济损失评估；开展河堤、桥梁等的变化调查。

（6）相关调查与资料分析

调查第四纪松散堆积物的岩性、厚度和埋藏条件，收集和分析不同地区地下水埋藏深度和承压性，各含水层之间及其与地表水之间的水力联系资料。

（7）地面沉降灾害和对环境的影响调查

采用现场踏勘和访问的方法，对建筑设施的变形、倾斜、裂缝的发生时间和发展过程及规模程度等详细记录，同时了解被破坏建筑设施附近水源井的分布、抽水量及地面沉降的情况。

2. 地面沉降的监测

1）地下水动态监测

地下水动态监测内容有地下水开采量、人工回灌量、地下水位、水温和水质等，各项监测的技术要求按表7-3确定。

表7-3　地下水动态监测技术要求一览表

监测项目		井点布设	设备	监测要求	资料整理要求
地下水开采量		工作区内所有开采井、回灌井	水表计量装置，水表精度为0.1m³	每月监测1～3次，监测精度为±1m³	分别按单井、含水量、地区和时间进行统计
地下水位		沉降区及邻近区均匀布点重点加密	电测水位计或自计水位仪	水位变幅较大时，每5天1次；一般每10～30天1次，监测误差为±0.03m	将水位埋深换算成水位标高；绘制单孔地下水位历时曲线；编制年度水位等值线
地下水温	面测	在采、灌区均匀布点加密	水银或酒精温度计	抽水后地表测量；每年1～2次；监测精度为±0.1℃	绘制地下水温等值线
	点测	在回灌区布设十字监测剖面线	半导体点温计；监测精度为±0.02℃	自水面至含水层底板布置测温点；含水层及常温带以上每米一点，其他层段每5m一点；每月1～3次	绘制单孔水温垂直变化曲线及监测剖面上的等水温线
地下水质		采样井均匀布置，尽量不使用经回灌的开采井	井泵抽水采样	丰水期、枯水期、回灌前及开采后各采水样1次；特殊地段每10～30天1次	绘制丰水期、枯水期、回灌前、开采后的水化学类型图、矿化度图、氯离子及有害物质分布图

2）孔隙水压力监测

孔隙水压力的分布反映了土体在现场的应力状态，为了研究采灌过程中土体压密与膨胀的机理过程，确定在复杂的水位变化条件下沉降计算时的初始应力条件和土性指标的反算，必须进行孔隙水压力量测。

根据孔隙水压力监测资料可绘制出孔隙水压力随深度的历时变化曲线，应用于分析孔隙水压力与土层变形的规律，反算土层的压缩性参数，还可应用实测的孔隙水压力资料计算标点的地面沉降。

3）土层变形监测

① 土层变形监测是通过对不同埋设深度的分层标进行定期测量。这是一种高精度的相对水准测量，施测精度应达到国家一等水准测量的要求。

② 在有基岩标的地区，以基岩标为基点，或者以最深的分层标作为基点，定期测量各分层标相对于基点的高差变化，以计算土层的分层变形量。

③ 监测周期：一般对主要的分层标组每10天测量1次，其他分层标组每30天测量1次。

④ 资料整理：分层标测量结束后，应计算本次沉降量、累计沉降量和各土层的变形量。

4）地面沉降监测

地面沉降监测即面积性水准测量，比较不同时期的水准测量成果，获得各水准点的高程升降变量和沉降区内地面沉降的全貌动态。

（1）地面沉降监测高程网布设原则

① 证实城市有地面沉降时，宜改建原有城市高程网，使其适应地面沉降监测的要求。

② 尽量利用原有城市水准网，即用于城市地面沉降监测的水准网（简称沉降网），其水准路线的走向及点位宜与城市原有水准网的线、点重合，以保持资料的连续性和可比性。

③ 必要时可调整城市水准网的路线，或在局部地区布设专用的沉降网。

（2）沉降点密度与复测周期

根据城市各地区的水文地质、工程地质条件和年均沉降量，划分若干个沉降区。不同沉降区，其沉降点（即地面沉降监测水准点）的密度和复测周期也不同，可按表7-4确定。沉降点的密度也可根据地面沉降勘查所选择的图件比例尺而定，当采用1:50000图件时，沉降点平均密度为每平方公里1.5个点，沉降中心等重点地段加密至每平方公里2.0点。

表7-4　沉降点间距和复测周期

年均沉降量（mm）	沉降点间距（m）	复测周期
1～3	1000～2000	3～5年
3～5		1～3年
5～10	500～700	1～12月
10～15	250～500	3～6月
>15	<250	1～3月

5）沉降监测时间和监测精度

① 地面沉降监测的时间应选择在年内沉降速度最缓、地面沉降变量对监测精度影响最小的时间。

② 在地面沉降较缓的时期或地区，可按一等或二等水准测量的要求进行监测。

③ 在地面沉降发展距离、沉降速度较大的时期或地区，可按二等、三等或四等水准测量的要求进行监测。

6）沉降监测资料整理

① 进行水准网平差与插线高程计算，求得各水准点的沉降量，并填表登记。

② 确定等值线间距（不小于最弱点中的误差值），编制沉降量等值线。

③ 以面积为"权"，应用加权平均法计算各沉降区的年均沉降量。

3. 地面沉降的防治

在地面沉降主要由新构造运动或海平面相对上升而引起的地区，应根据地面沉降或海面上升速率和使用年限等，采取预留高程措施。在古河道新近沉积分布区，对可发生地震液化塌陷地带，可采取挤密碎石桩、强夯或固化液化层等工程措施。在欠固结土分布和厚层软土上大面积回填堆载地区，可采用强夯、真空预压或固化软土等措施。对因过量开采地下水而引起的地面沉降，则应采取控制地下水开采量、调整开采层次、开展人工回灌、开辟新的供水水源等综合措施。防治措施可分为监测预测措施、控沉措施、防护措施和避灾措施。

（1）监测预测措施

首先要加强地面沉降调查与监测工作，基本方法是设置分层标、基岩标、孔隙水压力标、水准点、水动态监测点、海平面监测点等，定期进行水准测量，进行地下水开采量、地下水位、地下水压力、地下水水质监测及回灌监测等。其次区域控制不同水文地质单元，重点监测地面沉降中心、重点城市及海岸带。查明地面沉降及致灾现状，研究沉降机理，找出沉降规律，预测地面沉降速度、幅度、范围及可能的危害，为控沉减灾提供科学依据并且建立预警机制。

（2）控沉措施

① 根据水资源条件，限制地下水开采量，防止地下水水位大幅度持续下降，控制地下水降落漏斗规模。从 1966 年起，上海开始限采地下水，向地层回灌自来水，"冬灌夏用""夏灌冬用"，以地下含水层储能及开采深部含水层等众多措施将地面沉降稳住，1966—1971 年还回弹了 3mm。上海市过去地下水取水点很多，现在已经大量压缩。上海市采取控制地下水开采和地下水人工回灌两大措施，使上海地面沉降从历史最高的年沉降量 110mm，下降至目前的年沉降量 10mm 左右。

② 根据地下水资源的分布情况，合理选择开采区，调整开采层和开采时间，避免开采地区、层位、时间过分集中。

③ 人工回灌地下水，补充地下水水量，提高地下水水位。

（3）防护措施

地面沉降除有时会引起工程建筑不均匀沉降外，主要是因沉降区地面高程降低，导致积洪滞涝、海水入侵等次生灾害。针对这些次生灾害，采取的主要防护措施是修建或加高加固防洪堤、防潮堤、防洪闸、防潮闸以及疏导河道、兴建排洪排涝工程，垫高建设场地，适当增加地下管网强度等。

（4）避灾措施

做好规划，一些对沉降比较敏感的新扩建工程项目要尽量避开地面沉降严重和潜在的沉降隐患地带，以免造成不必要的损失。

7.9　地质灾害评估

7.9.1　地质灾害评估的目的与分类

地质灾害灾情评估的目的是通过揭示地质灾害的发生和发展规律，评价地质灾害的危险性及其所造成的破坏损失和人类社会在现有经济技术条件下抵御灾害的能力，并运用经济学原理评价减灾防灾的经济投入及取得的经济效益和社会效益。

地质灾害灾情评估可按评估时间、范围或面积进行划分。

（1）根据评估时间划分

地质灾害灾情评估分为灾前预评估、灾期跟踪评估和灾后总结评估3种类型。

① 灾前预评估。是对一个地区地质灾害事件的危险程度和可能造成的破坏损失程度的预测性评价。它是制定国土规划、社会经济发展计划以及减灾对策预案的基础。

② 灾期跟踪评估。是在灾害发生时对灾害损失的快速评估。主要评估内容：一是地质灾害类型及特征，阐述已发生的灾种、数量、分布、规模、形成机制、危害对象、稳定性等；二是地质灾害危险性现状评估，按灾种分别进行评估。它是制定救灾决策和应急抗灾措施的基础。

③ 灾后总结评估。是指在灾害结束后对灾害损失进行的全面评估。它是决定救灾方案、制订灾后援建计划和防御次生灾害的重要依据。

（2）根据评估范围或面积划分

地质灾害灾情评估分为点评估、面评估和区域评估3种类型（表7-5）。

表 7-5　地质灾害灾情评估范围分类及其特征

评估类型	点评估	面评估	区域评估
评价对象	灾害体或灾害群灾情	地区地质灾害综合灾情	区域地质灾害总体灾情
评价面积	一般不超过几十平方千米	几十至几千平方千米	几千至几百万平方千米
评价意义	为抗灾、救灾和实施防治工程提供依据	为布置防治工程和地区规划提供依据	为宏观减灾决策和制定区域规划提供依据
评价手段	专门调查统计和必要的观测、试验	专门调查统计	区域调查统计
评价精度	定量化	定量为主、定性为辅	半定量、半定性

7.9.2　地质灾害评估的主要内容

地质灾害灾情评估的主要内容包括危险性评价、易损性评价、破坏损失评价和防治工程评价4个方面，其中危险性评价、易损性评价是灾情评估的基础，破坏损失评价是灾情评估的核心，防治工程评价是灾情评估的应用。

1. 地质灾害危险性评价

地质灾害危险性是地质灾害自然属性的体现，评价的核心要素是地质灾害的活动强度，从定性分析看，地质灾害的活动强度越高，危险性越大，灾害的损失越严重。从定量化评价的要求看，地质灾害的危险性需要通过具体的指标予以反映。地质灾害危险性分为历史灾害危险性和潜在灾害危险性。

历史灾害危险性指已经发生的地质灾害的活动强度，评价要素为灾害的类型、规模、活动周期，以及研究区内灾害的分布密度。评价已发生的地质灾害，为应急抢险、救援、灾害预判等服务。

潜在灾害危险性指具有灾害形成条件但尚未发生的地质灾害的潜在危害性，评价要素包括地质条件、地形地貌条件、气象水文条件、植被条件和人为活动条件等。评价潜在地质灾害的危险性，为治理、防治、避险、灾后重建服务。

1）地质灾害危险性及其指标

历史地质灾害危险性的标志是地质灾害的强度、规模、频次、分布密度等。这些要素决定了地质灾害的发生次数、危害范围、破坏强度，从而进一步影响地质灾害的破坏损失程度。历史地质灾害危险性要素一般可通过实际调查统计获得。

不同种类的地质灾害，危险性要素指标不完全一致，见表7-6。

表7-6 历史地质灾害危险性构成及指标

灾害种类	灾害活动强度或规模	灾害活动频次	灾害分布密度	灾害危害强度
崩塌-滑坡	灾害体体积（万立方米）	平均频次（次/年）	平均密度（处/平方千米）	根据灾害体规模和受灾体破坏程度划分等级
泥石流	流速（m/s）、流量（m³/s）和堆积物体积（万立方米）	平均频次（次/年）	泥石流危害面积占评价区比例（%）	根据泥石流冲击力、淤埋程度和受灾体破坏程度划分等级
岩溶塌陷	塌陷数量（处）、影响范围（km²）	平均频次（次/年）	平均密度（处/平方千米）	根据分布密度和受灾体破坏程度划分等级
地面沉降	累计沉降量（m）、沉降面积（km²）	沉降速率（毫米/年）	沉降面积占评价区比例（%）	根据累计沉降量和受灾体破坏情况划分等级

在评估的几类地质灾害中，崩塌、滑坡、泥石流、岩溶塌陷、地面沉降灾害是伴随不同地质动力活动而不断发展的具有动态变化特征的灾害现象。所以，在灾害危险性评价中，除灾害体积、数量、幅度等指标外，还有灾害发生频次或发展速率指标。膨胀土灾害是一种客观存在、不具有动态特征的潜在灾害体。它与其他灾害有明显差异，只有在膨胀土发育区进行某些工程建筑时，才有可能发生灾害。所以，其危险性评价中不存在灾害活动的频次或速率指标。

在各种危险性指标中，危害强度所指示的是灾害活动所具有的破坏能力。灾害危害强度是灾害活动程度的集中反映。危害强度是一种综合性的特征指标，它不能像其他指标那样，用不同量纲的数字反映指标的高低，只能用等级进行相对量度。对于已经出现的地质灾害，它对于各种受灾体所造成的破坏损失情况（破坏损失数量和破坏损失程度）是对灾害危害强度最直接的显示。根据对不同类型地质灾害破坏效应的实际调查分析，将地质灾害危害强度分为强烈破坏（A级）、中等破坏（B级）、轻微破坏（C级）、基本无破坏（D级）四个等级，见表7-7。实践证明，不但不同种类、不同规模的地质灾害的危害强度不同，而且在同一灾害事件中，评价区内不同部位所遭受的危害强度也发生很大的变化。其一般规律是从灾害活动中心（崩塌—滑坡体及前缘地带、泥石流沟谷及沟口附近、地裂缝中心地带、地面沉降中心区等）向边缘逐渐减弱，直至没有发生破坏的安全区。认识这种规律除了可以深化历史地质灾害灾情分析外，还对在地质灾害预测灾情评估中划分灾害危险区，进而核定受灾体损毁率和经济损失具有十分重要的意义。

表 7-7　地质灾害危害强度分级特征

危害强度等级	受灾体损毁程度	一般分布位置
强烈破坏（A级）	80％以上的受灾体发生严重损毁	灾害中心地带
中等破坏（B级）	80％以上的受灾体发生中等以上损毁	灾害影响区中间地带
轻微破坏（C级）	80％以上的受灾体发生轻微损毁	灾害影响区边缘地带
基本无破坏（D级）	受灾体损毁率小于5％	灾害影响区以外的安全地带

182

2）地质灾害危险性评价内容

地质灾害危险性评价是灾情评估的基础。其主要内容是评价地质灾害的活动程度，反映地质灾害的破坏能力。

地质灾害危险性是由各种危险性要素体现的。对于历史地质灾害，可以通过调查统计比较容易地获取这些数据。对于潜在地质灾害（或未来地质灾害）则需要通过一系列分析过程才能获取这些数据，因此是危险性评价研究的主要内容。

不同范围地质灾害灾情评估的精度要求不同，指示地质灾害活动程度的要素不同，所以评价的内容也不完全一致。地质灾害灾情评估通常分为点评估、面评估和区域评估3种类型。

点评估主要是对潜在灾害体或已经出现的灾害现象预期灾情进行分析评价。它要求给出今后这种灾害发生或进一步发展的概率或速率有多大，可能的规模和危害范围有多大，在危害范围内灾害活动的程度，以及与此密切相关的破坏强度如何分布。因此，点评估危险性评价的基本目标或主要内容是确定灾害活动概率或发展速率、划分成灾范围以及不同强度的危险区。

面评估是对一个地区某一类地质灾害（个别情况下是对几类地质灾害）的活动程度进行分析评价，要求给出评价区今后可能发生多少次或多少处灾害活动，它们活动的强度、规模、危害范围，以及在不同地区所具有的破坏能力有多大。因此，面评估的基本目标或主要内容是分析评价灾害活动数量、发生概率或发展速率、危害面积以及划分危险区。

区域评估是大面积的多种地质灾害活动程度的综合分析评价，主要通过危险性区划方式，显示区域灾害活动水平。所以，区域评估的基本目标或主要内容是根据地质灾害危险性构成，进行危险性区划。

3）地质灾害危险性评价方法

（1）确定地质灾害发生概率及发展速率

地质灾害发生概率是评价崩塌、滑坡、泥石流、岩溶塌陷等突发性地质灾害危险性的重要指标。地质灾害发展速率是评价地裂缝、地面沉降、海水入侵等缓发性地质灾害危险性的基础指标。

① 确定地质灾害发生概率。

崩塌、滑坡、泥石流等突发性地质灾害属于随机性事件。在不同条件下，它们发生的概率和成灾程度不同。灾害形成的条件越充分，发生灾害的可能性越大，出现的概率越高，造成的破坏损失越严重。地质灾害具有重复性、周期性特点，即一个地区或一个灾害体的活动常常并非经过一次活动永远停歇，而是随着外界条件的变化而反复活动。因此，可以采用灾害活动的重现期，用灾害频率代替活动概率并分为高频、中频、低频、微频4

个等级（表7-8）。

表 7-8 突发性地质灾害频率等级

频率等级	发生频次	发生概率（频率）
高频灾害	每年 1 次或多次	—
中频灾害	1～5 年 1 次	1～0.2
低频灾害	5～50 年 1 次	0.2～0.02
微频灾害	50 年以上 1 次	<0.02

地质灾害发生概率可通过多种途径确定。根据灾情评估特点，可采用比较简便的方法确定，即经验法、灾害活动的动力分析与条件分析法及根据历史频数分布确定灾害发生频率的方法。

② 确定地质灾害发展速率。

地质灾害发展速率是地质灾害灾情评价的重要基础指标。它除了分析岩溶塌陷发展趋势外，主要用于地裂缝、地面沉降、海水入侵等缓发性地质灾害的危险性评价。这些灾害属于持久型累进性灾害，进行灾情评估的对象多是已经发生灾害活动的地区，评价内容主要是今后地质灾害的活动程度和成灾水平。因此，其危险性指标不是灾害发生概率，而是灾害活动的发展速率。其评价方法主要有约束外推法及模拟模型方法。

（2）确定地质灾害危害范围及危害强度分区

① 确定地质灾害危害范围。

地质灾害危害范围的大小，主要取决于地质灾害的活动规模和活动方式。不同种类的地质灾害，危害范围的评价方法不同。

崩塌、滑坡、泥石流灾害的危害范围一般包括两部分：发生活动的灾害体发育范围——崩塌体、滑坡体、泥石流形成区和流动区；灾害体活动范围——崩塌体崩落区、滑坡体滑动区、泥石流泛滥堆积区。在这 3 种灾害危害范围组成中，灾害体分布范围可以通过专门地质勘查直接圈定。

② 地质灾害危害强度分区。

在地质灾害危害范围内，不同地区地质灾害的破坏能力不同，因此受危害强度大小也不同。根据地质灾害破坏能力大小，将危害区划分为若干等级，称为危害强度分区。为确定不同地区、不同类型受灾体的破坏程度，进而为核算灾害经济损失提供依据，是地质灾害点评估和面评估的一项重要内容。

（3）区域地质灾害危险性区划

区域地质灾害危险性区划的目的与作用，是在进行地质灾害点评估和面评估的时候，可以在广泛深入勘察的基础上，采用不同的量化分析方法确定地质灾害活动的数量、密度、危害范围、活动频率、发展速率等要素，从而在灾害活动的时间频度和空间范围两个方面为进一步评价灾害期望损失提供基础。然而对于大面积的区域性灾情评估来说，要进行如此全面深入的勘察和计算显然是不可能的。它只能采用典型勘察和抽样调查方法，在取得代表性参数后，再进行区域灾情评价。区域地质灾害危险性区划正是为了满足这种需要而实施的一项工作，其基本内容：根据区域历史地质灾害活动程度和地质灾害形成条件的充分程度，结合区域自然条件和社会经济条件，评价区域地质灾害危险程度及其分布规律和划分危险性等级。通过这些工作，把条件复杂、危险性程度参差不齐的大面积评价区，划分成若干地质灾害活动条件和危险程度相对单一的单元，作为确定抽样样本和评价参数并实现全区评价的基础。

从灾情评估来说，区域地质灾害危险性区划具有上述直接作用。从更广泛的意义上说，地质灾害危险性区划还可为区域减灾决策和区域经济规划提供重要的参考依据。

4）区域地质灾害危险性区划的基本方法

（1）区域地质灾害危险性区划的基本途径

区域地质灾害危险性区划所反映的是不同地区地质灾害危险性的相对程度。其采用的基本指标是危险性指数。一个地区地质灾害危险程度受众多条件影响，主要包括地质条件、地貌条件、气候条件、水文条件、植被条件、人为条件等，每类条件中又包含多种要素。地质灾害危险性区划的基本途径：将评价区按行政区、自然区或经纬度划分成若干单元；把控制地质灾害活动的各方面要素转化成可以量化对比的指数。根据这些指数对地质灾害的控制方式和作用程度，建立核算地质灾害危险性指数的数学模型。根据各单元危险性指数分布特点，结合自然地理和社会经济条件，划分单类地质灾害或综合地质灾害危险区、亚区。这些危险区和亚区显示危险程度的分布与组合关系，为进一步进行灾情评估提供基础。

（2）地质灾害危险性指数的计算方法

如果评价区范围较小、条件比较简单，可在相关分析的基础上，采用灰色聚类分析以及模糊综合评判、信息熵评判等方法计算危险性指数，分析评价区危险性程度。

（3）地质灾害危险性区划的原则

地质灾害危险性区划的原则与指标是地质灾害危险性区划的基础。只有区划的原则和指标是正确或可靠的，其区划方案才是可靠或基本可靠的。认真研究危险性区划的原则和指标，对进行损失评价计算是极其重要的。为此，在区划时需遵循下列原则：发生学原则、主导因素原则、相对一致性原则、综合分析原则、相对完整性原则、类型分区与综合分区相结合原则。

5）区域地质灾害危险性基本要素的确定方法

在区域地质灾害危险性评价中，危险性指数和危险性分区所标示的，只是不同地区地质灾害相对危险性程度，对于以期望损失为核心的灾情评估来说，这种相对量化的评价只是一种基础性的工作。要满足灾情评估的需要，还必须确定那些具有绝对量化意义的危险性要素。这些具有绝对量化意义的危险性指数主要包括：单元地质灾害的数量与密度；在一般水平下单元内每年可能发生活动的地质灾害的数量、密度、危害范围、危害面积比率。

2. 地质灾害易损性评价

地质灾害易损性评价的主要评价内容包括：划分受灾体类型，调查统计各类受灾体数量及其分布情况，核算受灾体价值，分析各种受灾体遭受不同类型、不同强度地质灾害危害时的破坏程度及其价值损失率。

1）易损性评价的主要内容与基本方法

在灾情评估中，把对受灾体的分析称为易损性评价。易损性评价的基本目标是获取各方面易损性要素参数，为破坏损失评价提供基础。根据易损性构成，易损性评价的主要内容包括：划分受灾体类型；调查统计各类受灾体数量及分布情况；核算受灾体价值；分析各种受灾体遭受不同种类、不同强度地质灾害危害时的破坏程度及其价值损失率。

在点评估和范围较小的面评估中，获取这些要素的基本方法是专门性勘察，即通过全面调查，统计受灾体数量，按照资产评估方法核算受灾体价值，并根据受灾体分布情况绘制受灾体类型分布图和受灾体价值分布图。根据历史调查统计、实地观测和模拟试验等方法，确定受灾体破坏程度，建立不同类型受灾体与不同种类、不同强度地质灾害的相关关系，确定受灾体损失率。

在区域评估和范围较大、社会经济条件比较复杂的面评估中，无法对受灾体进行全面调查。此时，应首先进行易损性区划，在此基础上，通过对不同等级易损区的典型抽样调查，确定易损性的直接要素。

2）地质灾害破坏效应及受灾体类型划分

分析地质灾害破坏效应是界定受灾体范围、划分受灾体类型、分析受灾体易损性的基础。不同地质灾害的破坏效应不尽相同，概括起来主要有以下几个方面：威胁人类生命健康，造成人员伤亡；破坏城镇、企业及房屋等工程设施；破坏铁路、公路、航道、桥梁、涵洞、隧道、码头等交通设施，威胁交通安全；破坏生命线工程；破坏水利工程；破坏农作物以及森林；破坏土地资源；破坏水资源；破坏机械、设备和各种室内财产。

由于地质灾害受灾体特别繁杂，所以在灾情评估中，不可能逐一核算它们的价值损失，只能将受灾体划分为若干类型，然后分类进行统计分析，才能获得灾情评估所需要的易损性参数。划分地质灾害受灾体类型的依据和原则主要是符合地质灾害特点，根据地质灾害破坏效应，界定受灾体范围；充分考虑不同受灾体的共性和个性特征，同类型受灾体的性能、功能、破坏方式，以及价值属性和核算方法基本相同或相似。将地质灾害受灾体大致划分为 14 类：人、房屋建筑、公路、铁路、航道、桥梁、生命线工程、水利工程、生活与生产构筑物、室内设备及物品、农作物、林木、土地资源和地下水资源。

3）地质灾害受灾体价值分析

地质灾害灾情评估的核心目标是定量化评价地质灾害的破坏损失程度。要实现这个目标，不仅要反映各种受灾体遭受破坏的数量和程度，更重要的是要将各种受灾体的破坏效应转化成货币形式的经济损失。要完成这项工作，除了调查分析评价区受灾体类型和分布情况外，还必须在此基础上统计分析受灾体的价值及其分布情况，根据它们遭受灾害损失的机会核算价值损失。因此，地质灾害受灾体价值分析是研究社会经济易损性的重要内容。

地质灾害受灾体价值分析的中心工作就是调查统计受灾体的分布情况，核算受灾体的价值，并以单元价值额或价值密度等为指标，反映评价区受灾体价值分布。

（1）地质灾害受灾体价值核算方法

虽然以上划分的 14 类地质灾害受灾体的功能各异，但除了人的生命健康、风险观念难以用货币价值衡量外，其他类受灾体都可以用货币形式反映其价值。房屋、铁路、公路、桥梁、设备、室内财产等，是人类劳动创造的有形财富，属于资产价值；农作物、林木等是人类生存与发展的基础，是资源价值创造的有形财富，属于资产价值；土地、地下水等是人类生存与发展的基础，属于资源价值。

① 资产价值核算。资产价值可采用资产评估方法进行核算。核算的基本途径有两种：对固定资产实行统一财会管理的部门和单位，可根据账面反映的固定资产净值确定固定资产价值；对于没有会计核算的固定资产，可根据资产项目的实际性状评估价值，或者根据资产项目原值、使用年限及相应折旧率核算资产净值。

② 资源价值核算。地质灾害对自然资源具有多方面破坏作用，但最主要的是破坏土地资源和地下水资源。因此，在灾情评估的易损性评价中，主要对这两种资源价值进行核算。

无论是点评估、面评估还是区域评估，土地类型不同，土地资源价值不一。因此，首先要根据评价区实际情况，划分土地类型，或者将评价区先分成若干评价单元，并使每个单元内的土地类型和价值相对一致，在此基础上进行评估。

地下水资源价值核算是评估海水入侵灾情的重要内容。水是人类须臾不可缺少的重要资源。不同地区水资源的丰歉程度和地下水资源的开发利用条件有很大不同，所以地下水资源价值相差悬殊。需要根据定价和全成本定价进行评估核算。评价区水资源市场价去掉供水成本及正常市场利润，即为水资源价值。

（2）受灾体密度与价值分布分析

受灾体数量密度与价值密度是指单位面积（每平方千米或等面积的一个评价单元）受灾体数量或受灾体价值。它们是标示受灾体密集程度的基本指标。在一般情况下，灾害危害范围内受灾体越多，价值越高，灾害的破坏损失越严重。因此，在灾情评估中，不仅要统计受灾体的数量和价值，而且要分析它们的分布情况。

4）受灾体损毁等级划分及价值缺失率确定

（1）受灾体损毁等级划分

在受灾体遭受灾害危害后所出现的破坏表现千差万别。在灾情评估中，为了规范和统计受灾体的破坏程度，根据不同受灾体的典型破坏表现，以等级的方式标志受灾体的损毁程度。在灾情评估中，受灾体损毁等级是对各类受灾体破坏程度的归类分析量化，借此可进一步确定受灾体价值损失。

基于上述目的，划分受灾体损毁等级的基本原则：符合地质灾害破坏特点；符合多数受灾体特点，便于不同受灾体之间的对比；等级多少适宜，级差合理，便于操作；不同等级与相应价值损失率具有比较普遍合理的对应关系。

根据上述原则，将以上所列的 14 类受灾体的损毁程度均划为 3 级。其中，按人的生命健康分为轻伤、重伤、死亡；按其他受灾体分为轻微损坏、中等损坏、严重损坏。为了论述方便，将这 3 级损坏分别称为Ⅰ级损坏、Ⅱ级损坏、Ⅲ级损坏。各种受灾体不同损毁等级的基本标志如下：

① 人口伤亡。Ⅰ级（轻伤），因灾受伤，但经专门治疗后基本痊愈并恢复生产能力的人；Ⅱ级（重伤），因灾受伤或致残，永久失去生产能力的人；Ⅲ级（死亡），因灾害直接造成死亡的人。各级受灾人口中，既包括常住人口，也包括流动人口。

② 房屋损毁。Ⅰ级（轻微损坏），个别承重构件损坏，部分非承重构件和附属构件发生不同程度的破坏或房屋堆积少量崩滑流碎屑物，经一般性整修仍可正常使用。Ⅱ级（中等损坏），局部基础或部分承重构件损坏，大量非承重构件和附属构件破坏，堆积大量崩滑流碎屑物，但仍保持整体外形，需专门大修或部分翻修后才能继续使用。Ⅲ级（严重损

坏），基础或50%以上的承重构件以及大量非承重构件严重破坏或严重倾斜；部分倒塌或全部倒塌；被大量崩滑流碎屑物掩埋；无法修复或修复费用已达重建费用。

③ 公路损毁。Ⅰ级（轻微损坏），路基出现小规模冲沟或发生局部下沉；路面出现少量裂缝或局部被薄层崩滑流碎屑物覆盖；涵洞、防护工程及沿路设施局部损坏，但一般车辆仍能行驶，经小规模整修可恢复正常使用。Ⅱ级（中等损坏），路基出现大量冲沟或发生严重下沉；路面出现大量裂缝、沉陷或1/3以上宽度的路面被崩滑流碎屑物掩埋；涵洞、防护工程、沿路设施大量损坏，一般车辆无法正常通行，经专门修复后才能恢复使用。Ⅲ级（严重损坏），路基发生严重坍塌；路面严重开裂、陷落或1/3以上宽度路面被大量崩滑流碎屑物掩埋；涵洞、防护工程、沿路设施严重损坏，各种车辆无法通行，交通完全中断，需要进行大规模的专门修复才能恢复使用。

④ 铁路损毁。Ⅰ级（轻微损坏），铁路局部路基微量下沉，路堤边坡局部溜塌，轨道轻微变形，排水沟局部堵塞；电力设备、通信设备部分轻微损坏；涵洞及防护设施局部开裂、变形，但都未超出技术规范允许范围，机车仍能行驶，但需减速或减载，经一定规模维修后可完全恢复正常使用。Ⅱ级（中等损坏），铁路路基下沉陷落，路堤、路堑有滑坡，轨道变形，局部钢轨悬空或被大量崩滑流碎屑物掩埋；涵洞变形、开裂；电力设备、通信设备等严重损坏，机车不能行驶，铁路运输中断，但在48h内能抢修可恢复使用。Ⅲ级（严重损坏），铁路路基、路堤、路堑垮塌，轨道严重变形或悬空，或被大量崩滑流碎屑物掩埋；涵洞、电力设备、通信设备等严重损坏，机车不能行驶，铁路运输中断，在48h以内无法修复恢复通车。

⑤ 航道受阻。Ⅰ级（轻微损坏），局部航道被崩滑流碎屑物淤塞；航道人工设施部分遭受破坏。正常航行受到影响，但未造成断航，经小规模清理修复即可达到正常功能，恢复正常通航。Ⅱ级（中等损坏），航道被崩滑流碎屑物堵塞，形成险滩；人工航道设施大量破坏，一般船只不能通行，需经小规模清理修复才能恢复正常通航。Ⅲ级（严重损坏），航道被大量崩滑流碎屑物严重堵塞，形成大规模险滩；大量航道设施严重破坏，所有船只不能通行，需经特大规模清理修复才能恢复正常通航。

⑥ 桥梁损毁。Ⅰ级（轻微损坏），桥面、梁体、墩台发生轻微下沉、开裂、变形或被少量崩滑流碎屑物覆盖，一般车辆减速或减载后仍能通行，经小规模修复后可恢复正常使用。Ⅱ级（中等损坏），桥面、梁体、墩台发生下沉、开裂、变形，或被大量崩滑流碎屑物覆盖，或桥梁强度、稳定性降低到规范允许值以下，需经过大规模专门修复整治才能达到正常使用要求。Ⅲ级（严重损坏），桥面、梁体、墩台等严重开裂、沉陷、变形；桥体垮塌或部分垮塌，难以修复或修复费用达到重建费用。

⑦ 生命线工程损毁。Ⅰ级（轻微损坏），线杆、塔架等倾斜或管线位移，功能稍有下降或局部受阻，经小规模检查修理可恢复正常使用。Ⅱ级（中等损坏），线杆、塔架等倾斜或倒伏，输电线局部拉断，地下管线明显位移、变形、开裂或局部错断；其功能受损，供水、排水、供电、供气、通信受阻或中断，经专门检查修理后才能正常使用。Ⅲ级（严重损坏），线杆、塔架等大量倾倒，输电线严重拉断，地下管线严重位移、变形、开裂、错断，其功能严重受损或完全丧失，供水、排水、供电、供气、通信中断，需经大规模的专门检查修复或重建后才能恢复。

⑧ 水利工程损毁。Ⅰ级（轻微损坏），堤坝出现少量小规模裂缝，总体上无明显沉

降，功能基本正常；渠道、机井稍有变形或淤塞，经小规模修复可完全恢复功能。Ⅱ级（中等损坏），堤坝出现大量裂缝，局部发生沉降、陷落、凸起，发生小规模渗漏、散浸，但没发生垮落、溃决；渠道、水井发生变形、淤塞，需进行较大规模的专门修复才能恢复使用。Ⅲ级（严重损坏），堤坝基础失稳，主体出现大量裂缝或严重变形，整体发生沉降、陷落、凸起，出现严重渗漏、鼓水或发生垮落、溃决；渠道、水井严重变形或严重淤埋，功能严重受损或基本丧失，难以修复或修复费用达到重建费用。

⑨ 生活与生产构筑物损毁。Ⅰ级（轻微损坏），基础基本完好，个别构件或部件发生破坏，整体功能或性能基本完好，经一般维修仍可继续正常使用。Ⅱ级（中等损坏），基础发生轻微变形，部分构件或部件发生变形、开裂等破坏，构筑物整体基本完整，功能或性能受到明显损害，需要进行较大规模的专门维修或部分翻修、重建、更换后才能恢复使用。Ⅲ级（严重损坏），基础发生严重变形、沉陷，大部分构筑物或部件破坏或发生严重倾斜、折断以至倒塌，无法修复或者修复费用达到重建费用。

⑩ 室内设备及物品损毁。Ⅰ级（轻微损坏），机械设备、仪器、仪表、工具、物品的外观和性能局部受损，但整体外观和性能基本完好，经小规模维修后仍可正常使用。Ⅱ级（中等损坏），机械设备、仪器、仪表、工具、物品外观严重损坏，部分重要构件（零件）破坏，功能或性能明显受损，需经过专门性维修才能恢复使用。Ⅲ级（严重损坏），机械设备、仪器、仪表、工具、物品外观和大部分构件（零件）严重破坏，功能或性能严重受损或基本丧失，难以修复或修复费用达到重置费用。

（2）受灾体价值损失率确定

受灾体价值损失率是指受灾体遭受灾害破坏损失的价值与受灾前受灾体价值的比率。受灾体价值损失是由于受灾体构件（零件）、性能（功能）发生破坏而产生的。在灾害发生以后的灾情评估中，可以通过对受灾体的调查，根据其实际损毁程度，评估核算受灾体的价值损失额和价值损失率。但在以期望损失为基本目标的灾情评估中，只能根据受灾体遭受某种强度的地质灾害危害时可能发生的破坏程度，分析预测受灾体的价值损失额和价值损失率。

3. 地质灾害破坏损失评价

地质灾害破坏损失评价是定量化分析地质灾害经济损失程度的过程，利用以货币形式表示的绝对损失额和相对损失额来反映地质灾害破坏损失的程度。其主要内容包括：计算评价区域地质灾害经济损失额、损失模数、相对损失率；评价经济损失水平和构成条件；分析破坏损失的区域分布特点。

地质灾害破坏损失评价的基本途径是在地质灾害发生概率、破坏范围、危害程度和受灾体损毁程度分析的基础上，研究地质灾害的经济损失构成，进而确定经济损失程度和分布情况。

成本价值损失核算：以受灾体成本价值为基数，根据其灾害损失程度或者修复成本、防灾成本投入核算受灾体的价值损失。房屋、道路、桥梁、生命线工程、水利工程、构筑物、设备及室内财产等绝大多数受灾体均可采用该方法进行价值损失核算。

收益损失核算：以受灾体的可能收益为基数，根据其灾害损失程度核算受灾体价值损失，主要适用于农作物价值损失核算。

成本收益价值损失核算：以受灾体的成本和收益为基数，根据其灾害损失程度核算受灾体价值损失，主要适用于资源价值损失核算。例如，土地资源的价值表现为成本价值和效益价值两个方面，前者包括为建设交通、能源、通讯设施等投入的费用，后者包括可能的商贸效益、工业效益、农业效益和旅游效益等。

（1）地质灾害破坏损失评价内容

定量化分析地质灾害经济损失程度的过程称为地质灾害破坏损失评价。它是在地质灾害危险性评价和易损性评价的基础上进行的，即在地质灾害活动概率、破坏范围、危害强度和受灾体损毁程度分析的基础上，进一步研究地质灾害的经济损失构成，分析经济损失程度和分布情况。

表征地质灾害经济损失的基本指标是用货币形式反映的绝对损失额和相对损失额。绝对损失额是指一次事件或一个地区某时段内地质灾害活动所造成的经济损失。其量度单位除了元、万元、亿元外，为了便于不同地区之间的对比，还采用损失模数或损失强度（即单位面积的损失额）来反映地质灾害的经济损农程度，其量度单位为元/平方米、万元/平方千米、亿元/平方千米等。相对损失是指一次灾害事件或一个地区某一时段内地质灾害所造成的经济损失与同地区同类财产价值的比值，或者是灾害造成的经济损失与同地区年度生产总值（或财政收入）的比值，其量度单位为小数或百分数。

地质灾害破坏损失评价的直接目标就是核算上述指标值，并且分析和评述这些指标在评价区内的分布情况。

（2）地质灾害破坏损失评价方法

地质灾害破坏损失评价方法主要有下列 3 种：受灾体价值损失核算、历史灾害破坏损失评价和地质灾害期望损失评价。

4. 地质灾害防治工程评价

地质灾害防治工程评价的基本内容和目的：分析地质灾害防治工程的科学性，评估地质灾害防治工程的经济效益，评价地质灾害防治工程的可行性和合理性，为地质灾害防治项目优选和方案优选提供依据。

（1）地质灾害防治工程评价的基本目的与内容

地质灾害防治工程有两种解释。广义上看，地质灾害防治工程包括：区域地质自然环境治理；直接性地质灾害的监测、预测、预报、预防和治理；地质灾害救灾以及减灾宣传、减灾法规等减灾管理工作。因此，广义的地质灾害防治是一项内容十分广泛的系统工程。与此相对的是狭义的地质灾害防治工程。狭义的地质灾害防治工程是针对某一个地质灾害体或某一个较小范围内的某种地质灾害——一处危岩、滑坡、泥石流或一个地区的岩溶塌陷、地面沉降、地裂缝等所实施的以限制地质灾害活动和保护受灾体为目的的直接性防治措施。这些措施主要包括上面已经介绍的工程措施，以及监测、预测、预报等措施。

一般防治工程评价是对狭义的地质灾害防治工程的分析评价，是针对某一具体灾害对象防治措施的减灾效果和经济合理性进行的分析评价。

地质灾害防治工程评价的目的就是实现地质灾害防治的最优化原则。地质灾害防治具有相对性特点，特别是对于我们这样一个幅员辽阔的大国，地质灾害分布十分广泛，不可能也没必要对所有的地质灾害都进行全面的预防和治理，尤其是在国家和社会财力还非常有限的情况下，只能选择少部分重点灾害进行专门防治。因此，就需要通过防治工程评价，对比不同灾害防治项目的可能效益，在此基础上规划安排防治顺序，确定优先防治项目，以便使有限的防治资金最充分地发挥作用。

综合上述，地质灾害防治工程评价的基本内容和目的是：分析地质灾害防治工程的科学性，评估地质灾害防治工程的经济效益，评价地质灾害防治工程的可行性和合理性，为地质灾害防治项目优选和方案优选提供依据。

(2) 地质灾害防治工程评价方法

① 地质灾害防治工程的技术评价与经济评价。根据地质灾害防治工程评价内容，把评价方法相应地划分为两类。第一类是技术评价，即分析评价防治工程能否按照设计目标有效地扼制灾害活动或者保护受灾体；分析防治工程本身的结构、强度等是否符合规范或实际要求。技术评价主要是从自然科学角度综合分析防治工程的可靠程度，评价它的功能或效果。第二类是经济评价，即分析防治工程的经济效益，从经济学角度评价防治工程的合理性。技术评价和经济评价虽然都是防治工程评价不可缺少的方法，但由于不同地质灾害技术评价的方法相差较大，而且在已有的勘察和研究工作中，对大部分地质灾害防治工程已经形成了比较成熟的理论和方法，所以仅进行防治工程的经济评价分析。

② 地质灾害防治工程经济评价核心指标及其特点。地质灾害防治工程经济评价的核心指标是防灾经济效益。效益是指某种经济活动所获得的成效与所付出的代价之比。生产产品的产业活动（例如工业、农业）的效益是指产品的价值或利润与产品成本的比值。房屋等工程建筑效益指的是这些建筑的价值与建筑成本的比值。

③ 地质灾害防治工程经济评价的基本要素。地质灾害防治工程经济评价的基本要素包括：灾害危害强度，即地质灾害对受灾体的威胁破坏程度；防灾度，即防治工程对灾害的可能防御程度；设防标准，即防治工程的设计防灾能力；防灾功能，即防治工程可能实现的消灾能力、对受灾体的防护能力以及可能产生的其他作用；防灾收益，即用货币形式反映的防灾功能；防灾成本，又称防灾投入，指防治工程所需要的材料、劳动等投入，在核算时可用货币反映。

④ 地质灾害防治工程经济效益核算方法。主要有下列4种方法：地质灾害防治工程功能函数模型法；地质灾害防治工程经济效益评价模型法；地质灾害防治工程收益核算法；地质灾害防治工程成本核算法。

⑤ 地质灾害防治工程优化分析。为了使有限的防治资金发挥最充分的减灾效果，需根据最优化原则选择防治项目和确定防治方案。所谓最优化原则，主要体现在3个方面，即具有充分的科学性，符合地质灾害防治特点和有关的规范、标准要求；在技术方法、财力、物力以及施工条件等方面切实可行；获得最佳经济效益。

习　题

7-1 何谓崩塌？形成崩塌的基本条件是什么？

7-2 崩塌的防治原则是什么？防治崩塌的措施有哪些？

7-3 何谓滑坡？其主要形态特征是什么？

7-4 根据力学特征与物质成分，滑坡可分为哪几类？它们各有什么特征？

7-5 形成滑坡的条件是什么？影响滑坡发生的因素有哪些？

7-6 滑坡的防治原则是什么？滑坡的防治措施有哪些？

7-7 何谓泥石流？泥石流的形成条件有哪些？

7-8 试说明泥石流地段的工程建设原则和泥石流的防治措施。

7-9 何谓地震？地震按其成因可分为哪几种？

7-10 何谓地震震级？如何确定震级？

7-11 何谓地震烈度？根据什么确定地震烈度？震级和烈度之间的关系是怎样的？

7-12 地震对工程建筑物的影响和破坏表现在哪些方面？工程抗震有哪些原则？

7-13 何谓岩溶？何谓土洞？岩溶与土洞发生的基本条件分别是什么？

7-14 岩溶地区主要工程地质问题有哪些？常用的防治措施是什么？

7-15 何谓采空区？采空区地表变形特征与影响因素有哪些？

7-16 采空区的防治措施有哪些？

7-17 地面沉降有何危害？地面沉降的诱发因素与产生条件有哪些？

7-18 地面沉降监测的方法有哪些？减轻地面沉降灾害可以采用哪些措施？

7-19 地质灾害评估的主要内容有哪些？

7-20 各种受灾体不同损毁等级的基本标志是什么？

第 8 章 工程地质勘察

8.1 概 述

为了工程建设安全而经济地进行，同时不使其过分破坏自然环境，在工程规划、设计与施工之前，一般都必须进行工程地质勘察。作为土木工程的专业技术人员，为了能够充分利用工程建设场地的地质条件进行合理规划、设计、施工和技术管理等工作，深入掌握工程地质勘察的基本知识是极其必要的。

土木工程领域的工程地质勘察又称为岩土工程勘察，它是工程规划、设计和施工前期必须要进行的工作。工程地质勘察的目的是通过运用地质、工程地质、水文地质及相关学科的理论知识和相应技术方法，在工程建设场地及其附近进行调查与研究，为工程建设的合理规划、设计和施工等提供符合精度要求的可靠地质资料，从而保证工程建设的安全性和经济性。为此，必须明确工程地质勘察的任务与要求。下面将简要介绍相关知识。

8.1.1 工程地质勘察的任务和基本内容

1. 工程地质勘察的任务

为了获得工程规划、设计和施工所必需的工程地质资料，必须明确工程地质勘察工作的任务。工程地质勘察工作的任务一般包括如下几个方面：

（1）查明建筑场地的工程地质条件，包括工程地质环境的特征及其形成过程和控制因素。

（2）查明与拟建工程有关的工程地质问题，为工程设计和施工提供可靠的工程地质依据。

（3）遴选合适的工程建设场地，论证工程建设场地对拟建工程建筑的适宜性。

（4）配合拟建工程的设计与施工提出相关的合理化建议。

（5）预测工程建设对工程地质环境的影响，并提出保护地质环境的方法与措施。

上述工程地质勘察工作的核心是查明工程地质条件，因此，必须清楚工程地质条件的基本内容。

2. 工程地质勘察的基本内容

（1）地形与地貌

主要包括地貌的成因类型和形态特征、地貌单元及其发生与发展规律和相互关系、地貌单元的地质界线；微地貌的特征及其与岩性、地质构造和不良地质现象的的联系；地形的形态及其变化情况；植被的性质及其与各种地形地貌要素的关系；阶地分布和河漫滩的位置与特征，古河道与牛轭湖等的分布和位置等。

（2）地层分布及其岩性

主要包括地层的地质年代、形成原因、分布、野外产状、厚度、不同地层之间的接触关系和地层层理类型与性质；岩土的成因与类型及其分布；岩土的风化作用与风化程度以及岩石的破碎程度；岩土的水理性质及其参数；岩土的物理力学性质与参数等。尤其要关注特殊岩土（如软土、膨胀土、冻土、盐渍土、软岩和膨胀岩等）的相关情况。

（3）地质构造

主要包括水平构造、单斜构造、褶皱构造与断裂构造的成因、类型、地质年代、产状、分布与延伸情况；断层与节理的类型、性质和力学参数；断层破碎带的宽度、产状和延伸情况；地质构造与建筑物的空间关系；不同地质构造之间的关系等。

（4）第四纪地质作用

主要包括沉积物的地质年代、成因类型、沉积物的工程地质特征及其变化规律和特殊土（如软土、膨胀土、多年冻土、盐渍土和黄土等）的分布与工程地质特征。

（5）气象与水文和水文地质

主要包括地表降雨情况与降雨量、地表汇水特征与汇水面积；洪水和洪水位及其与工程建设的关系；岩土层的透水性、富水性和隔水性；隔水层和含水层的分布与厚度；地下水的性质与类型；地下水位和水压及其变化幅度；地质构造的透水和导水情况；地下水循环及补给、径流与排泄条件；地表水与地下水的关系；地下水的水质、污染与腐蚀性；地下水的运动与破坏情况等。

（6）自然地质灾害

指由自然地质作用如地震、滑坡、崩塌、泥石流、岩溶、地表水冲刷与侵蚀等引起的对工程建设的威胁与危害。应该特别关注各种地质灾害的分布、形成原因、形成条件、发育规律以及防治措施。

（7）天然建筑材料

主要包括天然建筑材料的储量、开采运输条件以及适宜性。

8.1.2 工程地质勘察阶段与等级的划分

1. 勘察阶段的划分

工程建设一般分阶段进行，工程设计一般分为可行性研究、初步设计、施工设计三个设计阶段，因此，为了不浪费投资和保证工程建设的进度，工程地质勘察一般也分阶段进行。为了与设计阶段相适应，工程地质勘察一般分为可行性研究勘察、初步勘察和详细勘察三个阶段。但是，对于某些地质条件复杂的工程建设项目，工程地质勘察有时还包括第四个勘察阶段，即施工勘察阶段。不同勘察阶段的勘察要求是不同的。

（1）可行性研究勘察

可行性研究勘察有时也称为选址勘察。该阶段应对拟建工程建设场地的适宜性作出评价。可行性勘察阶段的主要工作包括如下几个方面：

① 搜集区域地质、地形地貌、地震、矿产和附近地区的工程地质资料及当地的工程建设经验。

② 在充分搜集和分析已有资料的基础上，通过踏勘了解工程建设场地的地层、构造、岩土性质、不良地质作用和水文地质等工程地质条件。

③ 当拟建场地工程地质条件复杂、已有资料不能满足要求时，应根据具体情况进行工程地质测绘和必要的勘探工作。

④ 工程建设场地的比选分析，以优选合理的工程建设场地。

（2）初步勘察

如果可行性研究获得通过，则对工程建设项目展开初步设计，为此而进行的工程地质勘察称为初步勘察。该阶段应对影响工程建设的全局性问题作出评价。初步勘察阶段的主要工作包括如下几个方面：

① 搜集拟建工程项目的可行性研究报告、地形、工程性质与规模等文件资料。

② 初步查明地层、地质构造、岩土性质、地下水、不良地质现象的成因与分布及其对拟建工程的影响。

③ 对于抗震设防烈度大于或等于 7 度的工程建设场地，应对场地和地基的地震效应作出初步评价。

④ 对可能采用的地基基础和建筑结构类型以及不良地质现象的防治措施进行初步评价。

（3）详细勘察

详细勘察应该密切结合工程结构技术设计，按具体工程提出详细工程地质资料和所需岩土技术参数，为工程设计、地基处理与加固以及不良工程地质现象处治等具体方案作出论证、结论和建议。详细勘察的具体内容应视工程建设的具体情况和工程要求确定。

（4）施工勘察

施工勘察一般不作为工程地质勘察的一个固定阶段，它应视施工过程中的实际需要而定，一定程度上属于补充工程地质勘察。对于地质条件复杂或有特殊要求的工程建设，一般要进行施工勘察。例如，对于岩溶地区的工程建设，往往要求查明与岩溶相关的工程地质情况；对于地基处理工程，往往要求检测地基处理的效果等。

值得注意的是，并非所有工程建设项目都要求进行全部各阶段的工程地质勘察工作，应视工程实际情况确定，以满足工程设计与施工的基本要求为原则。

2. 勘察等级的划分

在实际工程建设中，工程地质条件和工程的重要性是不同的，进行工程设计与施工所要求工程地质勘察资料的详尽程度和准确性也是不同的，因此，工程地质勘察须分不同勘察等级进行。土木工程建设的工程地质勘察等级一般按工程重要性等级（表 8-1）、场地复杂程度等级（表 8-2）和地基复杂程度等级（表 8-3）分为一级、二级和三级。根据工程重要性等级、建设场地复杂程度等级和地基复杂程度等级，可按表 8-4 划分工程地质勘察等级。

表 8-1　工程重要性等级

工程重要性等级	破坏后果	工程类型
一级	很严重	重要工程
二级	严重	一般工程
三级	不严重	次要工程

表8-2 场地复杂程度等级

场地等级	对建筑抗震	不良地质作用	地质环境	地形地貌	地下水
一级	危险地段	强烈发育	已经或可能受到强烈破坏	复杂	有影响工程的多层地下水、岩溶裂隙水或其他水文地质条件复杂、需专门研究的场地
二级	不利地段	一般发育	已经或可能受到一般破坏	较复杂	基础位于地下水位以上
三级	有利地段（或抗震设防烈度≤6度）	不发育	基本未受到破坏	简单	地下水对工程无影响

表8-3 地基复杂程度等级

地基等级	岩土条件	特殊性岩土
一级（复杂）	岩土种类多，很不均匀，性质变化大，需特殊处理	严重湿陷、膨胀、盐渍、污染的特殊性岩土，以及其他情况复杂、需作专门处理的岩土
二级（中等复杂）	岩土种类较多，不均匀，性质变化较大	除上述规定以外的特殊性岩土
三级（简单）	岩土种类单一，均匀，性质变化不大	无特殊性岩土

表8-4 工程勘察等级

勘察等级	评定标准
甲级	工程重要性等级、场地复杂程度等级、地基复杂程度等级有一项或多项为一级
乙级	除勘察地基为甲级和丙级以外的勘察等级
丙级	工程重要性等级、场地复杂程度等级、地基复杂程度等级均为三级

8.1.3 工程地质勘察的目的和方法

各勘察阶段的勘察目的、要求和主要工作方法见表8-5。

表8-5 各勘察阶段的勘察目的、要求和主要工作方法

勘察阶段	可行性研究勘察	初步勘察	详细勘察	施工勘察
设计要求	满足确定场址方案	满足初步设计	满足施工图设计	满足施工中具体问题的设计、随勘察对象不同而不同
勘察目的	对拟选场址的稳定性和适宜性作出评价	初步查明场地岩土条件，进一步评价场地的稳定性	查明场地岩土条件，提出设计、施工所需参数，对设计、施工和不良地质作用的防治等提出建议	解决施工过程中出现的岩土工程问题

勘察阶段	可行性研究勘察	初步勘察	详细勘察	施工勘察
主要工作方法	搜集分析已有资料，进行场地踏勘，必要时进行一些勘探和工程地质测绘工作	调查、测绘、物探、钻探、试验，目的不同侧重点不同	根据不同勘察对象和要求确定，一般以勘探和室内测试、试验为主	施工验槽，钻探和原位测试

8.2　工程地质测绘

工程地质测绘是指与工程有关的各种地质现象的调查测量工作。工程地质测绘的目的是研究拟建场地的地层、岩性、构造、地貌、水文地质条件和不良地质作用，为场址选择和勘察方案的布置提供依据。

8.2.1　工程地质测绘的要求

（1）测绘范围的确定

工程地质测绘的范围主要根据工程建设场地的大小确定，不过有时还须考虑某些因素的影响而适当扩大测绘范围。这些因素主要表现为以下两个方面：

① 建筑类型。工程地质调查与测绘范围的确定应以保证搞清楚工程建设场地区域的工程地质条件为原则。对于工业与民用建筑，应包括工程建设场地的邻近地段；对于各种路线工程，应包括线路轴线两侧一定宽度地带；对于隧洞工程，应包括进隧洞山体及其外围地段。

② 工程地质条件复杂程度。工程地质调查与测绘还受场地工程地质条件复杂程度的影响，应考虑内外力地质作用影响的范围。例如，如果拟建工程建筑物靠近斜坡地段，应考虑斜坡的影响地带；如果拟建工程建筑物处于泥石流区域，不仅要研究与工程建设有关的堆积区，还要研究流通区与补给区的地质条件等。

（2）测绘比例尺的选择

工程地质测绘所采用的测绘比例尺决定工程地质测绘的精度，它一般与工程地质勘察所处勘察阶段相关。工程地质勘察一般采用三种测绘比例尺进行工程地质测绘，具体情况与适用条件如下：

① 小比例尺测绘：比例尺为 1:5000～1:50000，一般在可行性研究勘察（选址勘察）、城市规划或区域性的工业布局勘察时采用。

② 中比例尺测绘：比例尺为 1:2000～1:5000，一般在初步勘察时采用。

③ 大比例尺测绘：比例尺为 1:500～1:2000，一般在详细勘察和施工勘察时采用。当地质条件复杂或建筑物重要时，比例尺可适当放大。

（3）测绘点、线布置

工程地质测绘点、线布置的原则是须满足工程地质勘察的精度要求，为此，须在一定测绘面积范围内选取一定数量的测绘点和测绘路线，并注意由测绘点形成测绘线，由测绘线形成测绘网，其关键在于测绘点的布置。测绘点的布置应尽量利用天然露头，当天然露头不足时，可布置适当的勘探点，并选取适量的岩土试样进行工程地质试验。在条件适宜时，还可配合进行地球物理勘探。

每个地质单元体均应有观测点。观测点一般应定在下列部位：不同时代的地层接触线、岩性分界线、地质构造线、标准层位、地貌变化处、天然和人工露头处、地下水露头和不良地质作用分布处。

8.2.2　工程地质测绘方法

工程地质测绘方法有像片成图法和实地测绘法。随着科学技术的进步，遥感技术也在工程地质测绘中得到应用。

（1）像片成图法

像片成图法是利用地面摄影或航空（卫星）摄影的像片，先在室内进行解译，结合所掌握的区域地质资料，确定地层岩性、地质构造、地貌、水系和不良地质现象等，描绘在单张像片上，然后在像片上选择需要调查的若干布点和路线，以便进一步实地调查、校核并及时修正和补充，最后再转绘成工程地质图。

（2）实地测绘法

实地测绘法就是在野外对工程地质现象进行实地测绘的方法。实地测绘法通常有路线穿越法、布线测点法和界线追索法三种。

① 路线穿越法是沿着在测区内选择的一些路线，穿越测绘场地，将沿途遇到的地层、构造、不良地质现象、水文地质、地形、地貌界线和特征点等信息填绘在工作底图上的方法。路线可以是直线也可以是折线。观测路线应选择在露头较好或覆盖层较薄的地方，起点位置应有明显的地物，例如村庄、桥梁等，同时为了提高工作效率，方向应大致与岩层走向、构造线方向及地貌单元相垂直。

② 布线测点法就是根据地质条件复杂程度和不同测绘比例尺的要求，先在地形图上布置一定数量的观测路线，然后在这些线路上设置若干观测点的方法。观测线路力求避免重复，尽量使之达到最优效果。

③ 界线追索法就是为了查明某些局部复杂构造，沿地层走向或某一地质构造方向或某些不良地质现象界线进行布点追索的方法。这种方法常在上述两种方法的基础上进行，是一种辅助补充方法。

（3）遥感技术应用

遥感技术就是根据电磁波辐射理论，在不同高度观测平台上，使用光学、电子学或电子光学等探测仪器，对位于地球表面的各类远距离目标反射、散射或发射的电磁波信息进行接收并以图像胶片或数字磁带形式记录，然后将这些信息传送到地面接受站，接受站再把这些信息进一步加工处理成遥感资料，最后结合已知物的波谱特征，从中提取有用信息，识别目标和确定目标物之间相互关系的综合技术。简言之，遥感技术是通过特殊方法对地球表层地物及其特性进行远距离探测和识别的综合技术方法。遥感技术包括传感器技术、信息传输技术、信息处理、提取和应用技术、目标信息特征的分析和测量技术等。遥感技术应用于工程地质测绘，可大量节省地面测绘时间及工作量，并且完成质量较高，从而节省工程勘察费用。

8.2.3　工程地质测绘内容

工程地质测绘的内容应视要求而定，其重点也因勘察设计阶段及工程类型而各有侧重。具体来说，工程地质测绘的内容主要有以下 6 个方面：

① 地层岩性。明确一定深度范围内的地层内各岩层的性质、厚度及其分布变化规律，并确定其地质年代、成因类型、风化程度及工程地质特性。

② 地质构造。研究测区内各种构造形迹的产状、分布、形态、规模及其结构面的物理力学性质，明确各类构造岩的工程地质特性，并分析其对地貌形态、水文地质条件、岩石风化等方面的影响及其近期、晚期构造活动情况，尤其是地震活动情况。

③ 地貌条件。如果说地形是研究地表形态的外部特征，如高低起伏、坡度陡缓和空间分布，那么地貌则是研究地形形成的地质原因和年代及其在漫长地质历史中不断演变的过程和将来发展的趋势，即从地质学和地理学的观点来考察地表形态。因此，研究地貌的形式和发展规律，对工程建设的总体布局有着重要意义。

④ 水文地质。调查地下水资源的类型、埋藏条件、渗透性，并测试分析水的物理性质、化学成分及动态变化对工程结构建设期间和正常使用期间的影响。

⑤ 不良地质。查明岩溶、滑坡、泥石流及岩石风化等分布的具体位置、类型、规模及其发育规律，并分析其对工程结构的影响。

⑥ 可用材料。对测区内及附近地区短程可以利用石料、砂料及土料等天然构筑材料资源进行附带调查。

8.2.4　工程地质测绘资料整理

（1）检查外业资料

① 检查各种野外记录所描述的内容是否齐全。

② 详细核对各种原始图件所划分的地层、岩性、构造、地形地貌、地质成因界线是否符合野外实际情况，在不同图件中相互间的界线是否吻合。

③ 野外所填的各种地质现象是否正确。

④ 核对搜集的资料与本次测绘资料是否一致，如出现矛盾，应分析其原因。

⑤ 整理核对野外采集的各种标本。

（2）绘制图表

根据工程地质测绘的目的和要求，编制有关图表。工程地质测绘完成后，一般不单独提出测绘成果，往往把测绘资料依附于某一勘察阶段，使某一勘察阶段在测绘的基础上做深入工作。

工程地质测绘的图件包括实际材料图、综合工程地质图、工程地质分区图、综合地质柱状图、综合工程地质剖面图、工程地质剖面图以及各种素描图、照片和有关文字说明。对某个专门的岩土工程问题，尚可编制专门的图件。

8.3　工程地质勘探

工程地质勘探是在工程地质测绘的基础上，为了详细查明地表以下的工程地质问题，取得地下深部岩土层的工程地质资料而进行的勘察工作。

常用的工程地质勘探手段有开挖勘探、钻孔勘探和地球物理勘探。

8.3.1 开挖勘探

开挖勘探就是对地表及其以下浅部局部土层直接开挖，以便直接观察岩土层的天然状态以及各地层之间的接触关系，取出接近实际的原状结构岩土样进行详细观察并描述其工程地质特性的勘探方法（图8-1）。与一般的钻探工程相比较，其优点是：勘察人员能直接观察到地质结构，准确可靠，且便于素描，可不受限制地从中采取原状岩土样和用作大型原位测试；尤其对研究断层破碎带、软弱泥化夹层和滑动面（带）等的空间分布特点及其工程性质等，更具有重要意义。其缺点是：使用时往往受到自然地质条件的限制，耗费资金大而勘探周期长，尤其是重型坑探工程不可轻易采用。岩土工程勘探中常用的坑探工程有槽探、试坑、浅井、竖井（斜井）、平硐和石门（平巷）。其中前三种为轻型坑探工程，后三种为重型坑探工程。

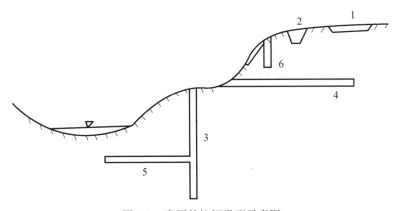

图 8-1 常用的坑探类型示意图

1—探槽；2—试坑；3—竖井；4—平硐；5—石门；6—浅井

（1）试坑

试坑就是用锹镐或机械来挖掘在空间三个方向的尺寸相近的坑洞的一种明挖勘方法。试坑的深度一般为1～2m，适于不含水或含水量较少的较稳固的地表浅层，主要用来查明地表覆盖层的性质和采取原状土样。

（2）槽探

槽探是在地表挖掘成长条形且两壁常为倾斜、上宽下窄沟槽进行地质观察和描述的明挖勘探方法。槽探的宽度一般为0.6～1.0m，深度一般小于3m，长度则视情况确定。探槽的断面有矩形、梯形和阶梯形等多种形式，一般采用矩形，当探槽深度较大时，常用梯形断面；当探槽深度很大且探槽两壁地层稳定性较差时，则采用阶梯性断面，必要时还要对两壁进行支护。槽探主要用于追索地质构造线、断层、断裂破碎带宽度、地层分界线、岩脉宽度及其延伸方向，探查残积层、坡积层的厚度和岩石性质及采取试样等。

（3）井探

井探是勘探挖掘空间的平面长度方向和宽度方向的尺寸相近，而其深度方向大于长度和宽度的一种挖探方法。探井的深度一般在3～20m之间，其断面形状有方形（1m×1m、1.5m×1.5m）、矩形（1m×2m）和圆形（直径一般为0.6～1.25m）。掘进时遇到破碎的井段须进行井壁支护。探井用于了解覆盖层厚度及性质，构造线、岩石破碎情况，岩溶，滑坡等，当岩层倾角较缓时效果较好。

（4）硐探

硐探是在指定标高的指定方向开挖地下洞室的一种勘探方法。这种勘探方法一般将探硐布置在平缓山坡、山坳处或较陡的基岩坡坡底，多用于了解地下一定深处的地质情况并取样，如查明坝底两岸地质结构，尤其在岩层倾向河谷并有易于滑动的夹层，或层间错动较多、断裂较发育及斜坡变形破坏等，更能观察清楚，可获较好效果。

8.3.2　钻孔勘探

钻孔勘探简称钻探（图 8-2）。钻探就是利用钻进设备打孔，通过采集岩芯或观察孔壁来探明深部地层的工程地质资料，补充和验证地面测绘资料的勘探方法。钻探是工程地质勘探的主要手段，但是钻探费用较高，因此，一般是在开挖勘探不能达到预期目的和效果时才采用这种勘探方法。

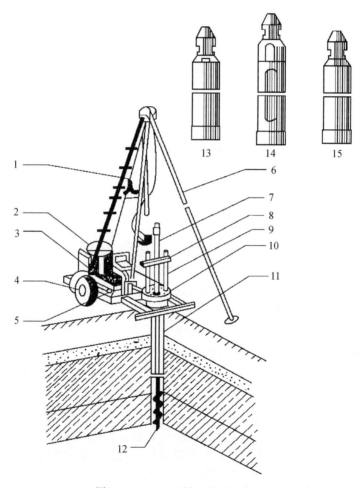

图 8-2　SH-30 型钻机钻进示意图

1—钢丝绳；2—汽油机；3—卷扬机；4—车轮；5—变速箱及纵把；
6—四腿支架；7—钻杆；8—钻杆夹；9—拨棍；10—转盘；
11—钻孔；12—螺旋钻头；13—抽筒；14—劈土钻；15—劈石钻

钻探方法较多，钻孔口径不一。一般采用机械回转钻进，常规孔径为：开孔 168mm，终孔 91mm。由于行业部门及设计单位的不同要求，孔径的取值也不同。如水电部使用回转式大口径钻探的最大孔径可达 1500mm，孔深 30~60m，工程技术人员可直接进入孔内观察孔壁；而有的部门采用 36mm 小孔径，钻进采用金刚石钻头，这种钻探方法对于硬质岩而言，可提高其钻进速度、岩芯采取率、成孔质量。

一般情况下，钻探采用垂直钻进方式。对于某些工程地质条件特别的情况，如被调查的地层倾角较大，则可选用斜孔或水平孔钻进。

钻进方法有 4 种：冲击钻进、回转钻进、综合钻进和振动钻进。

① 冲击钻进。该法采用底部圆环状的钻头，钻进时将钻具提升到一定高度，利用钻具自重，迅猛放落，钻具在下落时产生冲击力，冲击孔底岩土层，使岩土破碎而进一步加深钻孔。冲击钻进可分人工冲击钻进和机械冲击钻进。人工冲击钻进所需设备简单，但是劳动强度大，适用于黄土、黏性土和砂性土等疏松覆盖层；机械冲击钻进省力省工，但是费用相对高些，适用于砾石、卵石层及基岩。冲击钻进一般难以取得完整岩芯。

② 回转钻进。该法利用钻具钻压和回转，使嵌有硬质合金的钻头切削或磨削岩土进行钻进。根据钻头的类别，回转钻进可分螺旋钻探、环形钻探（岩芯钻探）和无岩芯钻探。螺旋钻探适用于黏性土层，可干法钻进，螺纹旋入土层，提钻时带出扰动土样；环形钻探适用于土层和岩层，对孔底作环形切削研磨，用循环液清除输出岩粉，环形中心保留柱状岩芯，然后进行提取；无岩芯钻探适用于土层和岩层，对整个孔底作全面切削研磨，用循环液清除输出岩粉，不提钻连续钻进，效率高。

③ 综合钻进。此法是一种冲击与回转综合作用下的钻进方法。它综合了前两种钻进方法在地层钻进中的优点，以达到提高钻进效率的目的，在工程地质勘探中应用广泛。

④ 振动钻进。此法采用机械动力将振动器产生的振动力通过钻杆和钻头传递到到圆筒形钻头周围土中，使土的抗剪强度急剧减小，同时利用钻头依靠钻具的重力及振动器质量切削土层进行钻进。圆筒钻头主要适用于粉土、砂土、较小粒径的碎石层以及黏性不大的黏性土层。

此外，在踏勘调查、基坑检验等工作中可采用小口径螺旋钻、小口径勺钻、洛阳铲等简易钻探工具进行浅层土的勘探。

8.3.3 地球物理勘探

地球物理勘探简称物探，是利用专门仪器来探测地壳表层各种地质体的物理场，包括电场、磁场、重力场、辐射场、弹性波的应力场等，通过测得的物理场特性和差异来判明地下各种地质现象，获得某些物理性质参数的一种勘探方法。组成地壳的各种不同岩层介质的密度、导电性、磁性、弹性、反射性及导热性等方面存在差异，这些差异将引起相应的地球物理场的局部变化，通过测量这些物理场的分布和变化特性，结合已知的地质资料进行分析和研究，就可以推断地质体的性状。这种方法兼有勘探和试验两种功能。与钻探相比，物探具有设备轻便、成本低、效率高和工作空间广的优点，但是不能取样直接观察，故常与钻探配合使用。

物探按照利用岩土物理性质的不同可分为声波探测、电法勘探、地震勘探、重力勘探、磁力勘探及核子勘探等。在工程地质勘探中采用较多的主要是前三种方法。

最普遍的物探方法是电法勘探与地震勘探，并常在初期的工程地质勘察中使用，配合工程地质测绘，初步查明勘察区的地下地质情况，常用于查明古河道、洞穴、地下管线等具体位置。

（1）声波探测

声波探测是指运用声波段在岩土或岩体中的传播特性及其变化规律来进行测试其物理力学性质的一种探测方法。在实际工程中，还可利用在应力作用下岩土或岩体的发声特性对其进行长期稳定性观察。

（2）电法勘探

电法勘探简称电探，是利用天然或人工的直流或交流电场来测定岩石土体导电学性质的差异，勘查地下工程地质情况的一种物探方法。电探的种类很多，按照使用电场的性质，可分为人工电场法和自然电场法，而人工电场法又可分为直流电场法和交流电场法。工程勘察使用较多的是人工电场法，即人工对地质体施加电场，通过电测仪测定地质体的电阻率大小及其变化，再经过专门量板解释，区分地层、岩性、构造、覆盖层、风化层厚度、含水层分布和深度、古河道、主导充水裂隙方向以及天然建筑材料分布范围、储量等。

① 电阻率法。由于岩石的矿物成分、结构、致密程度的不同，而有不同的电阻率（图 8-3）。而当岩石孔隙中有水，水中含盐分或其他矿物质时，则其电阻率降低。

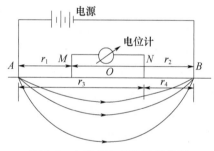

图 8-3　电阻率测定装置示意图

② 电测深法。电测深法是以某一固定测点 O（即 M、N 两测量电极的中心）为中点，将供电电极 A、B 的距离由小到大依次改变（A_1B_1，A_2B_2，A_3B_3，…，A_nB_n），用以测量不同深度处岩层的电阻率在垂直剖面中的变化，从而获得该点处沿深度各岩层界面柱状断面图的方法（图 8-4）。

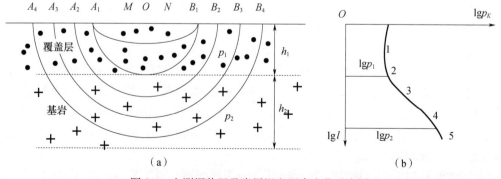

图 8-4　电测深装置及岩层视电阻率变化示意图

③ 电测剖面法。电测剖面法与电测深法的区别在于测量电极 M、N 与供电电极 A、B 各极点的距离不变，而将测点 O 沿某个方向移动，以探测某一深度内岩层视电阻率 ρ_k 沿水平方向的变化，根据测量结果可绘制 ρ_k 沿水平方向的变化曲线（图 8-5）。用这种方法可了解地下岩层沿水平方向的变化规律，反映地下构造的轮廓、岩溶或断裂破碎带的位置及充填情况等。图 8-5 为石灰岩岩溶区电测剖面曲线的异常情况，在有充水溶洞部分反映为低电阻率，在高电阻率区则可能为干的较大溶洞。

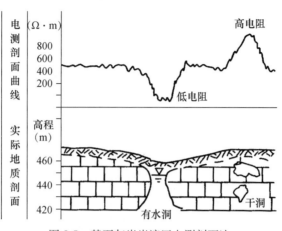

图 8-5　某石灰岩岩溶区电测剖面法

（3）地震勘探

地震勘探是利用地质介质的波动性来探测地质现象的一种物探方法。其原理是利用爆炸或敲击方法向岩体内激发地震波，根据不同介质弹性波传播速度的差异来判断地质情况现象（图 8-6）。根据波的传递方式，地震勘探又可分为直达波法、反射波法和折射波法。直达波就是由地下爆炸或敲击直接传播到地面接收点的波，直达波法就是利用地震仪器记录直达波传播到地面各接收点的时间和距离，然后推算地基土的动力参数，如动弹性模

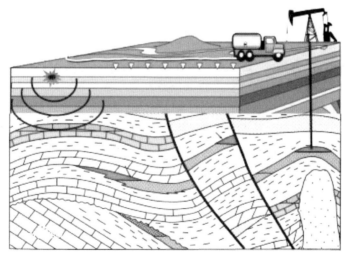

图 8-6　地震勘探示意图

量、动剪切模量和泊松比等；而反射波或折射波则一般由地面产生激发的弹性波在不同地层的分界面发生反射或折射而返回到地面的波，反射波法或折射波法就是利用反射波或折射传播到地面各接收点的时间，并研究波的振动特性，确定引起反射或折射的地层界面的埋藏深度、产状岩性等。地震勘探直接利用地下岩石的固有特性，如密度、弹性等，较其他物探方法准确，且能探测地表以下很深的深度，因此该勘探方法可用于了解地下深部地质结构，如基岩面、覆盖层厚度、风化壳、断层带等地质情况。

物探方法的选择，应根据具体地质条件，常用多种方法进行综合探测，如重力法、电视测井等新技术方法的运用，但由于物探的精度受到限制，因而是一种辅助性的方法。

8.4 工程地质试验与监测

8.4.1 工程地质试验

工程地质试验是工程地质勘察的重要环节，是对土石工程性质进行定量评价的必不可少的方法，是解决复杂工程地质问题的主要途径。

工程地质试验种类繁多，内容丰富，鉴于其试验原理、试验设备与试验力法将在后续专业课程中详细介绍，本教材仅简要介绍工程地质试验的一般性内容。主要包括室内试验和原位试验。

1. 室内试验

室内试验是在实验室内对调查测绘、勘探及其他过程中所采取的样品进行试验，以获得工程设计、施工和技术管理所需的数据资料，也可用试验箱在野外进行。其主要内容包括岩土工程性质试验、化学试验与检测和主要工程地质问题的专门试验等。

1) 岩土工程性质试验

岩土工程性质试验一般包括物理性质试验和力学性质试验两个方面。

（1）物理性质试验

对于土，主要试验项目包括颗粒级配、密度、孔隙率或孔隙比、密实度、含水量与最佳含水量、液限、塑限、缩限和水理性（主要包括给水性、持水性、容水性、渗透性、软化性和抗冻性等）；对于岩石，主要试验项目包括孔隙率、密度、含水量、碎胀系数和水理性（主要包括渗透性、软化性、抗冻性和崩解性等）等。

（2）力学性质试验

对于土，主要试验项目包括测限压缩试验、固结试验、击实实验、单轴和三轴压缩试验、剪切试验、砂土的振动液化试验、灵敏度试验、渗透试验和土动力学试验等；对于岩石，主要试验项目包括抗拉试验（包括直接或间接拉伸试验和巴西劈裂试验）、完整岩石或弱面的剪切试验、单轴或三轴抗压试验、膨胀试验、渗透试验和岩石动力学试验等。

2) 化学试验与检测

化学试验与检测的目的主要是测定和检测岩土和地下水中对工程建设或环境有不利影响的化学成分及其含量，主要包括如下试验与检测项目：

① 检测岩土中亲水矿物的种类与含量。

② 检测地下水的水质与对建筑结构具有腐蚀性的成分及含量。主要包括地下水 pH

值与矿化度以及各种对钢筋混凝土具有腐蚀作用的离子及其含量，如 Mg^{2+}、Ca^{2+}、Cl^-、SO_4^{2-}、NO_2^-、NO_3^-、HCO_3^- 以及游离的 CO_2 和 H_2S。

③ 腐蚀性测试项目的试验方法应符合表 8-6 的规定。

表 8-6　腐蚀性测试项目的试验方法

序号	试验项目	试验方法
1	pH 值	电位法或锥形玻璃电极法
2	Ca^{2+}	EDTA 电容法
3	Mg^{2+}	EDTA 电容法
4	Cl^-	摩尔法
5	SO_4^{2-}	EDTA 电容法或质量法
6	HCO_3^-	酸滴定法
7	CO_3^{2-}	酸滴定法
8	侵蚀性 CO_2	盖耶尔法
9	游离 CO_2	碱滴定法
10	NH_4^+	纳氏试剂比色法
11	OH^-	酸滴定法
12	总矿化度	计算法
13	氧化还原电位	铂电极法
14	极化电流密度	原位极化法
15	电阻率	四极法
16	质量损失	管罐法

④ 腐蚀性评价。

水和土对建筑材料的腐蚀性，可分为微、弱、中、强四个等级进行评价。

a. 受环境类型影响，水和土对混凝土结构的腐蚀性环境类型的划分见表 8-7。

表 8-7　混凝土结构的腐蚀性环境类型的划分

环境类别	气候区	土层特性		干湿交潜	冰冻区（段）
I	高寒区 干旱区 半干旱区	直接临水、强透水土层中的地下水或湿润的强透水土层	有	混凝土不论在地面或地下，无干湿交替作用时，其腐蚀强度比有干湿交替作用时低	混凝土不论在地面或地面下，当受潮或浸水时，处于严重冰冻区（段）、冰冻区段、或微冰冻区（段）
II	高寒区 干旱区 半干旱区	弱透水土层中的地水或湿润的强透水土层	有		
	湿润区 半湿润区	直接临水、强透水土层中的地下水或湿润的强透水土层	有		
III	各气候区	弱透水土层	无		不冻区（段）
备注	当竖井、隧洞、水坝等工程的混凝土结构一面与水（地下水或地表水）接触，另一面又暴露在大气中时，其场地环境分类应划分为 I 类				

b. 按环境类型及地层渗透性水和土对混凝土结构的腐蚀性评价见表 8-8 和表 8-9。

表 8-8　按环境类型水和土对混凝土结构的腐蚀性评价

腐蚀等级	腐蚀介质	环境类型		
		I	II	III
微	硫酸盐含量 SO_4^{2-} (mg/L)	<200	<300	<500
弱		200～500	300～1500	500～3000
中		500～1500	1500～3000	3000～6000
强		>1500	>3000	>6000
微	镁盐含量 Mg^{2+} (mg/L)	<1000	<2000	<3000
弱		1000～2000	2000～3000	3000～4000
中		2000～3000	3000～4000	4000～5000
强		>3000	>4000	>5000
微	铵盐含量 NH_4^+ (mg/L)	<100	<500	<800
弱		100～500	500～800	800～1000
中		500～800	800～1000	1000～1500
强		>800	>1000	>1500
微	苛性碱含量 OH^- (mg/L)	<35000	<43000	<57000
弱		35000～43000	43000～57000	57000～70000
中		43000～57000	57000～70000	70000～100000
强		>57000	>70000	>100000
微	总矿化度 (mg/L)	<10000	<20000	<50000
弱		10000～20000	20000～50000	50000～60000
中		20000～50000	50000～60000	60000～70000
强		>50000	>60000	>70000

注：1. 表中的数值适用于有干湿交替作用的情况，I 类、II 类腐蚀环境无干湿交替作用时，表中硫酸盐含量数值应乘以 1.3 的系数。
　　2. 表中数值适用于水的腐蚀性评价，对土的腐蚀性评价，应乘以 1.5 的系数；单位以 mg/kg 表示。
　　3. 表中苛性碱（OH^-）含量（mg/L）应为 NaOH 和 KOH 中的 OH^- 含量（mg/L）。

表 8-9　按地层渗透性水和土对混凝土结构的腐蚀性评价

腐蚀等级	pH 值		侵蚀性 CO_2 (mg/L)		HCO_3^- (mmol/L)
	A	B	A	B	A
微	>6.5	>5.0	<15	<30	>1.0
弱	5.0～6.5	4.0～5.0	15～30	30～60	1.0～0.5
中	4.0～5.0	3.5～4.0	30～60	60～100	<0.5
强	<4.0	<3.5	>60	—	—

注：1. 表中 A 是指直接临水或强透水层中的地下水；B 是指弱透水层中的地下水。强透水层是指碎石土和砂土；弱透水层是粉土和黏性土。
　　2. HCO_3^- 含量是指水的矿化度低于 0.1g/L 的软水时，该类水质 HCO_3^- 的腐蚀性。
　　3. 土的腐蚀性评价只考虑 pH 值指标，评价其腐蚀性时，A 是指强透水土层；B 是指弱透水土层。

c. 腐蚀等级中，只出现弱腐蚀，无中等腐蚀或强腐蚀时，应综合评价为弱腐蚀。

d. 腐蚀等级中，无强腐蚀，最高为中等腐蚀时，应综合评价为中等腐蚀。

e. 腐蚀等级中，有一个或一个以上为强腐蚀，应综合评价为强腐蚀。

f. 水和土对钢筋混凝土结构中钢筋的腐蚀性评价，应符合表 8-10 的规定。

表 8-10 水和土对钢筋混凝土结构中钢筋的腐蚀性评价

腐蚀等级	水中的 Cl⁻ 含量（mg/L）		土中的 Cl⁻ 含量（mg/kg）	
	长期浸水	干湿交替	A	B
微	<10000	<100	<400	<250
弱	10000~20000	100~500	400~750	250~500
中	—	500~5000	750~7500	500~5000
强	—	>5000	>7500	>5000

注：A 是指地下水位以上的碎石土、砂土、稍湿的粉土，坚硬、硬塑的黏性土；B 是湿或很湿的粉土，可塑、软塑、流塑的黏性土。

g. 土对钢结构的腐蚀性评价，应符合表 8-11 的规定。

表 8-11 土对钢结构的腐蚀性评价

腐蚀等级	pH 值	氧化还原电位（mV）	视电阻率（Ω·m）	极化电流密度（mA/cm²）	质量损失（g）
微	>5.5	>400	>100	<0.02	<1
弱	4.5~5.5	200~400	50~100	0.02~0.05	1~2
中	3.5~4.5	100~200	20~50	0.05~0.20	2~3
强	<3.5	<100	<20	>0.20	>3

注：土对钢结构的腐蚀性评价，取各指标中腐蚀等级最高者。

3）工程地质问题的专门试验

对某些尚未被认识清楚的工程地质问题，需要设计专门的模型或模拟试验进行研究与探讨，为此类工程地质问题的分析与评价提供依据，如离心机试验与数值模拟分析等。

工程地质室内试验具有操作相对简单、易于施工和成本低的特点，因此，条件许可时应尽可能多进行。但要注意，由于工程地质室内试验的试样与试验环境等都与工程实际存在较大差别，所以其试验数据的可靠性较差，大多不能直接应用于工程设计与施工，必须按照一定的方法进行处理。而且，并非所有工程地质勘察都必须全面进行上述各种试验，对于具体工程，其室内工程地质试验工作主要视实际情况与要求确定。

2. 原位试验

原位试验是指在野外工程现场为获得工程设计和工程地质问题评价所需数据和资料而进行的工程地质原位试验。由于它是在自然条件下进行的，岩土试样没有被扰动或扰动甚微，试验条件与实际工程情况取得最大程度的一致，而且试验范围或试样尺寸较大，更能综合反映岩土的实际工程地质性质，故试验成果较室内试验更为可靠，它往往是室内试验不可替代的。同时由于野外现场原位试验在仪器设备、技术、人力物力和试验时间等方面一般较室内试验复杂或多得多，故试验成本高，操作也更为困难。因此，在工程地质勘察中，现场原位试验不可能全面展开，在条件许可的条件下应尽可能多进行，与室内试验相互补充。较常进行的现场原位试验主要包括如下试验项目：

① 载荷试验。包括平板载荷试验、螺旋板载荷试验、桩基载荷试验和动荷载试验等。主要用于确定地基承载能力、预估沉降、计算地基土固结系数与抗剪强度和确定基桩承载能力等。

② 静力触探试验。主要用于确定土的抗剪强度与指标、密实度和地基承载能力等，判断砂土振动液化，估算渗透系数，测定土的模量等。

③ 动力触探试验。包括轻型、中型、重型和超重型动力触探试验。主要用于评价土的密实度，确定地基与桩基承载能力，确定土的抗剪强度及其变形模量，评价地基处理效果等。

④ 标准贯入试验。主要用于确定地基与桩基承载能力和土的抗剪强度及其变形参数、判别砂土的振动液化等。

⑤ 十字板剪切试验。主要用于测定地基土的抗剪强度指标。

⑥ 旁压试验。主要包括预钻式、自钻式和扁平板旁压试验，主要用于确定土的变形力学参数和地基承载能力等。

⑦ 现场岩石剪切试验。主要包括完整岩石和结构面直剪试验、土的直剪和水平推剪试验以及岩石三轴剪切试验，主要用于测定岩体和土体的强度与变形力学参数。

⑧ 岩体原位应力测试。主要包括应力恢复法、应力解除法和破碎岩石法等，主要用于测定岩体中的地应力。

⑨ 岩体原位变形测试。包括静力法和动力法，其中静力法包括承压板法、狭缝法、单轴或双轴压缩法、水压法、千斤顶法和钻孔变形计法等；动力法主要包括声波法和地震波法等，主要用于测定岩体静力学与动力学变形力学参数，如模量、泊松比和抗力系数等。

⑩ 建筑结构与岩土接触面的抗滑试验。主要用于建筑结构的抗滑稳定性评价。

⑪ 土压力测试。主要用于测定土压力。

⑫ 地下水试验。主要包括单井和群井抽水试验和压水试验，主要用于评价岩土渗透性、预测涌水量等。

8.4.2 现场监测

现场监测是指在施工过程中及完成后由于施工和运营的影响而引起岩土性状及周围环境条件发生变化所进行的各种动态观测工作。现场监测的目的是：进一步检验工程地质勘察和评价的可靠性；检验设计理论和计算的正确性；掌握施工对工程引起的影响以及监视其变化和规律，以便及时在设计、施工上采取相应的防治应对措施。譬如，地基沉降速度及各部分沉降差异，水库岸坡的破坏速度及稳定坡角等问题，一般都必须进行现场监测。

根据监测所采用的方法，现场监测可分为目测监测、仪器监测和在线监测。根据监测场地，现场监测可分为地表监测和地下监测。现场监测的内容主要是获取位移或变形的信息和土中应力或压力信息。由于地下水动态监测对评价地基土体的容许承载力、预测道路冻害的严重性、基坑排水量和坑壁稳定性等都很重要，因此，有时根据需要获取地下水或土中孔隙水压力的相关信息。

现场监测点布设及其稀密程度一般按照监测线或监测网上监测对象的变化差异性程度和重要性而定。监测线的方向应与监测内容变化程度差异性最大的方向一致。如滑坡的发展变化，应主要沿着其滑动方向上布置；地基沉降监测点的布置应考虑建筑物结构形式和轮廓特点及其地基承载力特征，在墙脚、柱脚、变形缝等处布置监测点；为检查防止坝基渗透而设置的坝基下游排水减压效果，应当在垂直坝基轴线的方向上布置水文地质监测孔等。对于随时间发生变化的动力地质现象，在现场监测中一般要设立标桩。如上海地表沉降现场监测建立的标桩系统，除分层设立标桩"分层标"外，还设立了"基岩标"，将标底放置在覆盖层下面的基岩上。其他如滑坡监测、断层活动性监测以及所有通过地形变化了解其动态的长期现场监测，都必须在邻近稳定或比较稳定的地方设立标桩，作为基准点。

现场监测的时间间距也应仔细考虑和选择，以便正确地揭示监测对象随时间变化的关系。选择时应充分考虑监测对象变化的强烈和快慢程度，快速变化时期需增加监测次数，例如滑坡在雨季滑动会加快，应及时增加监测次数。

8.5 工程地质勘察报告

8.5.1 工程地质勘察报告书

工程地质勘察报告书是在工程勘察工作结束时，将直接和间接获得的各种工程资料，经过分析整理、检查校对和归纳总结后文字记录及相关图表汇总的正式书面材料。工程地质勘察报告书是工程地质勘察的最终成果，也是向规划、设计、施工等部门直接提交和使用的文件性资料。

工程地质勘察报告书的任务在于阐明工作地区的工程地质条件，分析存在的工程地质问题，并作出正确工程地质评价，得出结论。工程地质报告书的内容一般分为绪论、通论、专论和结论四个部分，各部分前后呼应、密切联系、融为一体。

绪论部分主要介绍工程地质勘察的工作任务、采用的方法及取得的成果，同时还应说明工程建设的类型、拟定规模及其重要性、勘察阶段及迫切需要解决的问题等。

通论部分阐述勘察场地的工程地质条件，如自然地理、区域地质、地形地貌、地质构造、水文地质、不良地质现象及地震基本烈度、场地岩土类型等。在编写通论时，既要符合地质科学的要求，又要达到工程实用的目的，使之具有明确的针对性和目的性。

专论是整个报告的主体中心。该部分主要结合工程项目对所涉及的各种可能发生有关工程地质问题，如场地岩土层分布、岩性、地层结构、岩土的物理力学性质、地基承载力、地下水的埋藏与分布规律、含水层的性质、水质及侵蚀性等提出论证和回答任务书中所提出的各项要求及问题。在论证时，应该充分利用工程勘察所得到的实际资料和数据，在定性分析的基础上作出定量评价。

结论部分在专论的基础上对任务书中所提出各项要求作出结论性的回答。结论部分应对场地的适宜性、稳定性、岩土体特性、地下水、地震等作出综合性工程地质评价。结论必须简明扼要，措辞必须准确无误，切不可空泛模糊。此外，还应指出存在的问题和解决问题的具体方法、措施和建议以及进一步研究的方向。

以下是一份勘察报告的文字部分实例：

湖南德鑫高科材料镍钴加工基地
岩土工程详细勘察

报　　告

×××规划建筑设计研究院

勘察证书编号：181140-KY

二〇〇八年二月

湖南德鑫高科材料镍钴加工基地
岩土工程详细勘察报告

院　　长：

总工程师：

审　　定：

审　　核：

技术负责：

项目负责：

×××规划建筑设计研究院

勘察证书编号：181140-KY

二〇〇八年二月

目　　录

文字部分：

1　工程概况

2　勘察工作

　　2.1　勘察工作量

　　2.2　勘察依据

　　2.3　勘察进程

3　场地条件

　　3.1　位置和地形

　　3.2　地层特征

　　3.3　地下水

　　3.4　土的物理力学性质

4　岩土工程分析、评价

　　4.1　场地的稳定性和适宜性

　　4.2　场地地层分析及基础型式的讨论

　　4.3　场地地震效应

5　结论和建议

图表部分：

1. 勘察设计任务书

2. 勘探点一览表

3. 标准贯入度试验成果表

4. 地层统计表

5. 物理力学指标统计表

6. 土工试验综合成果表

7. 图例

8. 建筑物和勘探点位置图

9. 工程地质剖面图

10. 工程地质柱状图

212

湖南德鑫高科材料镍钴加工基地
岩土工程详细勘察报告

1　工程概况

拟建湖南德鑫高科材料镍钴加工基地，位于×××市梅林路以北，净用地面积 8579.2m²，设计地面标高为 77.5m。地上二层，轻钢结构。受湖南德鑫高科材料有限公司的委托，我×××规划建筑设计研究院对拟建场地进行岩土工程详细勘察。

（1）本次勘察的任务和要求

① 查明场地地形、地貌、地质构造、岩土性质及其均匀性。

② 提供主要岩土性质指标，岩土的强度参数、变形参数、地基承载力。

③ 查明地下水埋藏情况、类型、水位及其变化。

④ 对场地的稳定性和适宜性作出评价。

⑤ 对地基和基础设计方案提出建议。

（2）本次勘察的等级

① 拟建工程重要性等级为三级。

② 拟建工程的场地等级为二级。

③ 拟建工程的地基等级为三级。

④ 根据工程重要性等级、场地等级和地基等级综合评定，本次岩土工程勘察等级为乙级。

2　勘察工作

2.1　勘察工作量

根据勘察的任务和建设方的要求，本次勘察完成如下工作量：

① 钻孔 18 个，编号 zk1～zk18，合计完成钻探总进尺 313.30m。

② 选取原状土样 12 件，进行室内土壤物理力学性质试验。

③ 在钻孔中进行标准贯入试验 24 次。

④ 测量定点 18 处，采用绝对坐标，地面标高采用黄海高程。

2.2　勘察依据

①《岩土工程勘察规范》（GB 50021—2001）。

②《建筑地基基础设计规范》（GB 50007—2002）。

③《建筑桩基技术规范》（JGJ 94—2008）。

④《建筑抗震设计规范》（GB 50011—2001）。

⑤《土工试验方法标准 [2007 版]》（GB/T 50123—1999）。

⑥《工程岩体分级标准》（GB 50218—2014）。

2.3　勘察过程

① 准备工作：2008 年 2 月 17 日。

② 野外作业：2008 年 2 月 18 日—2008 年 2 月 20 日。

③ 室内试验：2008 年 2 月 19 日—2008 年 2 月 24 日。

④ 资料整编：2008 年 2 月 22 日—2008 年 2 月 28 日。

⑤ 提交报告：2008 年 3 月 1 日。

3 场地条件

3.1 位置和地形

拟建湖南德鑫高科材料镍钴加工基地，位于×××市梅林路以北，地基土主要为素填土、冲积黏土和全风化板岩。

场地在地貌上属剥蚀丘陵，地势有一定起伏。

3.2 地层特征

本次勘察揭露，在钻探所达深度范围内，场地地层共三层，见表 8-12。

表 8-12　场地地层特征

地层编号	地层名称	地层描述
①	素填土 (Q^{ml})	灰黄色、黄褐色，结构松散，呈欠固结状态，为新近回填土。稍湿～湿，主要由黏性土组成，来自附近开挖山丘，夹强风化板岩残块，直径为 20～50cm 不等。揭露层厚为 4.50～12.80m，平均为 9.77m，分布普遍
②	黏土 (Q^{el})	黄褐色，浅红褐色，冲积成因，可塑～硬塑，裂隙发育，含铁锰质氧化物，无摇振反应，切面光滑，干强度及韧性中等。揭露层厚为 0.60～3.30m，揭露平均层厚为 2.30m，分布普遍
③	全风化板岩 (P_t)	褐黄色、褐红色，组成板岩的矿物颗粒很细，难以用肉眼鉴别，其矿物成分主要为黏土质和铁质，其次为石英、绿泥石和绢云母，板状构造，风化裂隙极发育，岩芯呈碎片状，手可捏碎，遇水易软化，岩体基本质量等级为 Ⅴ 级，为极软岩，向下依次过渡为强风化和中等分化，分布于整个场地。揭露层厚为 4.70～6.10m（赋存处厚度均未揭穿）

3.3 地下水

在本次勘察深度范围内，未见地下水存在，故本场地水文地质条件简单。

3.4 土的物理力学性质

主要土层的物理力学性质指标范围值见表 8-13。

表 8-13　主要土层的物理力学性质指标范围值

地层编号	地层名称	ρ (g/cm³) 范围值	w (%) 范围值	d_s (mm) 范围值	W_P (%) 范围值	W_L (%) 范围值	$E_{s_{1-2}}$ (MPa) 范围值	a_{1-2} (MPa^{-1}) 范围值	c (kPa) 范围值	φ (°) 范围值
①	素填土 (Q^{ml})	1.76～1.92	27.0～31.0	2.55～2.70	21.5～24.2	41.1～44.5	3.28～6.25	0.281～0.580	10.8～23.4	13.5～18.6
②	黏土 (Q^{ml})	1.80～2.02	25.2～34.6	2.60～2.72	18.8～26.2	37.8～47.2	5.80～14.00	0.115～0.324	19.8～100.4	15.8～24.0

主要土层的物理力学性质指标详细情况见本报告图表部分《土工试验综合成果表》和《物理力学指标统计表》。

主要土层的标准贯入试验成果见表 8-14。

表 8-14　主要土层的标准贯入试验成果表

地层编号及地层名称	标贯锤击数范围值 （实际值）	标贯锤击数范围值 （杆长修正值）
①素填土	3～6	2.7～5.7
②黏土	6～15	4.7～13.4
③全风化板岩	28～40	22.1～32.4

试验详细情况见本报告图表部分《标准贯入试验成果表》。

4　岩土工程分析评价

4.1　场地的稳定性和适宜性

本次勘察结果表明，本场地土层为①素填土层、②冲积黏土层和③全风化板岩层。

场地地基较稳定，在钻探控制深度范围内及场地周边未见活动断裂、泥石流及可液化土层等不良地质条件，适宜进行本工程的建设。

4.2　场地地层分析及基础型式的讨论

（1）场地地层分析

① 素填土层：结构松散，呈欠固结状态，承载力低，压缩性高，工程性能差，未经处理不宜采作天然地基浅基础持力层。

② 冲积黏土层：可塑～硬塑，承载能力较好，压缩性较低，厚度为 0.60～3.30m，变化大，不宜采作地基基础持力层。

③ 全风化板岩层：板状构造，风化裂隙极发育，岩芯呈碎片状，手可捏碎，遇水易软化，岩体基本质量等级为Ⅴ级，为极软岩，分布于整个场地，其压缩性低，承载力高，是良好的地基基础持力层和下卧层。

（2）基础型式的选择

关于基础型式的选择，根据场地地层情况及拟建工程的上部结构荷载特性和规模，建议优先选用强夯地基处理方案，根据场地素填土层的物理力学参数及场区分布特点，在选用强夯机械时，应满足处理影响深度 8m 以上，强夯处理后的地基承载力特征值≥160kPa。施工前应进行试夯，根据试夯检测结果作为设计和施工依据，强夯后的地基承载力特征值以检测报告为准。

其次可选用深基础方案。因素填土层中普遍夹强风化板岩残块，根据本地施工条件和施工工艺水平，建议采用冲（钻）孔灌注桩基础，以③全风化板岩层为桩端持力层，承载性状为摩擦端承桩。

拟建场地四周开阔，符合强夯和冲（钻）孔灌注桩的施工条件，基础施工不会对环境和周边建筑物造成不良影响。

4.3　场地地震效应

根据《建筑抗震设计规范》（GB 50011－2001），该场地土据剪切波速经验取值为：①素填土为软弱土，$V_s＝120m/s$；②冲积黏土为中软土，$V_s＝200m/s$；③全风化板岩为中硬土，$V_s＝350m/s$。根据场地的地层结构，拟建场地的等效剪切波速值为 $140m/s＜V_s≤250m/s$，该地段为可进行工程建设的一般地段，拟建建筑场地类别为Ⅱ类，抗震设防烈度为 6 度，设计基本地震加速度值为 0.05g，设计地震分组为第一组。

5　结论和建议

① 经本次勘察查明，场地在钻孔深度揭露范围内未见土洞、泥石流、断层等其他不良地质构造及可液化土层等不良地质作用，下伏地层分布稳定，场地稳定，适宜建筑物的兴建。

② 基础型式的选择

a. 地基处理方案。

建议优先选用强夯地基处理方案，根据场地素填土层的物理力学参数及场区分布特点，在选用强夯机械时，应满足处理影响深度 8m 以上，单击夯击能大于 5000kN·m，最后两击的平均夯沉量不宜大于 100mm，强夯处理后的地基承载力特征值≥160kPa。施工前应进行试夯，根据试夯检测结果作为设计和施工依据，强夯后的地基承载力特征值以检测报告为准。其次可采用柱锤冲扩桩法、碎石挤密桩法等方法进行地基处理，但必须有地区施工经验方可进行设计和施工。

当采用以上地基处理方案时，素填土的相关参数建议采用表 8-15 中的数值。

表 8-15　素填土的相关参数建议表

参数	天然含水量（%）	土粒相对密度	重力密度（kN/m³）	液性指数	内摩擦角（°）	黏聚力（kPa）	压缩系数（1/MPa）	压缩模量（MPa）	最大干密度（g/cm³）	最优含水量（%）
建议值	29.3	2.64	18.6	0.33	14.0	12.1	0.403	4.75	1.79	22.0

b. 深基础方案。

因素填土层中普遍夹强风化板岩残块，根据本地施工条件和施工工艺水平，建议采用冲（钻）孔灌注桩基础，以③全风化板岩层为桩端持力层，承载性状为摩擦端承桩。当有地区施工经验时，也可采用锤击桩基础，以③全风化板岩层为桩端持力层，承载性状为摩擦端承桩，但必须考虑强风化板岩残块对成桩的影响，应分析成桩可能性并先打试桩。

根据《建筑桩基技术规范》（JGJ 94—2008）及《建筑地基基础设计规范》（GB 50007—2002）有关规定，结合本地区已有建筑经验，其承载力特征值及相关指标值见表 8-16 和表 8-17。

表 8-16　各土层物理力学性质指标建议值

层号	岩土名称	承载力特征值 f_{ak}（kPa）	压缩模量建议值 E_s（MPa）	黏聚力建议值 c_k（kPa）	内摩擦角建议值 φ_k（°）
①	素填土	100	4.75	12.1	14.0
②	黏土	180	9.19	21.5	16.5
③	全风化板岩	350	22.00	150.0	16.0

表 8-17 桩基础极限侧阻力标准值及桩端土的极限端承力标准值

桩型	地层	q_{sik} (kPa)	q_{pk} (kPa)		
			桩入土深度（m）		
			5	10	15
冲（钻）孔灌注桩	①素填土	−10	—	—	—
	②冲积黏土	70	—	—	—
	③全风化板岩	110	—	2000	—
锤击桩	①素填土	−10	—	—	—
	②冲积黏土	60	—	—	—
	③全风化板岩	90	—	6500	—

注：当采用上述表格参数确定桩基承载力时，则桩基施工完毕后，须进行单桩静载试验校核基桩承载力性状，桩基施工之前，应先打试桩，根据试桩结果确定贯入度及单桩承载力特征值。

①素填土为新近填置，结构松散，尚未完成自重固结，采用桩基础时，需考虑其对桩的负摩擦作用，负摩擦系数取值为 $\zeta_n = 0.40$，中性点深度比 $l_n/l_0 = 0.50$。

c. 根据钻探地质情况并结合本地经验，确定该地段为可进行工程建设的一般地段，建筑物场地土类型类别为Ⅱ类。

d. 本地区抗震设防烈度为 6 度，设计基本地震加速度值为 0.05g，设计地震分组为第一组，应按 6 度设防。

e. 基础施工时应通知勘察单位，会同有关部门进行验槽及检验工作。

8.5.2 工程地质图件

工程地质报告书除了文字资料部分外，还有一整套与文字内容密切相关的图表，如平面图、剖面图、柱状图等。工程地质报告书还有各种附图，如分析图、专门图、综合图等。

① 综合工程地质平面图。

在选定比例尺地形图上以图形的形式标出勘察区的各种工程地质勘察的工作成果，例如工程地质条件和评价、预测工程地质问题等，即成为工程地质图。地质图主要内容有：

a. 地形地貌、地形切割情况、地貌单元的划分。

b. 地层岩性种类、分布情况及其工程地质特征。

c. 地质构造、褶皱、断层、节理和裂隙发育及破碎带情况。

d. 水文地质条件。

e. 滑坡、崩塌、岩溶化等物理地质现象的发育和分布情况等。

如果在工程地质图上再加上建筑物布置、勘探点、线的位置和类型以及工程地质分区图，即成为综合工程地质图。这种图在实际工程中编制较多。

② 勘察点平面位置图。

③ 当地形起伏时，勘察点平面位置图应绘在地形图上（图 8-7）。在图上除标明各勘察点（包括浅井、探槽、钻孔等）的平面位置、各现场原位测试点的平面位置和勘探剖面线的位置外，还应绘出工程建筑物的轮廓位置，并附场地位置示意图、各类勘探点、原位测试点的坐标及高程数据表。

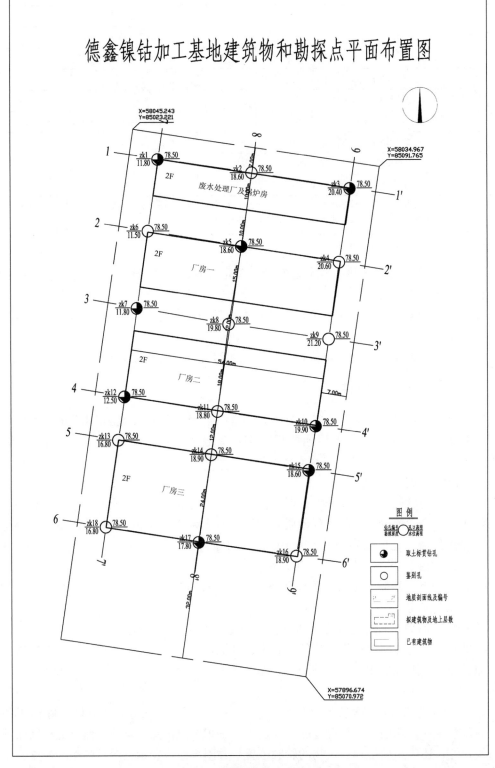

图 8-7　建筑物和勘探点平面布置图

④ 工程地质剖面图。

工程地质剖面图以地质剖面图为基础，是勘察区在一定方向垂直面上工程地质条件的断面图，其纵横比例一般是不一样的（图 8-8）。地质剖面图反映某一勘探线地层沿竖直方向和水平方向的分布变化情况，如地质构造、岩性、分层、地下水埋藏条件、各分层岩土的物理力学性质指标等。其绘制依据是各勘探点的成果和土工试验成果。由于勘探线的布置与主要地貌单元的走向垂直，或与主要地质构造轴线垂直，或与建筑物的轴线相一致，故工程地质剖面图能最有效地揭示场地的工程地质条件，是工程勘察报告中最基本的图件。

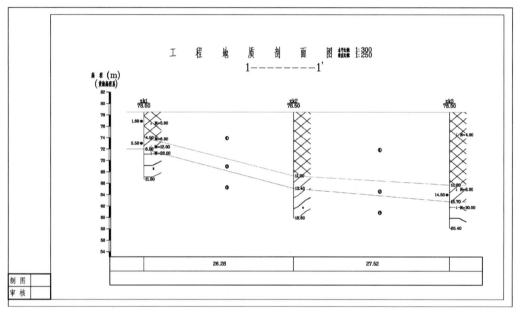

图 8-8 工程地质剖面图

⑤ 工程地质柱状图。

工程地质柱状图是表示场地或测区工程地质条件随深度变化的图件（图 8-9）。图中内容主要包括地层的分布、对地层自上而下进行编号和地层特征进行简要描述。此外，图中还应注明钻进工具、方法和具体事项，并指出取土深度、标准贯入试验位置及地下水水位等资料。

⑥ 土工试验成果总表。

岩土的物理力学指标和状态指标以及地基承载力是工程设计和施工的重要依据，应将室外原位测试和室内试验（包括模型试验）的成果汇总列表，主要是载荷试验、标准贯入试验、十字板剪切试验、静力触探试验、土的抗剪强度、土的压缩曲线等成果图件（表 8-18、表 8-19）。

钻 孔 柱 状 图

工程编号	080228-				
工程名称	德鑫镍钴加工基地		孔 号	zk1	
孔口高程	78.50 m	坐标	$x=$ 58037.14 m	开工日期 2008.02.18	稳定水位 m
钻孔深度	11.80 m		$y=$ 85030.46 m	竣工日期 2008.02.18	测量水位日期

地层编号	时代成因	层底高程 (m)	层底深度 (m)	分层厚度 (m)	柱状图 1:100	岩土名称及其特征	取样	标贯击数 (击)	稳定水位(m)和水位日期
①	Q_4^{ml}	74.000	4.50	4.50		素填土:灰黄色、黄褐色,结构松散,呈欠固结状态,为新近回填土。稍湿~湿,主要由黏性土组成,来自附近开挖山丘。	1 1.60~1.80	=3.00 1.90~2.20	
②	Q_4^{al}	72.000	6.50	2.00		黏土:黄褐色、浅红褐色,冲积成因,可塑~硬塑,裂隙发育,含铁锰质氧化物,无摇振反应,切面光滑,干强度及韧性中等。	2 5.50~5.70	=6.00 4.70~5.00 =12.00 6.10~6.40	
③	P_t	66.700	11.80	5.30		全风化板岩:褐黄色、褐红色,板状构造,风化裂隙极发育,岩芯呈碎片状,手可捏碎,遇水易软化,岩体基本质量等级为Ⅴ级,为极软岩。		=28.00 7.20~7.50	

制图:　　　　　　　　审核:

图 8-9　钻孔柱状图

表 8-18　土工试验综合成果表（一）

试样深度（m）	天然含水率 w（%）	土粒相对密度 G_s	天然孔隙比 e	重力密度 γ（kN/m³）	孔隙度 n（%）	饱和度 S_r（%）	干重度 γ_d（kN/m³）	饱和重度 γ_{sat}（kN/m³）
1.60～1.80	27.0	2.70	0.905	18.0	47.5	80.6	14.2	18.9
5.50～5.70	27.4	2.65	0.697	19.9	41.1	100.0	15.6	19.7
14.50～14.70	25.2	2.60	0.611	20.2	37.9	100.0	16.1	19.9
6.50～6.70	30.1	2.65	0.864	18.5	46.3	92.4	14.2	18.9
6.00～6.20	25.6	2.72	0.708	20.0	41.5	98.3	15.9	20.1
4.00～4.20	27.4	2.60	0.743	19.0	42.6	95.8	14.9	19.2
3.00～3.20	29.5	2.66	0.794	19.2	44.3	98.8	14.8	19.3
6.20～6.40	32.1	2.70	0.928	18.5	48.1	93.4	14.0	18.8
8.00～8.20	30.9	2.70	1.008	17.6	50.2	82.8	13.4	18.5
12.00～12.20	34.6	2.60	0.944	18.0	48.6	95.3	13.4	18.2
4.00～4.20	31.0	2.55	0.758	19.0	43.1	100.0	14.5	18.8
10.20～10.40	26.8	2.62	0.825	18.2	45.2	85.1	14.4	18.9

表 8-19　土工试验综合成果表（二）

试样深度（m）	液限 w_L（%）	塑限 w_p（%）	液性指数 I_L	塑性指数 I_P	内摩擦角 φ_q（°）（快剪）	黏聚力 C_q（kPa）（快剪）	压缩系数 $a_{0.1-0.2}$（1/MPa）	压缩模量 $E_{s0.1-0.2}$（MPa）
1.60～1.80	44.5	22.6	0.20	21.9	16.8	18.9	0.580	3.28
5.50～5.70	45.0	23.0	0.20	22.0	24.0	86.5	0.135	12.50
14.50～14.70	42.0	21.5	0.18	20.5	23.2	100.4	0.115	14.00
6.50～6.70	43.4	23.0	0.35	20.4	16.8	23.4	0.388	4.80
6.00～6.20	39.0	20.4	0.28	18.6	21.0	60.2	0.161	10.60
4.00～4.20	41.1	21.5	0.30	19.6	18.6	11.2	0.387	4.50
3.00～3.20	43.2	24.2	0.28	19.0	14.2	15.6	0.385	4.65
6.20～6.40	44.8	25.0	0.36	19.8	16.2	21.2	0.308	6.25
8.00～8.20	41.8	23.0	0.42	18.8	13.5	10.8	0.396	5.02
12.00～12.20	47.2	26.2	0.40	21.0	17.0	19.8	0.324	6.00
4.00～4.20	41.6	22.4	0.45	19.2	14.0	16.5	0.281	6.25
10.20～10.40	37.8	18.8	0.42	19.0	15.8	20.5	0.314	5.80

⑦ 其他专门图件。

对于特殊土、特殊地质条件及专门性工程，根据各自的特殊需要，绘制相应的专门图件，如各种分析图等（表8-20、表8-21、图8-10）。

表8-20　水质简项分析成果表

样品编号	分析结果（mg/L）										HCO$_3^-$(mmol/L)	pH 值
	K$^+$＋Na$^+$	Mg^{2+}	Ca^{2+}	Cl$^-$	SO$_4^{2-}$	CO$_3^{2-}$	OH$^-$	侵蚀性CO$_2$	游离CO$_2$	矿化度		
2	8.5	16.3	2.9	3.5	11.3	0.0	0.0	6.0	6.4	75.7	1.09	7.0
4	8.3	15.5	2.9	3.7	11.3	0.0	0.0	6.0	6.5	73.5	1.04	6.7
15	1.5	0.1	24.8	5.6	5.0	0.0	0.0	6.0	6.5	69.0	1.05	6.3
13	1.5	0.1	25.9	5.6	10.0	0.0	0.0	5.0	6.5	73.6	1.00	6.1

表8-21　3号孔波速测试成果表

地层	深度（从地面整平后为零起算）H（m）	测试深度H_1（m）	波速V_{s1}（m/s）	各层波速V_s（m/s）
素填土	0.00～4.20	2.0	126	127
		4.2	128	
冲积黏土	4.20～8.80	6.0	270	267
		8.8	264	
残积黏土	8.80～35.50	11.0	227	233
		14.0	230	
		17.0	233	
		20.0	235	
		23.0	240	
		26.0	232	
		29.0	230	
		31.0	229	
		33.0	240	
		35.5	236	
强风化玄武岩	35.50～39.00	37.0	425	442
		39.0	460	
中风化玄武岩	39.00～43.00	41.0	591	606
		43.0	618	

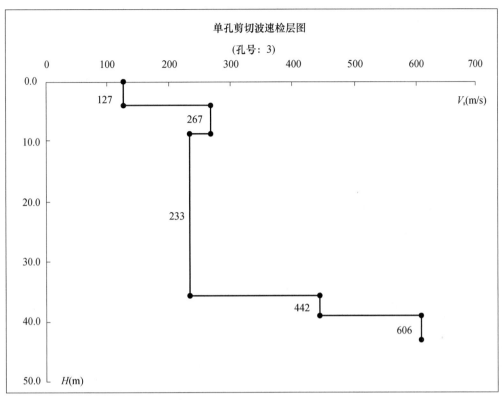

图 8-10　3 号孔剪切波速检层图

习　　题

8-1　工程地质勘察的任务有哪些？

8-2　工程地质测绘的比例尺是如何选择的？

8-3　什么是开挖勘探？有何优缺点？

8-4　地震勘探的原理是什么？

8-5　什么是原位试验？有何优缺点？

参考文献

［1］工程地质手册．第 5 版．［M］．北京：中国建筑工业出版社，2018.

［2］戴文亭．土木工程地质［M］．武汉：华中科技大学出版社，2016.

［3］姜晨光．土木工程专门地质学［M］．北京：国防工业出版社，2016.

［4］周桂云．工程地质［M］．南京：东南大学出版社，2012.

［5］周德泉．工程地质实践教程［M］．长沙：中南大学出版社，2014.

［6］孔思丽．工程地质学［M］．重庆：重庆大学出版社，2013.

［7］王健，郭抗美，张怀静．土木工程地质［M］．北京：人民交通出版社，2009.

［8］王贵荣．工程地质学［M］．北京：机械工业出版社，2009.

［9］任宝玲．工程地质［M］．北京：人民交通出版社，2008.

［10］孙家齐．工程地质［M］．武汉：武汉工业大学出版社，2007.

［11］张忠苗．工程地质学［M］．北京：中国建筑工业出版社，2007.

［12］何培玲，张婷．工程地质［M］．北京：北京大学出版社，2006.

［13］陈洪江．土木工程地质［M］．北京：中国建材工业出版社，2005.

［14］胡厚田，吴继敏，王健，等．土木工程地质［M］．北京：高等教育出版社，2001.

［15］刘春原，朱济祥，郭抗美．工程地质学［M］．北京：中国建材工业出版社，2000.